物联网技术基础

刘持标　林　瑜 ● 编著

清华大学出版社
北　京

内 容 简 介

物联网（Internet of Things，IoT）服务涉及智慧农业、智能交通、环境保护、政府工作、公共安全、智能家居、智能消防、工业监测、老人护理、智慧医疗等多个领域。由“物联网实时信息系统”所提供的“实时了解、实时控制”服务可用来解决现实社会中各方面所存在的问题。

“物联网实时信息系统”由物联网节点、物联网网关、物联网传输网络、物联网数据服务中心、物联网服务接入网络、物联网客户端组成。通过本书，能使读者学会发现问题，并能思考如何通过物联网服务来解决这些问题，可以培养读者发现问题、分析问题及解决问题的能力。

本书内容包括物联网问题、物联网服务、物联网实时信息系统、物联网节点、物联网网关、物联网传输网络、物联网数据服务中心、物联网服务接入网、物联网客户端、物联网技术体系、NB-IoT 农业物联网实时系统开发案例及物联网职业规划等。

本书是作者多年从事国内外物联网应用科研、教学及生产实践成果的总结。目前，有关物联网实时信息系统还没有相应的教科书，本书填补了这个空白。本书适合应用型本科学校网络工程、物联网工程、传感网工程、人工智能、智能科学与技术、数据科学与大数据技术、电子信息与通信、信息与计算科学等专业的本科生、研究生以及相关专业的研究人员使用。

图书在版编目（CIP）数据

物联网技术基础 / 刘持标，林瑜编著. —北京：清华大学出版社，2021.9
ISBN 978-7-302-59099-6

Ⅰ. ①物… Ⅱ. ①刘… ②林… Ⅲ. ①物联网 Ⅳ. ①TP393.4 ②TP18

中国版本图书馆 CIP 数据核字（2021）第 182110 号

责任编辑： 邓 艳
封面设计： 刘 超
版式设计： 文森时代
责任校对： 马军令
责任印制： 丛怀宇

出版发行： 清华大学出版社
网 址： http://www.tup.com.cn，http://www.wqbook.com
地 址： 北京清华大学学研大厦 A 座 **邮 编：** 100084
社 总 机： 010-62770175 **邮 购：** 010-62786544
投稿与读者服务： 010-62776969，c-service@tup.tsinghua.edu.cn
质量反馈： 010-62772015，zhiliang@tup.tsinghua.edu.cn
印 装 者： 三河市君旺印务有限公司
经 销： 全国新华书店
开 本： 185mm×260mm **印 张：** 16.25 **字 数：** 382 千字
版 次： 2021 年 9 月第 1 版 **印 次：** 2021 年 9 月第 1 次印刷
定 价： 59.80 元

产品编号：091197-01

前　言

本书对物联网实时信息系统相关的理论及实践知识的阐述具有较强的深度、广度及可读性。作者基于物联网领域的校企合作、科研及教学成果，对物联网实时信息系统所涉及的各种概念及关键技术进行了较为完整的论述，在编写上力求使用大量的图表，使教材的理论内容通俗易懂。同时，利用详细的具有较强操作性的实例，指导读者在学习过程中了解物联网实时信息系统的各个重要组成部分，提高读者的学习兴趣及解决实际问题的能力。本书包括12章内容。

第1章主要介绍了常见的物联网问题，包括物流问题、交通问题、安防问题、能源环保问题、医疗问题、建筑问题、制造问题、居家问题、零售问题、农业问题等；第2章主要介绍了常见的可以解决上述问题的物联网服务，包括智慧物流、智能交通、智能安防、智慧环保、智慧医疗、智能建筑、智能制造、智能家居、智慧零售、智慧农业等；第3章主要介绍物联网实时信息系统的组成，包括节点、网关、传输网络、数据服务中心、接入网络、客户端；第4章主要介绍物联网节点，包括RFID标签、传感器、传感网、数字仪表、BDS接收机、扫描设备、摄像头、执行器、继电器、遥控器等；第5章主要阐述物联网网关，主要包括智能手机、无线网关、智能家居网关、工业物联网网关、RFID读写器等；第6章主要介绍物联网传输网络，包括Wi-Fi网络、移动通信网络、NB-IoT、卫星通信网、互联网等；第7章主要介绍物联网数据服务中心，包括简单数据服务中心、局域网数据服务中心、云数据服务中心、多级数据服务中心；第8章主要阐述物联网服务接入网，包括数据服务中心网络设计、客户端接入核心路由器、客户端接入汇聚层、服务器接入层；第9章主要介绍物联网客户端，主要包括PC客户端、App客户端、微信客户端、H5客户端、智能手表、智能眼镜；第10章主要介绍物联网技术体系，包括节点技术、网关技术、数据传输技术、数据中心技术、客户端技术；第11章主要介绍一个基于NB-IoT的农业物联网实时系统开发案例；第12章主要阐述物联网职业规划，包括物联网首席信息官、物联网商业设计师、物联网产品经理、物联网架构研发总监、物联网通信工程师、物联网硬件工程师、物联网大数据架构师、物联网软件工程师、物联网全栈软件工程师、物联网移动端开发工程师、物联网操作系统开发工程师等。

本书的作者刘持标具有丰富的国内外物联网实时信息系统设计与实现经历，撰写了本书第1～12章的主要内容。本书的合作著者为厦微慧联（厦门）科技有限公司总经理林瑜，其从事工业物联网、智慧电力、楼宇智能化等研究，为本书的第1～12章提供了相关的企业案例。通过校企合作编写教材，一方面可进一步深化应用技术型本科教育与企业的深度融合，另一方面可以利用企业方面的优势资源来满足培养高素质物联网应用型人才的需求。

感谢三明学院信息工程学院、福建省农业物联网应用重点实验室、物联网应用福建省高校工程研究中心为本书的顺利完成提供的各方面的大力支持。感谢同事刘庆鑫审阅修改书稿，感谢学生赖国良及裴瑶等所提供的相关案例。感谢福建省科技计划引导性项目（2018N0029、2017N0029）、2017 年第二批产学合作协同育人项目—物联网网关设计课程建设（教高司函〔2018〕4 号：201702185015）、2018 年省级本科教学团队—ICT 专业群应用型教学团队（闽教高〔2018〕59 号）、2019 年省级虚拟仿真实验教学项目—智能农业 3D 虚拟仿真实验教学项目（闽教高〔2019〕13 号）的支持。同时，欢迎广大教师和读者提出宝贵意见。

编　者

目　录

第 1 章　物联网问题

学习要点

- ❑ 了解利用物联网技术可以解决的相关实际问题。
- ❑ 掌握利用物联网技术解决实际问题的思路。
- ❑ 掌握物联网技术可以解决的主要问题类型。
- ❑ 了解与人们生存密切相关的居家安全问题。

1.1　物 流 问 题

物流主要包括运输、仓储、配送等环节。在不能利用物联网技术实时跟踪仓库、货物及运输车辆的情况下，难以掌控货物车辆位置、车辆油耗、车速、货物温湿度等，将会进一步导致物流计划不精准、物流延迟、物流成本高、物流信息流动不畅通、货物配送混乱等问题。

1.1.1　物流计划不精准

对于物流公司来说，由于不能实时掌握相关物流信息，物流计划和执行还存在薄弱环节。例如，物流可能需要海洋运输、铁路运输和航空运输的混合模式来保持物流管道畅通（见图 1-1），但由于不同运输方式间的物流信息不能及时整合，导致混合物流计划难以实施。

图 1-1　各种物流运输方式

1.1.2 物流延迟

有时候，货物运输途中会出现延迟现象。导致物流延误的原因包括自然灾害、运输车辆发生故障、道路拥堵等（见图 1-2）。另外，由于不能实时掌握物流路线信息，不能主动制定动态的运输路线，也将加深物流延迟造成的影响。

图 1-2 道路信息不能及时发布问题

1.1.3 物流成本高

对于物流行业而言，导致物流成本过高的原因有两个方面。一方面，来自原材料、燃料、动力价格和劳动力成本的上升；另一方面，来自物流企业缺乏一个基于实时物流信息的良好规划，粗糙的规划造成重复、迂回、倒流，致使物流成本上升（见图 1-3）。

图 1-3 物流成本过高问题

1.1.4 物流信息流动不畅通

在没有使用物联网技术的情况下，传统的物流行业很难实时掌控货物移动的信息，例如，有什么订单要来、什么时候必须交货。同时，由于没有物联网实时信息系统来保障物流信息在供应商、承运人、货代、仓库和客户之间顺利流动，进一步导致货物转运混乱（见图 1-4）；货物不能及时交付，引发客户不满。

图 1-4　货物转运混乱问题

1.1.5　货物配送混乱

对于物流公司而言，由于货物跟踪不到位，经常导致货物最后一公里配送混乱，有时候快递小哥无货可送，有时候需要短时间内送达大量的货物（见图 1-5），这也给货物及配送人员的安全带来巨大隐患。

图 1-5　货物最后一公里配送混乱

1.2　交通问题

1.2.1　高速人工收费混乱

高速公路收费传统方法需要纸张记录及收付现金，这一方面容易导致财务管理混乱、收费票款的流失；另一方面，人工成本也比较高。进一步说明，人工收费会导致高速公路车辆拥挤，容易引发交通事故、环境污染等问题（见图 1-6）。

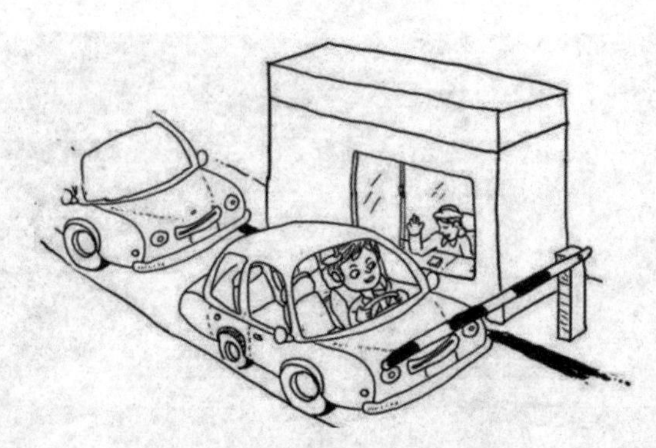

图 1-6　高速公路人工收费问题

1.2.2　公路暴力

在交通拥挤的地区，路怒是一种不良的交通行为（见图 1-7）。路怒通常表现为在道路上故意尾随、非法超车、故意突然降低车速、故意阻碍后续车辆变道及合理超车，这可能会导致交通事故，对于肇事者和他周围的人来说都是危险的。

图 1-7　路怒问题

1.2.3　应急车道被阻

当前，大多数应急车道还没有被实时监控，也无法及时发现及警告非法停留或运行在应急车道上的车辆；当拨打 110、120 并请求警察、救护车或消防车时，由于应急车道被堵（见图 1-8），急救车无法在适当的时间内做出响应，这可能会对人们的财产与生命造成威胁。

图 1-8　应急车辆被阻问题

1.2.4　交通拥堵

在许多大城市，在早上的通勤时间里，由于缺乏全局交通的实时监控，很多原因造成交通拥堵（见图 1-9），路途延误导致人们上班迟到。同时，下午的晚高峰交通拥挤进一步导致人们不能及时回家。这些延误不但导致车辆尾气大量排放污染环境，也给人们带来了很大的精神负担，危害身心健康。

图 1-9　交通拥堵问题

1.3　安防问题

在过去十年中，商业或政府设施中使用的传统安全系统由几个基本要素组成：训练有素的人员、闭路电视系统和某种访问控制系统。有时，这些传统的安全系统元素足以满足某些用途，但不可否认的是，这些安全系统需要更加新型的智能系统来克服其固有的弱点。这些弱点叙述如下：① 基本的闭路电视系统和基于访问控制的安全系统往往过于简单；② 访问控制系统的身份验证形式单一，例如钥匙卡，这些卡很容易被复制或盗窃，这有点像是“把所有的鸡蛋放在一个篮子里”，依赖一种技术会让你容易受到某种威胁；③ 闭路电视系统升级时比较昂贵；④ 传统的安全系统过度依赖训练有素的安全人员的知识和能力，这也会导致安全方法中的一些严重漏洞。

1.3.1　城市暴力犯罪

当前，由于缺乏对城市重点区域的实时监控，一些城市面临新型违法犯罪、治安管理不足等问题（见图 1-10），导致城市社区边缘青少年犯罪及流动人口犯罪增多，严重影响了建设平安社会环境的步伐。

图 1-10　城市暴力犯罪问题

1.3.2　公共交通安全

当前，很多城市的公交系统缺乏实时监测及对违法行为的及时制止，导致危害公共交通工具行驶安全的报道不时见诸报端；另外，还有辱骂殴打公交车驾驶员者，导致公交车坠江的惨剧（见图 1-11）。

图 1-11　公交车安全问题

1.3.3　抢劫

当前由于缺乏对度假区及城市公共区域的实时监控，抢劫是大城市和旅游度假区的一个安全问题（见图 1-12）；另外，扒窃在地铁很常见，即使是在酒店大堂这样明显安全的地方，也要注意自己钱财的安全；同时，在自动取款机取钱或在兑换处换钱时也要小心。

图 1-12　街头犯罪问题

1.4　能源环保问题

1.4.1　人工电力抄表收费混乱

传统的电力抄表工作方式是采用人工、卡片抄表方式（见图 1-13），这种抄表方式具有明显的不足：① 如手工抄写电量时字迹不清，在往 PC 里转录数据时容易发生错误；② 抄表人员不到现场只进行估抄，不能保证抄表到位；③ 对于熟悉的用户，抄表人员可能会少抄或不抄用户电量，容易发生“人情电”；④ 手工抄表效率低下，在查询、记录、传输这几个环节上，手工操作的方式使工作效率大大降低。

图 1-13　人工电力抄表收费问题

1.4.2　工业污染难以监控

虽然国家制定了相关政策来控制工业污染，但由于缺乏对工业污染的实时监控，造成了严重的空气污染、土壤污染和水污染。例如，太湖水面面积为 2338 km^2，是中国的五大淡水湖之一，2007 年 5 月底，由于环太湖工业污染，造成太湖蓝藻暴发（见图 1-14）。

图 1-14　环境污染导致 2007 年太湖蓝藻问题

1.4.3　农业环境污染

当前，对于没有利用物联网技术提升的农业生产，产量的增加及害虫的消除往往是依靠化肥和农药来完成的。如图 1-15 所示，化肥和农药是造成水土污染的主要原因，这是由农药及化肥使用量的增加以及其生产的密集性造成的。几乎所有的农药都是由化学物质制成的，目的是让病害和威胁动物远离农作物，然而对周围环境的危害也不可避免。

图 1-15　农药环境污染问题

1.4.4　居民垃圾污染

居民生活也会造成污染。首先，人类建筑对自然环境造成了一定的破坏，也带来了一定的环境污染。同时，当人们定居下来后，由于缺乏对垃圾的智能化处理，人们生活所产生的垃圾也造成了严重的环境污染（见图 1-16）。

图 1-16　居民生活垃圾环境污染问题

1.5　医 疗 问 题

1.5.1　看病难

如图 1-17 所示，由于医疗信息不畅，病人就诊手续烦琐，部分大医院人满为患，导致看病难的问题。

图 1-17　就医难问题

1.5.2　偏远地区医疗资源缺乏

虽然乡卫生院和村卫生室的建筑有了一定的改善（见图 1-18），但也存在医疗检查器材及人员不足的问题。同时，由于缺乏远程医疗技术，偏远地区的医疗水平也难以提升。

图 1-18　偏远地区医疗资源缺乏

1.5.3　医疗事故取证困难

医疗事故，是指医疗机构的主要医务人员在医疗活动中，违反医疗卫生管理法律、行政法规、部门规章和诊疗护理规范、常规，在接诊运输、登记检查、护理治疗诊疗中由于过失造成患者人身损害的事故。医疗事故证据的形式包括书证、物证、视听资料、证人证言、当事人陈述、鉴定结论、勘验笔录等。由于缺乏治疗过程的实时监控，导致取证付出大量的人力物力，难以及时处理医疗事故，易导致群体事件（见图 1-19）。

图 1-19　医疗事故取证难问题

1.6 建筑问题

1.6.1 桥梁安全监测困难

桥梁安全问题一方面是因为桥梁设计方面存在一些缺陷；另一方面，随着上路的车辆越来越多，大型车辆也越来越多，重载甚至超载汽车也不少见，导致桥梁承载力受到挑战。当前，由于对桥梁的实时安全状态监测力度不够，经常造成重大安全事故（见图 1-20）。

图 1-20　桥梁安全问题

1.6.2 楼宇安全难以监测

当前，还没有对建筑的安全状态进行实时监测，导致了很多不良后果。例如，由于缺乏楼宇火灾实时监测手段，导致火灾消防报警不及时，人员不能及时疏散，造成大量人员伤亡（见图 1-21）。

图 1-21　楼宇安全问题

1.6.3　夺命电梯

随着高楼大厦的兴起，电梯逐渐成为人们工作和生活中的常客。由于难以实时监测并广播电梯安全状态，电梯时常出现空中急坠、夹死乘梯人事故（见图 1-22）。

图 1-22　电梯安全问题

1.7　制造问题

1.7.1　工厂自动化水平低

当前，一些工厂车间所生产的成品出厂检验，主要通过人工记录一些参数，如拉力值、绳速度、系统压力、流量以及温度等参数值，稍有疏忽，就会造成信息错误。同时，这些工厂的自动化水平较低（见图 1-23），在订单较多的情况下，只能依靠增加人工数量来提高生产数量。

图 1-23　工厂自动化水平低

1.7.2　工厂信息孤岛

当前，虽然很多企业采用了信息化与自动化技术来提升工厂的生产效率，但现在面临着信息孤岛问题（见图 1-24）。离散设备或仪器各自孤立封闭，无法获取到正在生产使用中设备的实时或历史运行状态和生产信息，从而无法做出及时的生产决策和计划。

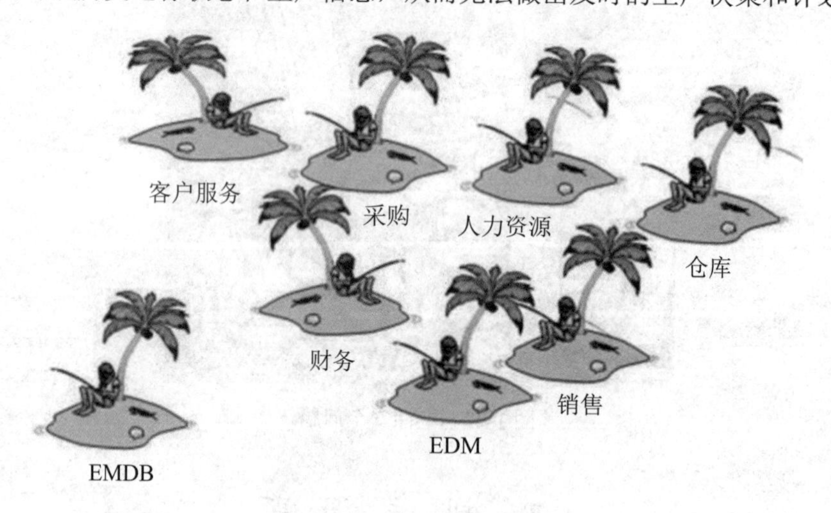

图 1-24　工厂信息孤岛问题

1.7.3　工厂机器异常停工

机器突然发生的故障也会让准备装运或分配的货物受到损坏。组装机器人或数控机床一旦在生产过程中停止，则特定零件及其所包含的原材料将被立即浪费。当前，因为不能对设备工作状况进行实时监控、告警，难以对设备进行远程维护和预测性维护，导致设备的故障率、管理成本较高（见图 1-25）。

图 1-25　机器故障问题

1.8　居家问题

1.8.1　老年人居家安全监控困难

现如今，我们国家已进入老龄化社会，老年人也越来越多，所以，老年人的身体健康就成了人们关注的一个重要问题。例如，家中地面瓷砖不防滑，特别是不防湿滑，加上老人视力下降，看不到地上的水渍，容易导致滑倒受伤；老人骨质脆弱，极易造成骨折，独居老人更加危险；由于缺乏对老年人实时状态的监控，滑倒后无人及时救援，极有可能造成生命危险（见图 1-26）。

图 1-26　家庭老年人居家安全问题

1.8.2　煤气中毒

家用煤气中含有一氧化碳，如果煤气泄漏将导致家庭成员生命危险。当前，大多数家庭缺乏一氧化碳实时检测手段，这导致煤气中毒事件时有发生（见图 1-27）。

图 1-27 居家煤气安全问题

1.8.3 居家火灾

据消防部门的统计显示，在所有的火灾比例中，家庭火灾已经占到了全国火灾的 30%左右。家庭起火的原因林林总总，包括人为原因引起的火灾、电气引起的火灾等（见图 1-28）。由于缺乏对起火的实时监控，家庭火灾易造成人员伤亡以及财产损失。居民中的老、弱、病、残者及小孩常常是受害者。如果居住在高层住宅内，发生火灾时人员更难以疏散。

图 1-28 居家火灾问题

1.8.4 入室盗窃

一个人未经许可进入建筑物，以非法占有为目的，盗窃公私财物数额较大或者多次盗窃、入户盗窃、携带凶器盗窃、扒窃公私财物的行为，认定为盗窃罪。入户盗窃侵害了公民财产权和住宅安全权。公民的私人住宅一般都具有较好的封闭性，入户盗窃的行为人被发现后不易逃脱，一旦被堵在现场，往往铤而走险，以暴力手段求得获取赃物和全身而退。当前，由于一些家庭缺乏入侵检测系统，未能及时警报及制止非法入侵，入户盗窃时而转化为抢劫、故意杀人的案件，恶化了社会治安，具有极大的社会危害性（见图 1-29）。

图 1-29　入室盗窃

1.9　零 售 问 题

1.9.1　贩卖机货物难以跟踪

在高校、小区、车站、办公楼等有很多贩卖机，这给很多人的生活带来了方便。但由于当前缺乏对贩卖机货物存储的实时监控，很多时候人们只能看着空空的贩卖机败兴而回（见图 1-30），这也给很多人带来了烦恼。

图 1-30　贩卖机货物跟踪问题

1.9.2　零售管理不到位

商品零售不佳的许多原因可以直接追溯到零售管理的问题。例如，由于缺乏对零售的实时监控，很多时候忽视了客户偏好和市场的变化，商品零售也受到了很大影响（见图 1-31）。

图 1-31　零售管理问题

1.9.3　线下零售反馈渠道不畅

客户问题主要指买家对零售的产品不满意。对于很多零售商来说，由于没有较好的反馈渠道（见图 1-32），导致零售效益不佳。

图 1-32　零售反馈渠道不畅

1.10　农 业 问 题

1.10.1　农业生产效率低

当前，由于缺乏精准农业的实施，我国某些区域农业生产效率低（见图 1-33），农民老龄化严重，耕地分布不均，无法推广大范围农业机械化；气候因素影响大，导致农业竞争力不强、农民收入低、农民从事农业生产积极性不高。

图 1-33　农业生产效率问题

1.10.2　农产品品质低

农产品品质的高低直接决定农产品销售和价格。由于传统的农业生产方式无法精确掌控农产品生产、施肥、灌溉、日照及采摘时间，导致农产品无标准、口感与外形不统一，从而影响用户食用体验（见图 1-34）。

图 1-34　农产品品质低

1.10.3　农业生产成本高

由于缺乏基于物联网技术的高度自动化农业生产，再加上土地租金、农资产品价格、人工成本等都在逐年上涨，使中国农业迈入高成本时代，从而导致农产品的竞争力下降（见图 1-35）。

图 1-35　农业生产高成本问题

1.11　小　　结

本章主要介绍了目前能够使用物联网技术解决的实际问题，包括物流问题、交通问题、安防问题、能源环保问题、医疗问题、建筑问题、制造问题、居家问题、零售问题、农业问题。随后，介绍了各个实际问题中的具体案例，例如，农业问题中的农业生产效率问题、农产品质量问题、农业生产高成本问题等。

思　考　题

1．简述目前存在的农业问题。

2．除了上述的物联网问题，你还发现了哪些问题可以利用物联网技术解决？

3．针对1.10.1小节中的农业生产效率低问题，请你根据现有案例，设计一个物联网解决方案。

案　　例

图1-36为一物联网公司开发的智能农业产品——气象站。气象站结合了各种智能农业传感器，在农业生产环境中收集数据并发送到云端，根据数据绘制出气候条件图，用户可根据结果挑选出适合的农作物，提供必要的措施来保护农作物，提高产量。

图1-36　气象站

第 2 章　物联网服务

学习要点

- ❑ 了解物联网服务相关知识。
- ❑ 掌握智慧物流所包括的主要内容。
- ❑ 掌握智能安防的主要内容。
- ❑ 了解物联网服务主要类型。

2.1　智慧物流

智慧物流是指通过物联网技术手段，实现物流各环节精细化、实时化、可视化管理，提高物流系统智能化分析决策和自动化操作执行能力，提升物流运作效率的现代化物流模式。

2.1.1　智能仓储

智能仓储是物流过程的一个重要环节，它保证了货物仓库管理各个环节数据输入的速度和准确性，确保物流企业能够及时准确地掌握仓储的真实数据，合理保持和控制库存。利用射频识别（Radio Frequency Identification，RFID）等技术，通过科学的编码，还可方便地对库存货物的批次、保质期等进行实时管理。利用仓库管理系统的库位管理功能，可以及时掌握所有库存货物当前所在位置，有利于使用机器人提高仓储的自动化水平（见图 2-1），有利于提高仓库管理的工作效率。

图 2-1　基于机器人的智能仓储管理系统

2.1.2 智能冷链

一方面，随着人们生活水平的提高及电子商务、物流配送的快速发展，网购生鲜的数量与日俱增，这也对生鲜的运输提出了更高的要求；另一方面，医院所需要的疫苗也需要冷链运输。人们需要了解生鲜或疫苗在运输过程中的实时环境信息。如图 2-2 所示，对于一些需要低温保存的疫苗或药品，通过一种具备冷藏功能的运输车进行运输；车辆配备智能控制器，通过通用无线分组业务（General Packet Radio Service，GPRS）无线通信模块将所述冷链运输温湿度环境信息及运输车辆位置信息实时传输至云服务中心，可实时监控冷链运行状况。

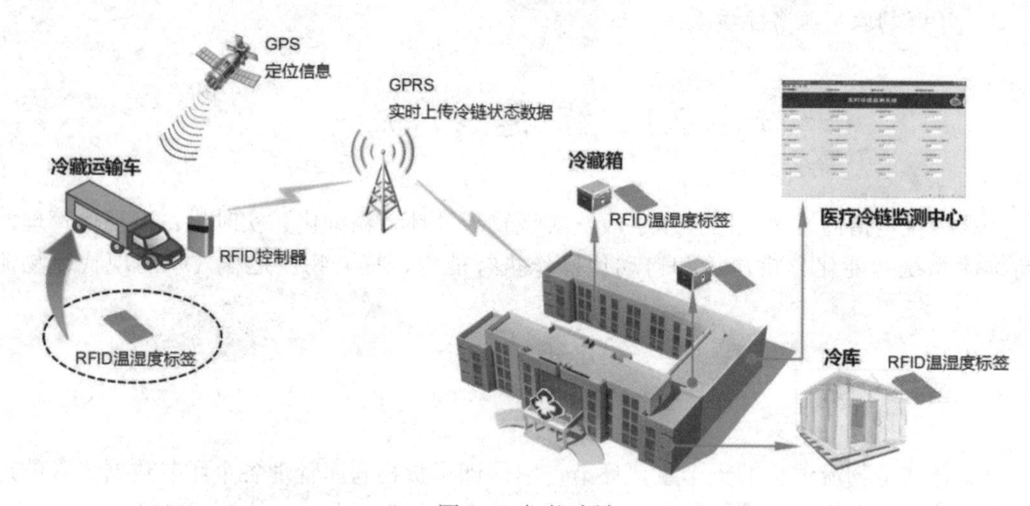

图 2-2 智能冷链

2.1.3 智能外卖

如图 2-3 所示，智能外卖车是外卖实现方式的一种，能够智能选择最优路线，躲避障碍物，内有恒温箱，对食物进行保温，同时保护食物不受污染、保障顾客的人身安全。智能外卖车的出现解决了商家送餐的问题，保证了送餐速度，也减轻了劳动力紧缺压力。

图 2-3 智能外卖车

2.2 智能交通

智能交通系统（Intelligent Traffic System，ITS）是将先进的物联网技术有效地综合运用于交通运输、服务控制和车辆制造，加强车辆、道路、司机三者之间的联系，从而形成一种保障安全、提高效率、节约能源的综合运输系统。ITS 所提供的实时路况信息可以提升道路及设施安全和高效使用。

2.2.1 电子不停车收费系统

如图 2-4 所示，电子不停车收费系统（Electronic Toll Collection，ETC），通过安装在车辆挡风玻璃上的车载 RFID 标签与在收费站 ETC 车道上的 RFID 读写器天线之间进行专用短程通信，并通过将车辆行程数据发送到数据中心及银行进行后台结算处理，从而达到车辆通过高速公路或桥梁收费站无须停车的目的，大大提高了公路的通行能力，降低了营运成本。

图 2-4　电子不停车收费系统

2.2.2 高速公路监控系统

高速公路监控系统是指高速公路监视系统和控制系统的总称，是高速公路的重要组成部分，也是保证交通高速、安全运行的重要手段。该系统提供反映全国或部分省市高速公路的范围、用途、状况和性能的数据。获取高速公路实时信息的硬件设备包括控制设施、监视设施、情报设施、传输设施、显示设施以及控制中心等。如图 2-5 所示，通过安装在高速公路附近的各种传感器、RFID 读写器及高清摄像头获取高速公路及运行车辆的实时信息，并将得到的交通信息通过传输设施传送到控制中心，而控制中心分析处理的结果又由传输设施传送到控制设施和显示设施上，从而对交通加以控制。

图 2-5　高速公路监控系统

2.2.3　车联网

当越来越多的人驾驶汽车，事故造成的死亡人数也相应增加。随着这些车辆越来越多地连接到物联网，它们形成了车联网。车联网也叫车辆互联网，它是一种分布式网络，支持使用由连接的车辆和车辆自组织网络创建的数据。如图 2-6 所示，车联网的一个重要目标是允许车辆与驾驶员、行人、其他车辆、路边基础设施和车队管理者进行实时通信。车联网表现出以下几点特征：车联网能够为车与车之间的间距提供保障，降低车辆发生碰撞事故的概率；车联网可以帮助车主实时导航，并通过与其他车辆和网络系统的通信，提高交通运行的效率。

图 2-6　车联网

车联网实时信息系统主要由感知层、网络层及应用层组成。感知层包含车辆内的所有传感器，用于收集环境数据并检测感兴趣的特定事件，如驾驶模式和车辆状况、环境条件等。它还具有 RFID、卫星定位感知、道路环境感知、车辆位置感知、车辆和物体感知等。

网络层确保通过第二代（Second Generation，2G）、第三代（Third Generation，3G）、第四代（Fourth Generation，4G）、第五代（Fifth Generation，5G）、无线局域网（Wireless Local Area Network，WLAN）等通信网络实现数据的传输；它支持不同的无线通信模式，如车辆与数据服务中心的通信、车辆对车辆通信、车辆对路边基础设施通信、车辆对行人通信等，以及车辆至车载传感器（Vehicle to Sensor，V2S）的通信。应用层包括统计工具、存储支持和处理基础设施；它负责存储、分析、处理和决策不同的风险情况，如交通拥堵、恶劣天气等；它代表智能应用、交通安全、效率和基于多媒体的信息娱乐。

2.3 智能安防

一个完整的智能安防系统主要包括门禁、报警和监控三大部分。智能安防与传统安防的最大区别在于智能化，我国安防产业发展很快，也比较普及，但是传统安防对人的依赖性比较强，非常耗费人力，而智能安防能够通过机器实现安全环境判断，从而尽可能实现相同的安防效果。

2.3.1 智能视频监控系统

随着人们对安全性要求的不断提高，基于视频的监控已经成为一个重要的应用领域。智能视频监控系统基本上是通过摄像头从远处对人、车辆或任何其他物体的性能、事件或变化信息进行审查，达到及早发现安全隐患、及时处置来避免生命与财产安全遭到威胁的目的。图 2-7 是一个区域电网的安全监控系统，该系统包括各级变电站、各级通信机房、电力营业厅、中心交换机、分控中心、总监控中心及远程客户端等主要部分。

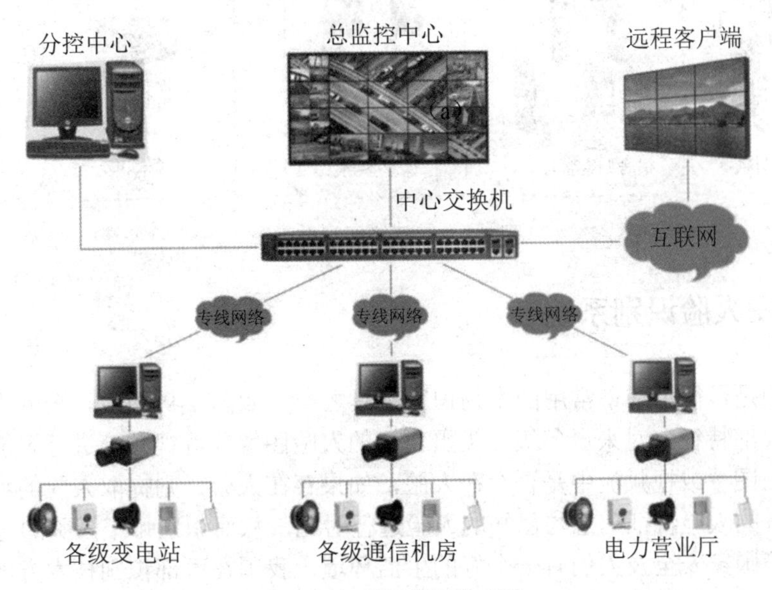

图 2-7　智能视频监控系统

2.3.2 智能门禁系统

传统门禁系统适用于各种通道，包括人通行的门、车辆通行的门等。常见的门禁系统包括小区门禁、校园宿舍门禁等。小区门禁是管理进出居民的一种重要手段，对小区内居民自动放行，外来人员实行信息登记后进入或者禁止入内，加强社区安全性；特别是在2020年的新冠肺炎疫情防控期间，基于测温视频监控的小区门禁系统发挥了极其重要的作用。

常见的智慧校园门禁系统如图2-8所示，它可以对宿舍、图书馆及教室等区域的人员出入进行管理；系统功能包括人脸识别、归寝管理、签到、预约、访客等。智能门禁系统提供功能强大的智能访问控制，它一般由分布式智能体系结构组成，支持完整的功能，即使在系统与服务器的连接中断时，也能做出访问决策。

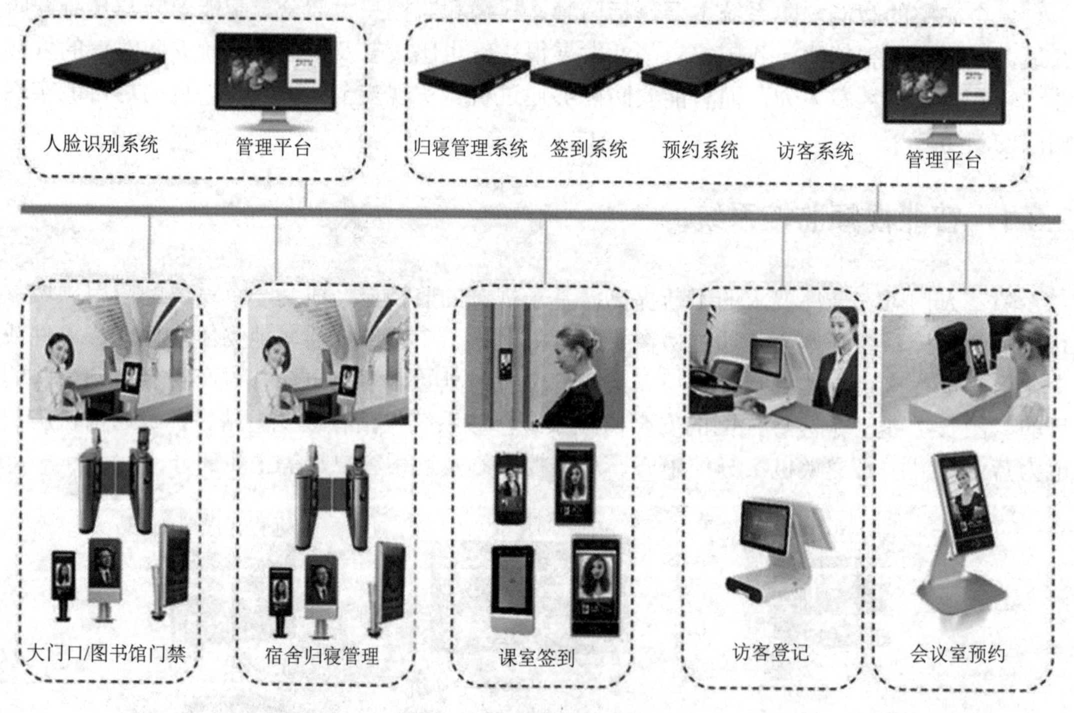

图2-8　智慧校园门禁系统

2.3.3 公安人脸识别系统

人脸识别是最简单和最常用的生物识别工具之一。如图2-9所示，公安人脸识别系统是基于人的脸部特征，对来自各级各类摄像头的人脸图像或者视频流进行智能识别。首先判断所输入的图片或视频流中是否存在人脸，如果存在人脸，则提取人脸的特征信息，进一步将所获取的人脸特征信息与已知的人脸进行对比，从而识别每个人脸的身份。

为了保障国家安全及人们有一个好的生活环境，我国在面部识别技术方面投入了大量资金来满足快速追踪犯罪分子的要求。当前，我国警方可访问全国大多数安全摄像头数据，并通过人脸识别技术及快速比对技术，准确找出犯罪人员。利用该技术，中国警方在 2018 年逮捕了一名参加五万人流行音乐会的犯罪人员。

图 2-9　公安人脸识别系统

2.3.4　入侵报警系统

如图 2-10 所示，入侵报警系统指的是利用物联网技术探测并警示非法进入或试图非法进入的行为、处理入侵信息、发出警报信息的物联网实时信息系统。

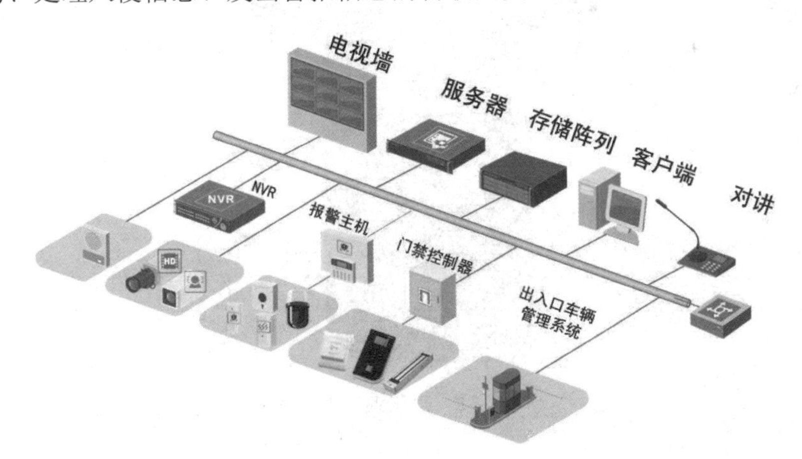

图 2-10　入侵报警系统

2.4　智 慧 环 保

“智慧环保”是“数字环保”概念的延伸和拓展，它借助物联网技术，把监测环境各种信息的传感器和装备嵌入各种环境监控对象中，通过人工智能、大数据、云计算等技术对所获取的实时环境信息进行快速处理，给出决策或警示，以更加精细和动态的方式实现环境管理和决策的智慧。例如，使用物联网视频监控技术，可对濒危物种进行无接触监测，分析大熊猫、东北虎、猎豹、犀牛和其他濒危物种的视频、脚印图像，来识别、跟踪它们，并确定威胁它们的因素。

2.4.1　扬尘监测系统

如图 2-11 所示，扬尘监测系统是基于物联网及人工智能技术，将传感器监测的数据（$PM_{2.5}$、PM_{10}、噪声、风速、风向、风力、大气压力、空气温湿度、总悬浮微粒（Total Suspended Particulate，TSP）等）实时采集传输，将数据实时展示在现场发光二极管（Light Emitting Diode，LED）屏、平台（Personal Computer，PC）端及移动端，便于管理者远程实时监管现场环境数据并能及时做出决策。

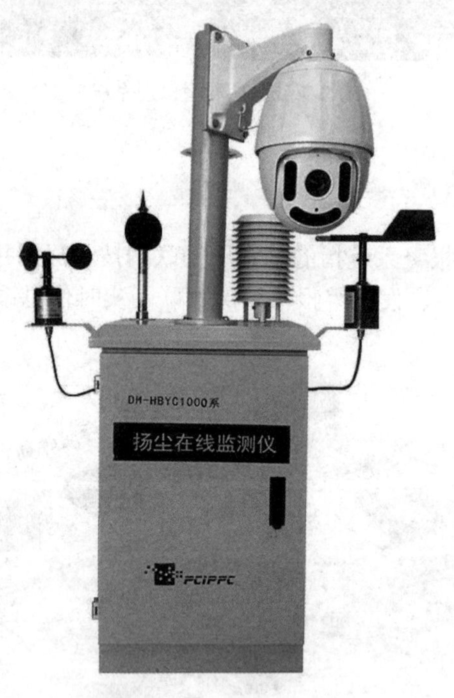

图 2-11　扬尘监测系统

2.4.2　水污染监测系统

如图 2-12 所示，一个水污染监测系统主要包括水污染数据监控节点、网关、传输网络及水污染监控中心。监控节点主要包括化学需氧量（Chemical Oxygen Demand，COD）分析仪、其他水质仪、流量计及电动阀等，节点通过网关将数据实时发送到监控中心。节点所收集的数据包括水温、流速、流量、pH、电导率、溶解氧、铵离子、氰离子、硝酸根、COD、总有机碳（Total Organic Carbon，TOC）等。经过监控中心对数据处理之后，所获取的信息可用于智慧决策或产生警报。

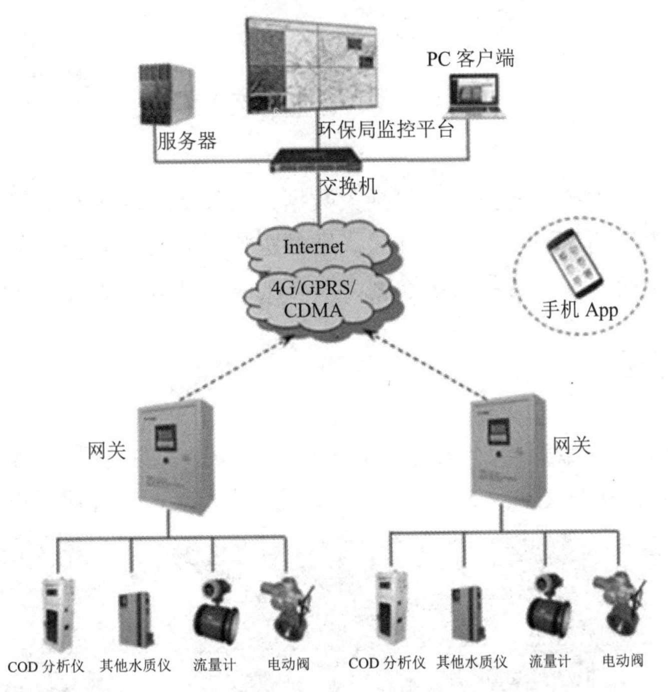

图 2-12　水污染监测系统

2.4.3　大气网格化监测

如图 2-13 所示，一个大气网格化监测系统通过安装在各个高层建筑附件的空气智能监测设备，实时收集大气 $PM_{2.5}$、PM_{10}、NO_2、SO_2、O_3 等环境数据，并将这些数据发送到云服务中心，经过处理之后，将相关警报信息及时提供给大屏幕或移动客户端。空气智能监测设备所安装的位置取决于监测的目的。大气网格化监测系统旨在服务人们的健康目标，监测设备一般设在人口聚集中心，如繁忙道路附近、市中心、学校、医院、特定排放源等。

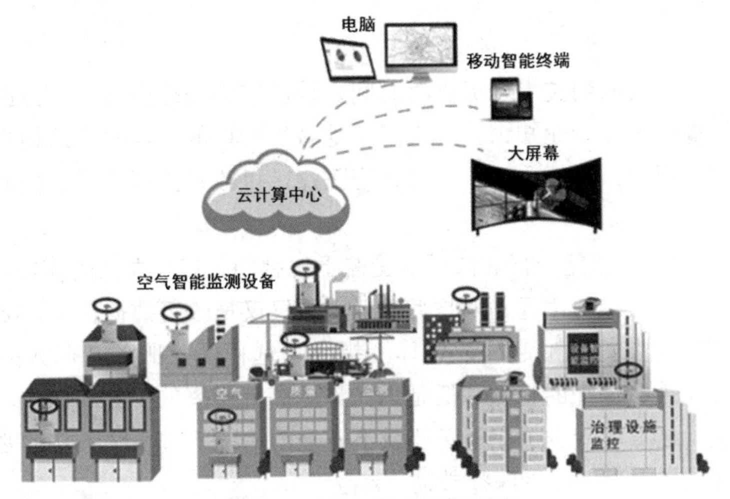

图 2-13　大气网格化监测系统

2.5 智慧医疗

智慧医疗利用各种物联网技术，包括大数据、云计算、人工智能等，全面变革传统医疗体系，使医疗更加高效、便捷、个性化。智慧医疗可实现患者与医务人员、医疗机构、医疗设备之间的互动，逐步达到快速检测、及时医治、高效预防及节约医疗资源的目的。

2.5.1 远程探视

如图 2-14 所示，在治疗传染性较强或者重症怕感染患者的过程中，亲戚朋友的远程探视是有必要的。随着物联网技术及 5G 通信技术的进一步发展，远程探视也变得越来越容易。

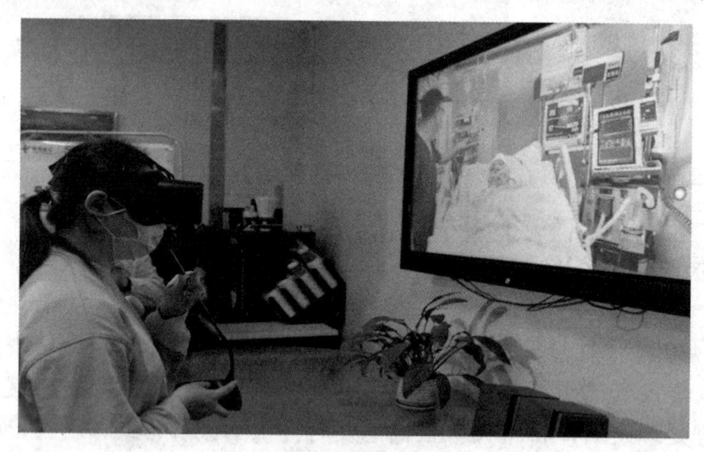

图 2-14　远程探视

2.5.2 远程医疗

远程医疗是利用物联网技术来提供跨时间、跨区域的医疗服务。一方面，通过远程医疗，可随时随地提供医疗专业知识，最大限度地减少护理的潜在时间或地理障碍，最大限度地有效利用稀缺资源；另一方面，通过远程医疗，可改善护理质量、提高患者满意度和降低护理成本。

有了 5G，远程医疗和整个行业都可以受益于优越的、安全性高的连接，以应对当前的挑战并开启新的可能性。5G 对于远程医疗来说，不仅仅是改善数据传输、安全、宽带接入，以及技术的进步。这些好处加起来，整体上提高了远程医疗服务及病人的护理质量。如图 2-15 所示，5G 连接增加的带宽和低延迟允许更高分辨率的视频和图像，提高了虚拟交互的质量和价值。这不仅减少了在不必要或不安全的情况下进入医务室的必要性，而且有利于让处在偏远地域的患者接受医疗救助。

图 2-15　5G 远程医疗

2.5.3　临床决策支持系统

临床决策支持系统已被用来帮助临床医生做出明智的治疗决策。该系统利用物联网技术，将病人的实时健康监测信息同医疗历史数据库结合起来，可以使用药物管理或订购数据、微生物学数据、药物过敏信息、药物成本信息和其他信息来指导临床医生开处方。

临床决策支持是一个利用相关的、有组织的临床知识和患者信息来增强相关医疗决策和行动的过程。临床决策支持系统所给出的信息可以提供给患者、临床医生和其他参与患者护理交付的人员。如图 2-16 所示，给出的信息可以包括一般临床知识和指导、智能处理的患者数据或两者的混合；信息交付格式包含数据、医嘱选项、过滤数据显示、参考信息、警报和其他。

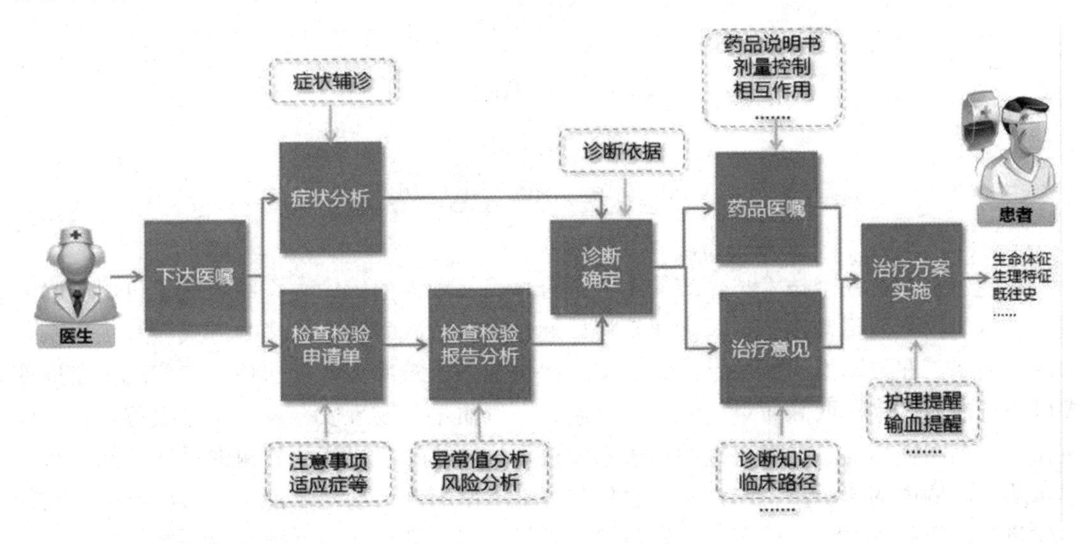

图 2-16　临床决策支持系统

2.5.4 智能穿戴

在智能医疗解决方案方面，该领域最新的产品之一是手表形式的可穿戴设备，其可用于测量佩戴该装置的个人的压力；它允许简单而有效的健康监测，这对需要定期和持续监测的患者有很大帮助。此外，便携式血压计还为患者提供诸如睡眠数据、活动、采取的步骤数和燃烧的卡路里数等信息。另外，还有一种智能隐形眼镜，这种智能隐形眼镜由葡萄糖传感器和无线芯片组成，旨在帮助糖尿病患者测量血糖水平，并将数据传输到智能手机，获得的信息可以在患者下次咨询医生时使用。图 2-17 为华为智能手表 GT 2，该款手表的设计体现了美学与科技的升级融合，它具有 2 周电池寿命，具有睡眠、心率监测及 GPS 跟踪等功能。

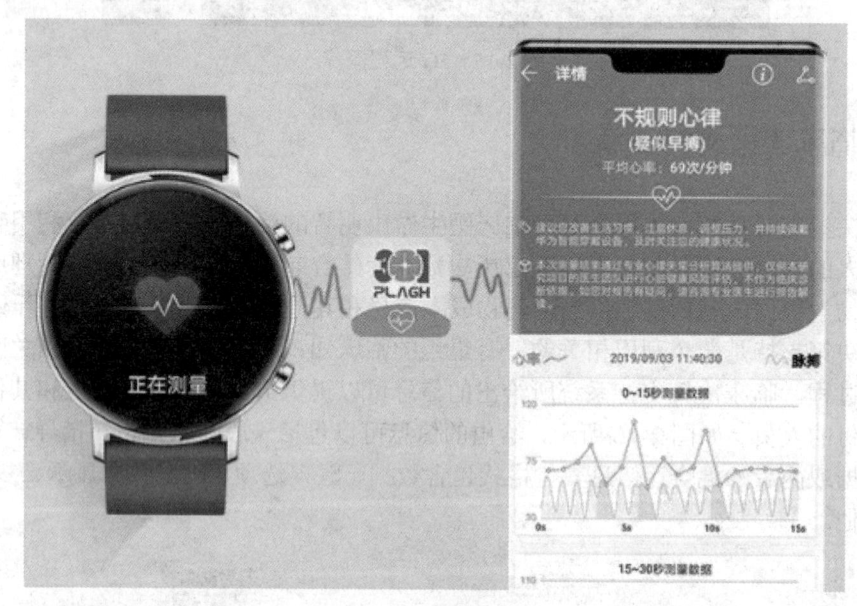

图 2-17　华为智能手表

2.6 智能建筑

智能建筑是物联网技术与建筑的完美结合体。在智能建筑中，系统集成了可用于降低运营成本的物联网基础设施。智能建筑可以通过多种方式省钱，大多数方式涉及优化操作和提高效率。在最基本的层面上，智能建筑提供智慧建筑服务，使居住者在建筑生命周期内以最低的成本来获取高质量的照明、气温、空气质量、物理安全及卫生等服务。智能建筑在运行期间使用信息技术连接各种子系统，可以共享信息以优化建筑的总体性能。智能建筑从四面墙内的建筑设备向外看，它们与智能电网相连，并对智能电网做出响应，它们与建筑运营商和居住者进行交互，为他们提供新级别的可视性和可操作的信息。

2.6.1　火灾报警系统

如图 2-18 所示，火灾报警系统是由多个设备组成的装置，它使用视觉和音频信号来警告人们在覆盖范围内可能发生火灾、烟雾或一氧化碳过浓问题。警告信号可以是响亮的警笛/警铃或闪光灯，也可以包括两者。一些火灾报警系统使用额外的警告，如发送语音信息或打电话。火灾自动报警系统通过火灾探测器激活，如烟雾或热传感器。

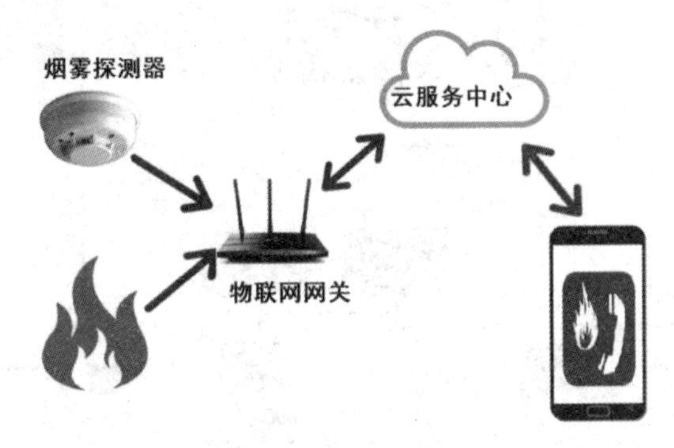

图 2-18　火灾自动报警系统

2.6.2　智能停车管理系统

随着人口的增长，停车场的数量也随之增加。随着智能手机及其应用程序使用量的增加，用户更喜欢基于手机的解决方案。如图 2-19 所示，基于摄像头、地感线圈、Android 应用程序与相关智能硬件可以开发一个智能停车管理系统。这使客户能够检查可用的停车位并预订停车位。它的区域数据通过 Wi-Fi 模块传输到服务器，并由移动应用程序恢复，移动应用程序提供了许多吸引人的选项，用户无须支付任何费用，并允许用户查看预订详情。有了物联网技术，智能停车系统可以无线连接，轻松追踪可用的停车地点。智能停车管理系统采用 RFID 标签技术对用户进行身份识别和认证。因此，每次用户登录时，都会记录用户的姓名、地址、日期和时间以及停车历史，并且可以在数据中心进行搜索，从而防止在其他停车位中出现重复和/或未经授权的条目。

图 2-19　智能停车管理系统

2.6.3 智能楼宇自控系统

如图 2-20 所示，楼宇自控系统利用物联网智能硬件和软件，来实时监视和控制建筑物的设施系统，如电力、照明、管道、电梯、空调、供水等。

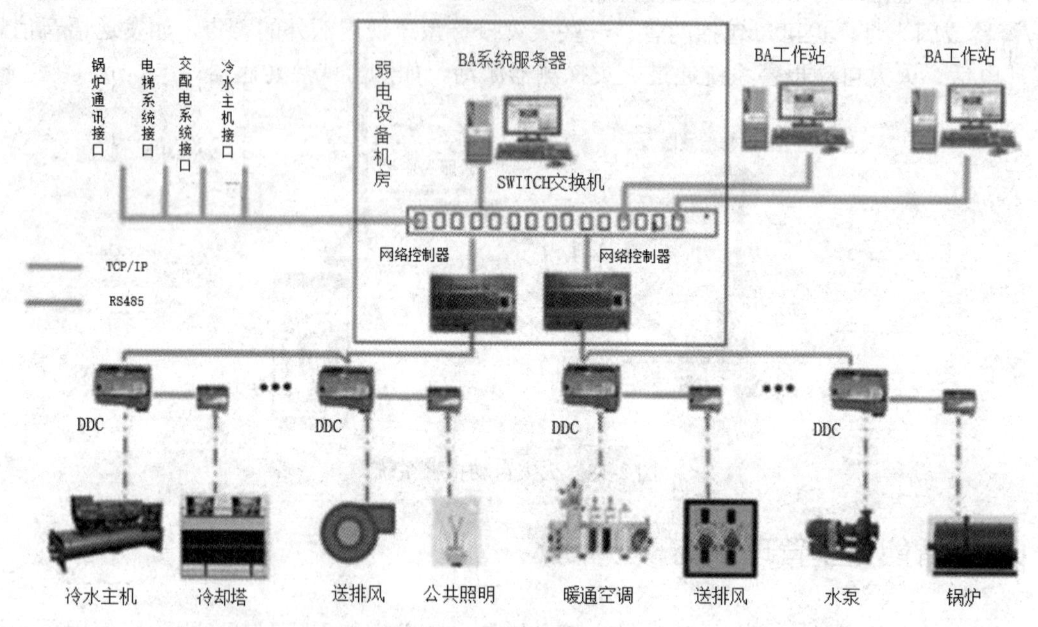

图 2-20 智能楼宇自控系统

2.6.4 楼宇紧急广播系统

如图 2-21 所示，楼宇紧急广播系统为大规模通知系统，当危险发生时，该系统根据优先级别发出警报。当紧急情况发生时，可紧急地向楼宇居民传递清晰的警报信息。

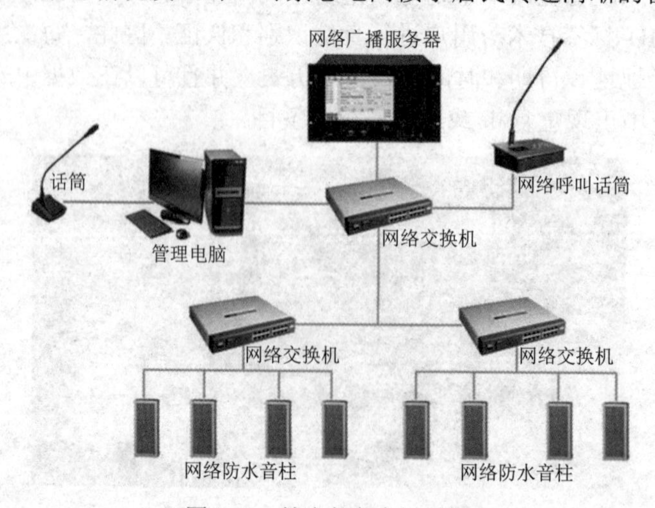

图 2-21 楼宇紧急广播系统

2.6.5　水电气三表抄送系统

如图 2-22 所示，智能楼宇水电气三表抄送系统主要包括智能表控制终端。这是将用户家中的水、电、气 3 种能源用表集为一体来进行采集抄送的脉冲式表，在这种表中含有一块微型程序控制器，智能网关通过使用三表接口来实时记录水电气的使用数据，并实现远程智能抄表的目的。

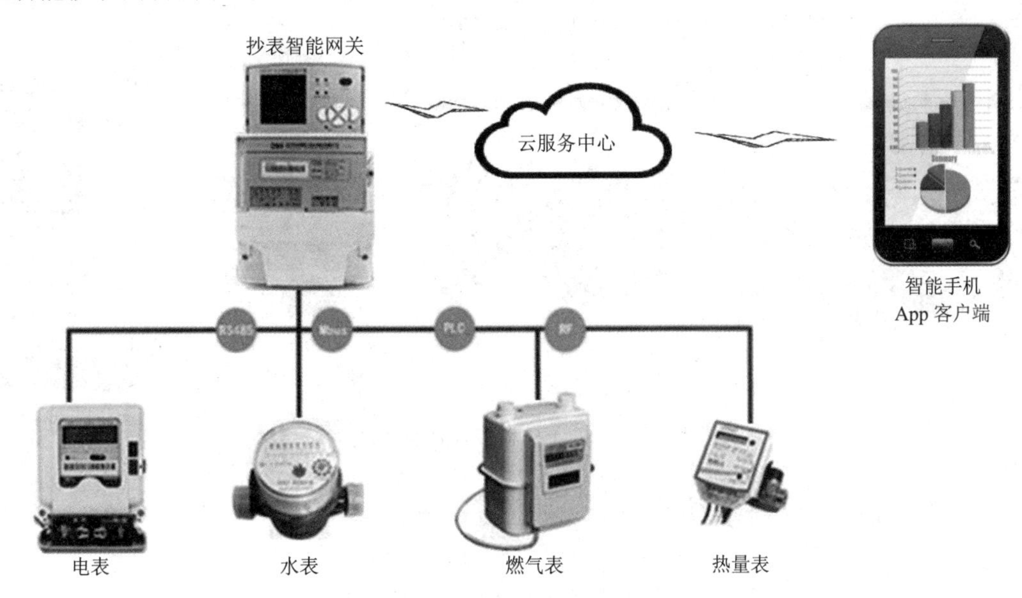

图 2-22　智能远程抄表系统

2.7　智 能 制 造

智能制造是利用物联网技术来对机器的生产过程及运行状态进行实时监控，并使用数据分析来提高制造性能。智能制造的实施包括在制造机器中嵌入传感器，来收集有关其运行状态和性能的数据。通过分析整个工厂机器上的数据流，甚至跨多个设施的数据流，制造工程师和数据分析师可以寻找特定部件可能出现故障的迹象，从而实现预防性维护，避免设备出现计划外停机。制造商还可以分析数据趋势，试图找出生产放缓或材料使用效率低下的工艺步骤。此外，数据科学家和其他分析师可以利用这些数据对不同的生产制造过程进行模拟，以确定最有效的生产方式。随着智能制造变得越来越普遍，越来越多的机器通过物联网更好地相互通信，从而支持更高水平的自动化。

2.7.1　机器状态监测

一般来说，机器状态监测可提供机器状态或“健康状况”的可见性。根据机器的功能，设备制造商和操作员可精确确定参数，以便测量机器的健康状况，如温度、能源使用、振动、转速、输出等。

机器状态监视的主要优势是可以及时发现什么地方出了问题。如图 2-23 所示，当监控显示性能或参数超出正常范围时，操作员可以及时检查设备、排除故障、进行调整或维修，而不是在出现灾难性故障后才进行处理。企业在机器状态监测方面的投资可以通过防止停机而获得巨大的回报。由于无法生产产品或提供服务，计划外停机会导致大量收入损失。同时，停机的成本也以其他方式增加，例如，损失包括支付非生产性劳动力、罚款和可能的客户流失；设备故障本身也会导致产品缺陷和浪费。

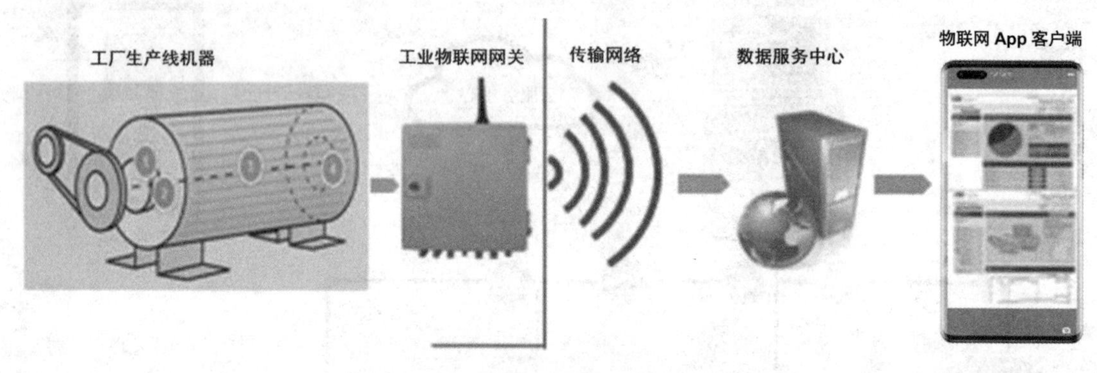

图 2-23　机器状态实时监测系统

2.7.2　实时缺陷检测系统

在许多行业中，产品缺陷往往会造成高昂的设备及客户损失，所以，产品质量的实时检测非常重要。如图 2-24 所示，通过生产线使用计算机视觉，进行实时图像识别，可实现产品缺陷的快速检测，及时找到缺陷的位置和种类，这有助于以完全自动化的方式识别/纠正任何产品的表面凸起和缺陷。

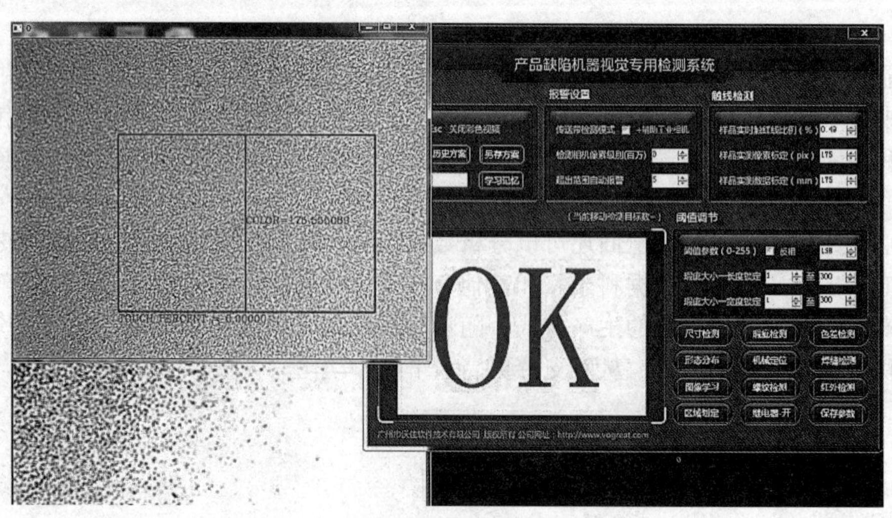

图 2-24　产品缺陷实时检测系统

2.7.3　无人工厂

如图 2-25 所示，在基于物联网技术所建设的无人工厂里，所有的生产过程都由计算机控制的机器人、计算机数控加工设备、无人运输卡车和自动化仓库设备来操作。2015 年 7 月，我国一家专注于精密技术的公司在东莞市建立了第一家无人工厂，所有工序都由机器人操作，这被认为是利用物联网技术解决我国迫在眉睫的工人缺乏的有效方案。

图 2-25　无人工厂

2.8　智 能 家 居

智能家居让用户的家既安全又方便。智能灯和智能空调确保用户再也不会回到一个太暗、太热或太冷的房子。智能安全摄像头、视频门铃和智能门锁可保障家人安全，用户可以远程查看是谁在门口；智能锁还可以让用户远程锁定或解锁。

2.8.1　智慧照明

随着科学技术的进步，经济突发猛进的发展，城市也在高速发展的进程中，人们对城市的管理提出了新的挑战。政府如何使城市管理更智能、更精细、更节能、更省事，如何让已投入的民生工程，使百姓保持长久的幸福感，这都成了城市管理者新的难题。

如图 2-26 所示，通过运用物联网技术，可以实现省时、高效、节约的智慧城市管理模式。要想实现高效、可靠、节能的城市公共照明用电管理，我们需要做到的就是公用照明管理的实时化、扁平化，管理到每一个照明终端，让该开的灯开，该关的灯关，该亮的时候亮，该暗的时候暗，坏了的灯有人管，即可解决目前面临的城市公共照明的智能用电管理难题。

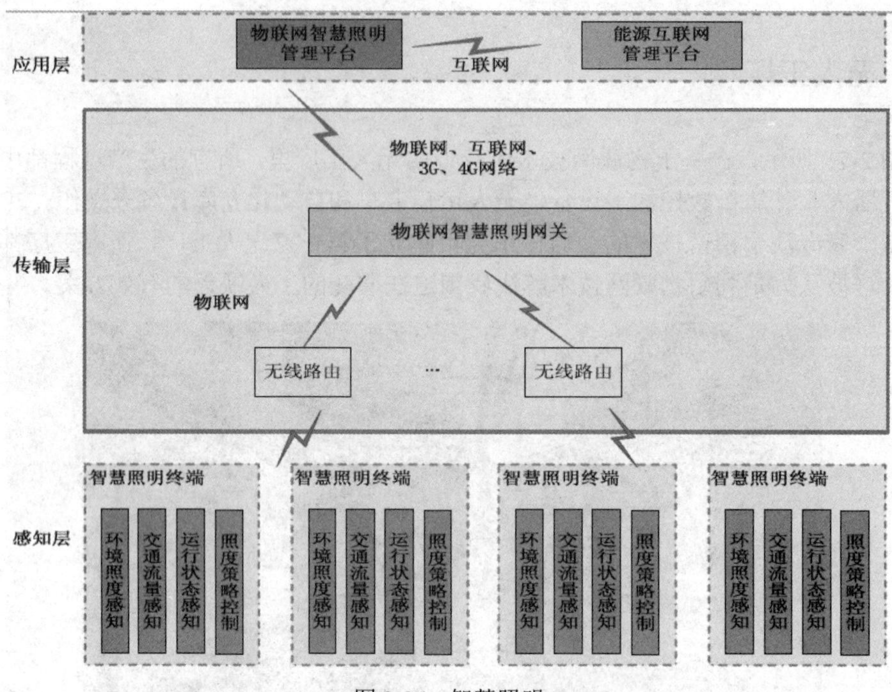

图 2-26　智慧照明

2.8.2　智能家电

智能家电是一种可被连接到智能手机或平板电脑以获得更好状态信息及控制的家电设备。例如，冰箱会给你发短信让你知道牛奶用完了，恒温箱会让你知道醒来时你喜欢的房子有多暖和，吸尘器会帮你打扫地板，等等。家庭自动化只需按一下按钮（或语音命令），就可以自动控制房子周围的物品，从窗帘到宠物喂食器。智能家电可以使人们控制一切灯光、锁和家庭安全设备。如图 2-27 所示，钟表、扬声器、电灯、门铃、相机、窗户、百叶窗、热水器、电器、炊具等都可以通过物联网技术连到网上，形成家庭自动化的关键组成部分。智能家电可简化日常生活，提供了一种全新的方式来做饭、做家务、节省时间和保持日常生活正常进行。

图 2-27　智能家电

2.8.3　智能门窗

如图 2-28 所示，智能门窗使用各种传感器来实现门窗的实时监控。通过有线或者 Wi-Fi 连接，使用智能手机 App 在门打开或关闭时向用户发送警报。同时，智能门窗也可以提供与其他智能设备的交互，提高了家庭安全性。智能门窗传感器的特点包括：当你的门窗打开和关闭时，传感器会提醒你；无线设计带来灵活的更换选择。

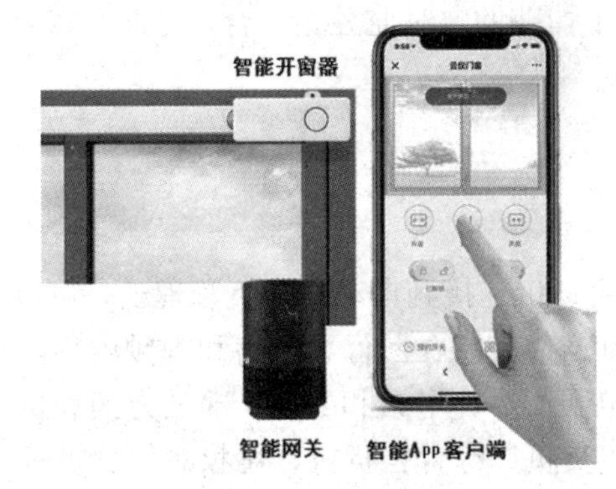

图 2-28　智能门窗

2.8.4　智能安防

如图 2-29 所示，智能安防系统是智能家居的重要组成部分，它是实施安全防范控制的重要技术手段。智能安防系统可以提供比防盗警报器更多的功能。防盗警报器是一种电子装置，当有人试图通过一个安全的入口或非法进入你家时，它会发出很大的噪声。智能安防系统包括门锁、报警系统、照明、入侵探测器、安全摄像系统等。

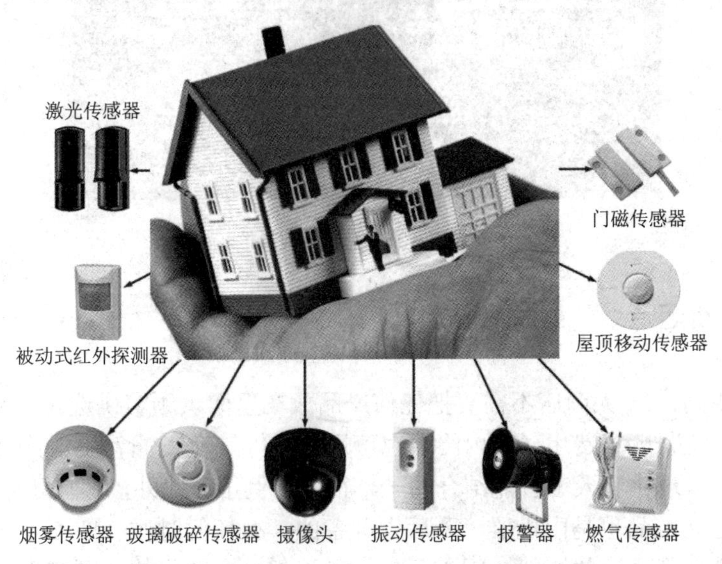

图 2-29　家庭智能安防系统

2.9　智慧零售

智慧零售是指一套智能技术，旨在为消费者提供更大、更快、更安全、更智能的购物体验。通过实施智慧零售，不仅能保护资产，还能提醒零售潜在的风险。通过将店内数据分析与安全性相结合，零售商每年可节省近40%的成本。智慧零售将用户的销售点（Point of Sale，POS）数据与商店中捕获的实时监控相结合，允许商家发现潜在的消费者、商机或威胁。

2.9.1　智能售货机

如图2-30所示，智能售货机连接到自动售货机管理云，可以看到实时销售数据，并通过智能终端触摸屏远程控制产品信息、图像、价格和视频内容。智能售货机适用于销售纸杯蛋糕、个人防护用品、电子产品、电话和配件、非处方药和保健品等。常见的售卖机一般包括饮料售货机、食品售货机、综合售货机、化妆品售卖机等。

图2-30　智能售货机

2.9.2　无人商店

如图2-31所示，无人商店不需要把任何产品放在里面供顾客挑选。相反，客户通过智能手机下订单并支付购买费用（店内终端也可用）。付款确认/批准后，产品通过专用机器分发。这是机器自动化和人工智能结合的一个很好的例子。此外，客户还可以订购热/新鲜食品和饮料。这些产品也是由机器“幕后”准备的。在任何时候（即使是在半夜）走进无人商店都可以获取最喜欢的饮料；因为所有的过程都是自动化的，顾客不用等太长时间就能得到自己的物品。

图 2-31　无人商店

2.9.3　智慧门店

如图 2-32 所示，线上线下结合的智慧门店可以将消费者与线上店及实体店紧密地结合起来。实体店零售最大的优势在于能够提供高触感的购物体验、销售助理和购物者之间的优质互动、令人向往的购物环境。使用线上销售，可以直接运送到购物者的家或其他地点。库存管理应用程序为驻留、参与和购买行为提供支持。当零售商将丰富的活动数据输入到智能商店应用程序中，使零售商能够及时获取购物者的需求并及早准备相应的产品。

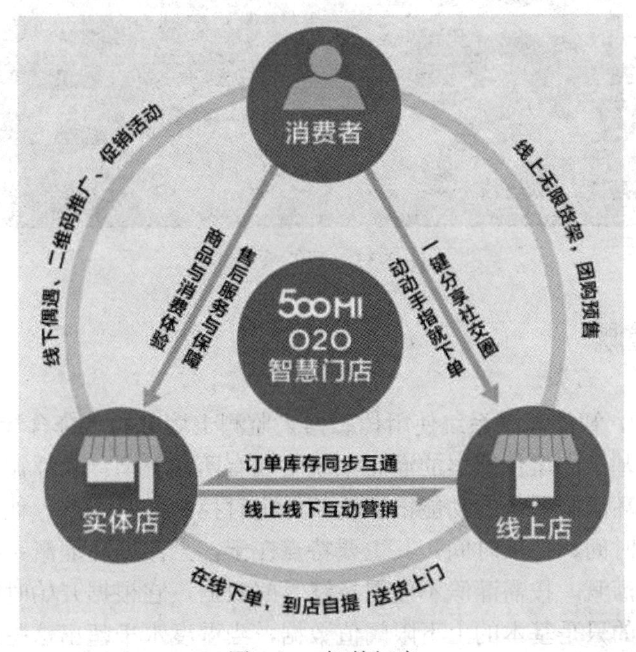

图 2-32　智慧门店

2.10　智慧农业

智慧农业指的是在农田使用物联网技术、机器人和人工智能等技术，来提高农作物的质量和数量，同时优化人力资源的使用。智能农业中使用的技术包括灌溉控制、植物精确给养、温室生长环境管理与控制、传感器用于土壤水光湿度和温度管理、软件平台、定位系统等。智慧农业过程的结果是高精度和全天候农业生产控制、节约水能源肥料等关键资源；使用智慧农业系统，农民可以通过平板电脑、手机或其他移动设备远程监控农场的生产过程并做出农业生产决策，而无须整天逗留在田地、温室、果园、葡萄园等地。

2.10.1　智能杀虫灯

如图 2-33 所示，随着人们环保意识的增强和对绿色无公害农产品需求的不断增长，探索绿色病虫害防治方法在农业生产中应用的新途径是十分必要的。太阳能杀虫灯为具有趋光性的农业迁飞性害虫的防治提供了一种新的模式。通过智能杀虫灯可实现害虫信息的智能采集、报警和节点能量管理，将有助于农业害虫防治决策的精确制定。

图 2-33　智能杀虫灯

2.10.2　智能灌溉

如图 2-34 所示，智能灌溉系统使用传感器来监测土壤中的水分含量，并相应地调整浇水的启停与时长。基于土壤传感器的灌溉系统主要有两种类型：悬浮循环灌溉系统和按需灌溉系统。悬浮循环灌溉系统的功能很像传统的定时控制灌溉系统，他们有浇水时间表，并设置开始和停止时间、持续时间，其主要特点在于，悬浮循环灌溉系统设计为在土壤中有足够水分时停止灌溉。按需灌溉不使用持续时间数据，它根据开始时间和需要浇水的天数来运行，所需要的只是基本的上下限阈值数据，当湿度水平超出这些值时，这些数据来控制开启或停止浇水。

图 2-34　智能灌溉系统

2.10.3　智慧大棚

如图 2-35 所示，智慧大棚是一种带有传感器和执行器的温室，传感器和执行器通过物联网传输网络连接到云数据服务中心，用于发送数据或接收命令。用户可以通过智能网关面板或平板电脑应用程序与智能温室进行交互。智慧大棚是一个自我调节、微气候控制的环境，为植物的最佳生长提供条件。大棚内的气候条件，如温度、湿度、光度、土壤湿度等，都是连续监测的。这些气候条件的微小变化会触发自动行动，可以自动操作评估变化并采取纠正措施，从而保持植物生长的最佳条件。

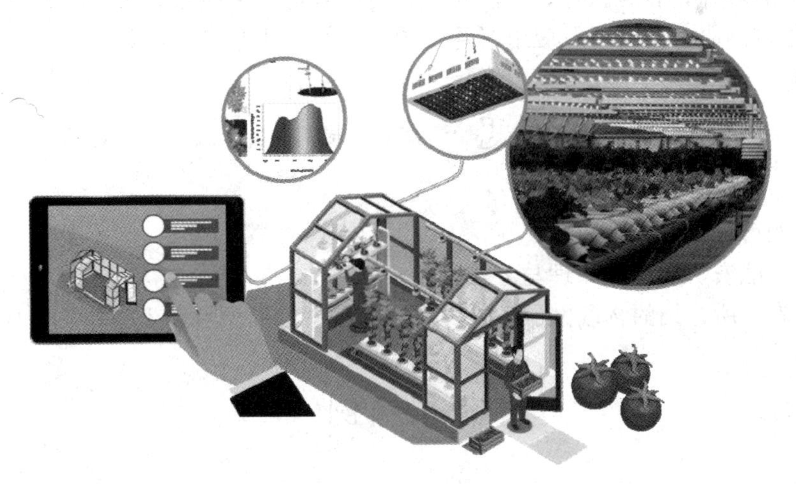

图 2-35　智慧大棚

2.10.4　植物工厂

如图 2-36 所示，植物工厂是通过使用物联网技术控制封闭设施内生长环境参数来促进植物高质量生长。植物工厂需要始终保持各种环境因素，如光照、温度、湿度、营养液、风和二氧化碳处于最佳状态。有两种类型的植物工厂：一种是利用完全人造光在封闭空间培育植物；另一种是在玻璃温室中利用阳光。两者都可以通过高度精确的人工方式控制植物生长所需的环境条件，在不受季节变化或天气条件影响的情况下，系统稳定地生产出安全、优质的农产品。

图 2-36　植物工厂

2.11　小　结

本章介绍了物联网服务的相关知识。目前，物联网服务主要用于智慧物流、智能交通、智能安防、智慧环保、智慧医疗、智能建筑、智能制造、智能家居、智能零售、智慧农业等，介绍了物联网服务的原理及应用在各个领域内的设计方法与效果。

思 考 题

1．物联网可以提供什么服务？
2．简述智能安防实现的原理与方法。
3．除了本章所介绍的物联网服务，你还知道哪些物联网服务？请举例说明。

案　例

小米人工智能（Artificial Intelligence，AI）音箱是一个智能家电产品，它可播放音乐、控制屋内智能家居产品、设计出行计划等。用户可通过语音或 App 控制，例如“小爱同学，打开客厅的电视机”，音箱即可根据指令执行相应的操作。不仅如此，小米音箱还支持 AI 训练计划，用户可添加问题句式，设计音箱回应方式，例如根据问题回答一句话、录音、控制我的设备等。此外，小米 AI 音箱配有 6 个环形麦克风，搭配波束成形技术，能够有效降低噪声干扰，在房间的任意角落，用户都可以指挥小米 AI 音箱完成相关操作。

第 3 章　物联网实时信息系统

学习要点

- ❑ 了解物联网实时信息系统组成的相关知识。
- ❑ 掌握物联网节点概念及类型。
- ❑ 掌握物联网网关的概念及工作原理。
- ❑ 了解物联网数据服务中心的概念。

3.1　物联网实时信息系统组成

一方面，物联网是一个规模大小及应用种类各不相同的、可以提供“实时了解、实时控制”的物联网实时信息系统。更进一步来说，物联网是一个网络，该网络通过传感器、RFID、GPS、北斗卫星导航系统（BeiDou Navigation Satellite System，BDS）及仪表等技术将人们“所感兴趣的物体”连接到网上，然后围绕“所感兴趣的物体”提供“实时了解、实时控制”服务；人们借助客户端（浏览器、App、微信小程序）等享受物联网所提供的各种“实时了解、实时控制”服务。人们“所感兴趣的物体”可以包括大气、河流、农田、城市、小区、工厂、医院、高速公路、桥梁、建筑、学校、人类、动物等。

一般来说，物联网工程的任务是建立高效、稳定的物联网实时信息系统。如图 3-1 所示，物联网实时信息系统一般由节点、网关、传输网络、数据服务中心、物联网服务接入网络和物联网服务客户端 6 个部分组成。

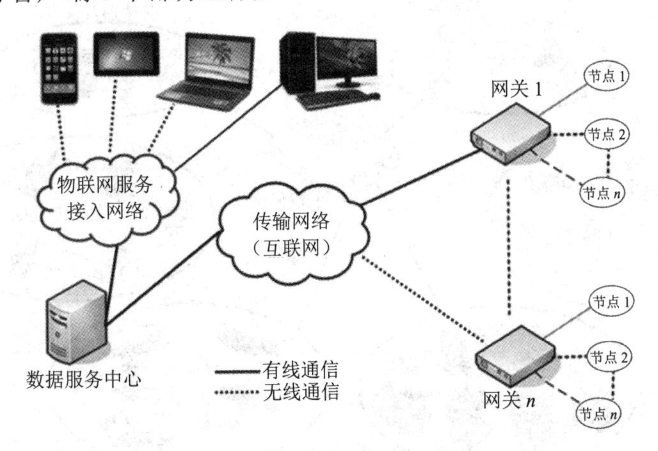

图 3-1　物联网实时信息系统组成

物联网节点是指 RFID 标签、传感器、各种仪表、继电器、执行器等可产生实时数据及进行实时控制的电子元器件。

物联网网关是一个具有多种接口的嵌入式计算机设备，其可以收集并处理来自其所管理的各类节点的数据，并将处理后的数据通过其具有的通信接口（3G/4G/5G、Wi-Fi、以太网等）传输到IOT数据服务中心；同时，其可以接收来自服务中心的控制指令。

物联网传输网络负责网关与数据服务中心之间的数据传送，常见的传输网络包括3G/4G/5G移动网络、Wi-Fi无线网络及有线以太网等。

物联网数据服务中心负责存储来自一个或多个IOT网关的实时数据，并利用大数据、云计算及人工智能等技术对数据进行分析、处理及显示。

通过物联网服务接入网络，用户可以接收或使用物联网数据服务中心提供的服务，如实时监测、定位跟踪、警报处理、反向控制和远程维护等。物联网服务接入网络和物联网传输网络可以是同一个网络，也可以是不同的网络。

物联网服务客户端是用户通过物联网服务接入网络接收或使用数据服务中心提供的“实时了解、实时控制”服务的软件或设备，它包括PC客户端、App、微信小程序、智能手表、智能眼镜等。

3.2　IoT节点

物联网在传统网络的基础上，从原有网络用户终端向“下”延伸和扩展，扩大通信的对象范围，即通信不仅仅局限于人与人之间的通信，还扩展到人与现实世界的各种物体之间的通信，来监测人们所感兴趣的各种物体的状态信息。物联网节点所起的作用就是使人们所感兴趣的物体同网络连接起来，有关这些物体的各种信息实时地通过物联网网关传输到物联网数据服务中心，并生成各种物联网信息服务。可同网关进行数据交换的节点如图3-2所示。

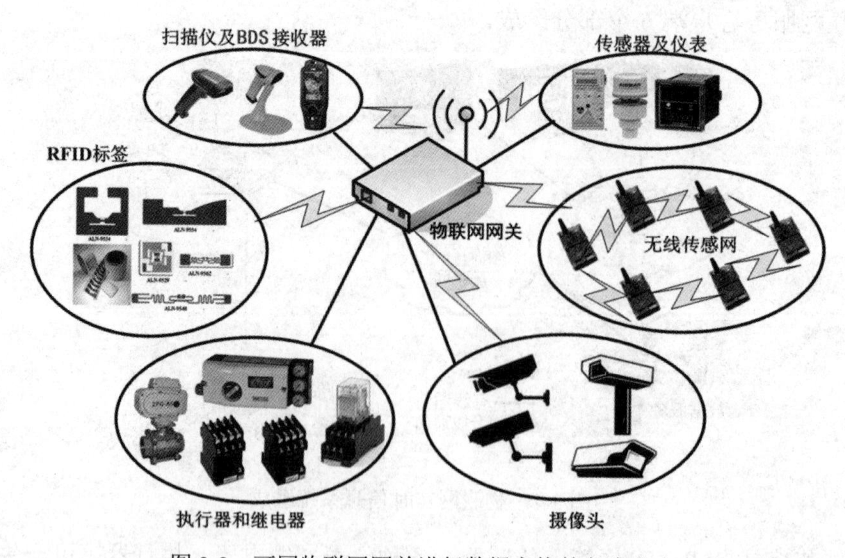

图3-2　可同物联网网关进行数据交换的各类节点

物联网节点具体来说就是仪表、传感器、RFID、摄像头、BDS 设备、执行器和继电器等。一维码、二维码、RFID 标签等节点主要作用是识别物体；传感网、传感器及仪表等节点主要用来获取物体的状态及环境信息；执行器和继电器主要用来控制被监控的设备；BDS 等节点主要用来跟踪被监控物体的位置信息；摄像头等节点主要用来监控物体当前的行为状态。物联网节点通过通用串行总线（Universal Serial Bus，USB）、推荐标准 232（Recommended Standard 232，RS-232）、推荐标准 485（Recommended Standard 485，RS-485）、蓝牙、红外、ZigBee、Wi-Fi 等短距离有线或无线传输技术进行协同工作或者传递数据到物联网网关。网关进一步将来自不同节点的数据通过传输网络发送到物联网数据服务中心。下面介绍一下主要的物联网节点数据采集和传输技术。

3.2.1　传感器技术

人对外部信息的感知是通过视觉、嗅觉、听觉和触觉将信息输入大脑，经过大脑的分析和处理，然后引导人们做出相应的动作，这是人类认识世界和改造世界的最基本的能力。但人们通过感官来感知外部世界的能力是非常有限的，例如，人们无法用触觉感知超过数万甚至数十万度的高温，而且也不可能区分温度变化大小，这就要求传感器的帮助。传感器是一种检测装置，能感受到被测量的信息，并可以将检测到的信息按一定规律转换成电信号或其他所需形式进行信息输出，以满足信息的传输、处理、存储、显示、记录和控制等要求。在物联网应用中，传感器可以独立存在，也可以与其他设备融合在一起，但无论哪种方式，它都用来感知和收集所需要的环境信息。由无线传感器组成的无线传感网在物联网应用相关数据采集和传输方面发挥了重要的作用。

3.2.2　RFID 标签技术

RFID 是一种自动识别技术，它利用射频信号通过空间电磁耦合来实现非接触的目标识别。RFID 电子标签芯片可用于存储待识别物品的标识信息。在 RFID 读写器的读取范围内，具有 RFID 读写器功能的物联网网关不用接触 RFID 标签，就可以将存储在标签中的信息读出。由于 RFID 技术具有非接触、自动化程度高、工作可靠、识别速度快、适应工作环境、可实现高速和多标签识别等优点，基于 RFID 射频技术的物联网实时信息系统被广泛应用在不同领域，如物流管理、工业制造原材料供应链管理、门禁安防系统、高速公路自动收费、航空行李自动处理、文档追踪/图书馆管理、电子支付、制造和装配、车辆监控和动物标识等。

3.2.3　二维码标签技术

二维码技术是物联网应用中最基本和最重要的感知层技术之一。二维码也被称为二维条码，是由一个几何图形，按照一定的规则在平面上生成的图形，其可用来记录各种信息。通过图像输入设备或光学扫描设备，可以对二维码进行扫描并通过解码获取其所代表的各种信息。二维码可容纳1850个字母或数字或500多个汉字，且其可以用激光和电荷耦合器件（Charge Coupled Device，CCD）相机设备来进行扫描识别，非常方便。与一维条形码相比，二维码具有明显的优势，这包括数据容量大、条形码相对尺寸小、具有抗毁伤能力和较好的保密性等。

3.2.4 ZigBee节点无线通信技术

ZigBee是一种短距离无线技术，其能耗低，是IEEE 802.15.4协议的代名词。ZigBee使用分组交换和跳频技术，它可以使用的频段为2.4 GHz、868 MHz及915 MHz。ZigBee技术主要应用在短距离范围各种电子设备之间的数据传输，速率不高。与蓝牙相比，ZigBee更简单，功耗和成本较低。同时，由于ZigBee的传输速率较低和通信范围较小，决定了ZigBee技术只适用于小数据量业务。另一方面，由于ZigBee具有低成本、灵活组网、易于嵌入各种设备等特性，其在物联网中发挥了重要的作用。当前，ZigBee的目标市场主要是PC外设、消费电子设备、家庭智能控制设备、玩具、医疗监视设备、各种传感器和无线控制设备等。

3.2.5 蓝牙节点无线通信技术

蓝牙技术应用于物联网的感知层，主要用于物联网节点与物联网网关之间的数据交换。蓝牙（Bluetooth）是用于无线数据与语音通信的一个开放的全球化标准，是一种短距离无线传输技术；它是一种具有蓝牙无线通信接口的固定设备或装置，与移动蓝牙设备之间的无线短距离数据通信技术。蓝牙使用时分多址（Time Division Multiple Access，TDMA）通信技术，支持点对点和点对多点通信。蓝牙使用全球公共通用的2.4 GHz频段的传输带宽，传输距离小于10 m时，采用时分双工传输方案实现全双工传输，可以提供的传输速率可达到1 Mb/s。蓝牙可以应用在全球范围内，具有功耗低、成本低、抗干扰能力强等特点。

当前成熟的蓝牙通信标准为蓝牙5.0，它是2016年6月16日发布的。蓝牙5.0的主要优点是提高了速度和更大的射程。同蓝牙4.2相比，蓝牙5.0发射范围扩大到4倍，速度增大到2倍，广播信息容量增大到8倍。带蓝牙5.0设备可以使用高达2 Mb/s的数据传输速度，这是蓝牙4.2的2倍。蓝牙5.0设备还可以通过240 m的距离进行通信，这是蓝牙4.2设备所允许的60 m距离的4倍。

3.3 IoT网关

物联网网关在物联网时代扮演着非常重要的角色，可以实现感知延伸网络与接入网络之间的协议转换，既可以实现广域互联，也可以实现局域互联，它广泛应用于智能家居、智能社区、数字医院和智能交通等各行各业。物联网网关具有广泛的接入能力、协议转换能力和可管理能力，分别叙述如下。

3.3.1　广泛的接入能力

物联网应用领域广泛，应用环境也多种多样，如森林防火监控、水污染监控、智能家居和智能楼宇等。对于不同的应用，物联网网关都需要根据具体的网络环境将实时数据传输到物联网数据服务中心。物联网网关的接入网络技术包括 Wi-Fi、3G/4G/5G、NB-IoT、以太网、非对称数字用户线路（Asymmetric Digital Subscriber Line，ADSL）、Lonworks、Rubee 等。当前，各类技术基本针对某一应用展开，如 Lonworks 主要应用于楼宇自动化，Rubee 用于恶劣环境的无线数据传输。

3.3.2　协议转换能力

物联网网关将来自不同节点的数据进行协议转换，将数据打包成传输控制协议（Transmission Control Protocol，TCP）或用户数据报协议（User Datagram Protocol，UDP）等同一格式，通过传输网络发送到数据服务中心。同时，物联网网关还直接和一些执行器相连。网关将来自数据服务中心的命令转换成执行器可以识别的信令和控制指令，实现关键设备的打开或关闭。

3.3.3　可管理能力

一般情况下，每一个物联网网关都通过有线或无线连接着很多个物联网节点。网关需要实现对各种节点的管理，如获取节点的标识、状态、属性和能量，远程唤醒、控制、诊断、升级和维护等。由于物联网节点使用不同的技术标准，物联网网关需要开发复杂的智能化程序来对这些节点进行有效管理。

按照网关同节点之间的关联度可将物联网网关分为分离型网关、融合型网关与半融合型网关。分离型网关是指网关电路板完全同物联网节点分离的网关，网关同节点之间一般通过 USB 线、RS-232 线、RS-485 线或蓝牙、ZigBee 等无线通信方式连接。融合型网关是指网关电路板上面除了网关的主体电子元器件之外，还焊接有一个或者多个物联网节点。半融合型网关是指网关电路板上面除了网关的主体电子元器件之外，还焊接一部分节点，另外一部分节点通过 USB 线、RS-232 线、RS-485 线或蓝牙、ZigBee 等无线通信方式同网关连接。

3.4　IoT 传输网络

物联网传输网络主要基于现有的移动通信网络、互联网等网络来完成来自网关的数据传输。随着物联网应用规模的扩大，海量数据的实时传输，尤其是远程传输，要求物联网传输层的数据传输需要具有较高的可靠性和安全性。当前，现有的网络无法满足物联网的数据传输需求，这意味着物联网需要使用新的技术对现有网络进行融合、扩展和改造，使其实现网络互联及数据传输功能。物联网实时信息系统利用现有的 Internet 和移动通信网进行数据传输。

如图 3-3 所示，物联网网关将综合使用以太网、3G/4G/5G、Wi-Fi 等通信技术，将数据实时传输到数据服务中心。互联网是以相互的信息资源交换为目的，在一些常见的 TCP 或 UDP 协议的基础上，通过许多路由器和公共通信网络，将信息由一台电脑传输到另外一台电脑。互联网是一个为实现各种信息资源共享而建立的大型信息化系统，物联网主要以现有的互联网作为数据传输网络。目前，基于互联网协议第四版（Internet Protocol Version 4，IPv4）地址资源已经枯竭，已无法满足当前物联网的 IP 地址需求。这就需要大力进行基于互联网协议第六版（Internet Protocol Version 6，IPv6）技术通信网络建设，使每一个与物联网应用相关的设备或物体都有一个 IP 地址。这样物联网实时信息系统就可以将各种设备，如家电、传感器、遥控摄像机、汽车等连接起来，使物联网服务无所不在，遍及社会的每个角落。

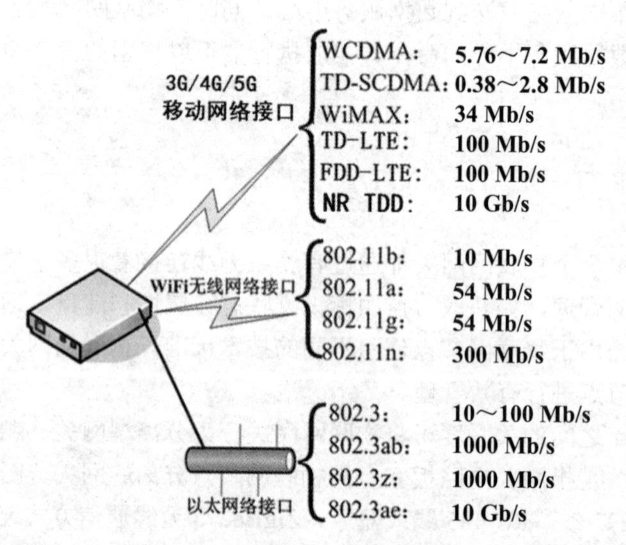

图 3-3　物联网网关传输网络技术

移动通信是移动的个体与移动的个体之间或移动的个体和固定个体之间的语音或数据通信。移动通信网络就是通过有线或无线介质将这些通信对象连接在一起的语音或数据服务网络。通过与个体之间相关联的无线移动通信网络、核心网和骨干网络，可以为物联网网关提供数据传输服务。由于移动通信网络覆盖范围大，而且建设成本低和部署方便等特点，移动通信网络可为物联网应用提供节点与节点间的无线通信、节点与网关的数据通信及网关与数据服务中心的数据传输服务。

在移动通信网络中，比较流行的无线接入技术包括 3G/4G/5G、Wi-Fi 和窄带物联网（Narrow Band Internet of Things，NB-IoT）。3G 是指第三代蜂窝移动通信技术，其支持高速数据传输。目前 3G 移动通信主要的国际标准为 CDMA2000，宽带码分多址（Wideband Code Division Multiple Access，WCDMA）和时分同步码分多址（Time Division-Synchronous Code Division Multiple Access，TD-SCDMA），其中 TD-SCDMA 是第一个由我国提出，具有我国知识产权，且被国际广泛接受和认可的无线通信国际标准。长期演进技术（Long Term Evolution，LTE）是基于正交频分多址（Orthogonal Frequency Division Multiple Access，OFDMA）技术、由第三代合作计划（3rd Generation Partnership Project，3GPP）组织制定的全球通用标准，包括频分双工（Frequency Division Duplexing，FDD）和时分（Time-division，TD）两种模式，两种 4G 通信技术分别被称为 FDD-LTE 和 TD-LTE，它们的最高下载速率约为 100 Mb/s，上传速率约为 50 Mb/s。5G 移动通信技术是最新一代移动通信技术。5G 的主要优点是数据速度远高于以前的蜂窝网络，高达 10 Gb/s，比今天的有线互联网快，比以前的 4G LTE 蜂窝网络快 100 倍。另一个优点是 5G 网络延迟较低，小于 1 ms。

3.5　IoT 数据服务中心

物联网所提供的实时信息服务是由物联网数据服务中心来完成的。数据服务中心的主要功能是把所收集存储的各种信息进行分析和处理，做出正确的控制和决策，实现智能化的管理、应用和服务。用于物联网数据处理的数据服务中心可完成跨行业、跨应用、跨系统的实时信息共享。数据服务中心智能化数据处理所提供的信息化服务可提高很多行业的服务质量，这些行业包括电力企业、医疗单位、交通部门、环境保护、物流管理、银行金融、工业制造、精细农业、城市智能化管理及家居生活等。

物联网数据服务中心与人工智能和云计算有着密切的关系。人工智能使数据中心可以快速地处理和分析数据，并产生高质量的数据报告。物联网数据服务中心涉及的存储及计算可以由传统的用户自己掌握的软硬件资源来完成，也可以由外部的云计算服务来完成。根据物联网应用规模的不同，数据服务中心可以分为简单数据服务中心、局域网数据服务中心、云数据服务中心和多级数据服务中心。

3.6　IoT 接入网络

通过物联网服务接入网络，用户可以接收或使用物联网数据服务中心提供的服务，如实时监测、定位跟踪、警报处理、反向控制和远程维护等。物联网服务接入网络和物联网传输网络可以是同一个网络，也可以是不同的网络。如图 3-4 所示，对于小天才云服务中心，其一部分网络专门用来“接收”来自成千上万的小天才智能手表的数据；另外一部分网络用来“接入”来自成千上万家长的智能手机 App 客户端。

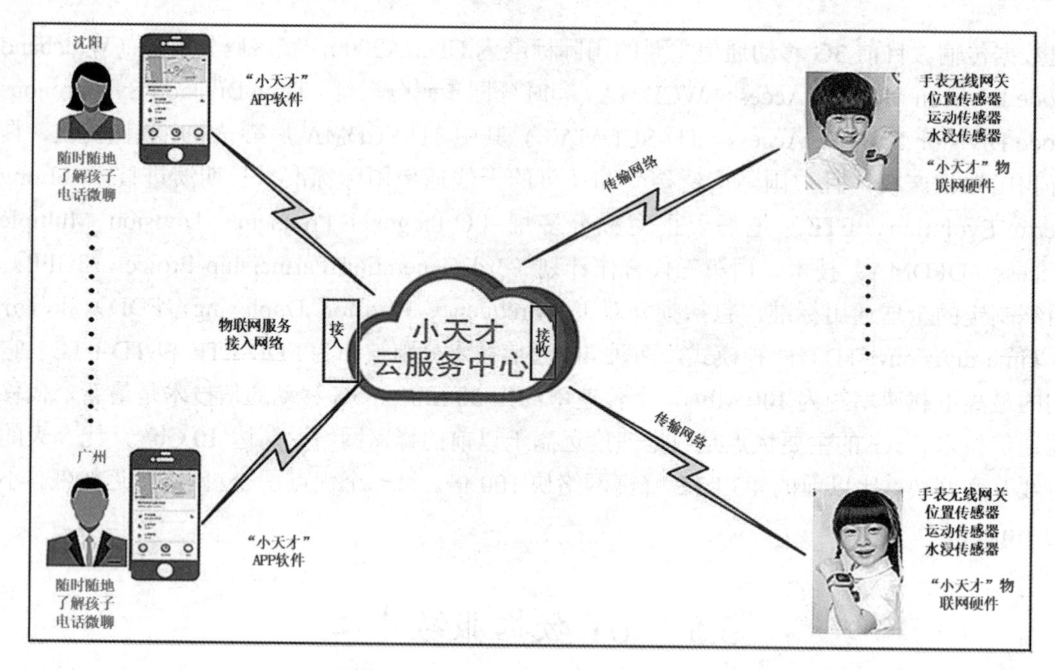

图 3-4　小天才云服务中心及接入网络

3.7　IoT 客户端

物联网服务客户端是用户通过物联网服务接入网络接收或使用数据服务中心提供的“实时了解、实时控制”服务的软件或硬件设备。图 3-5 为家庭环境实时监控 App 客户端。

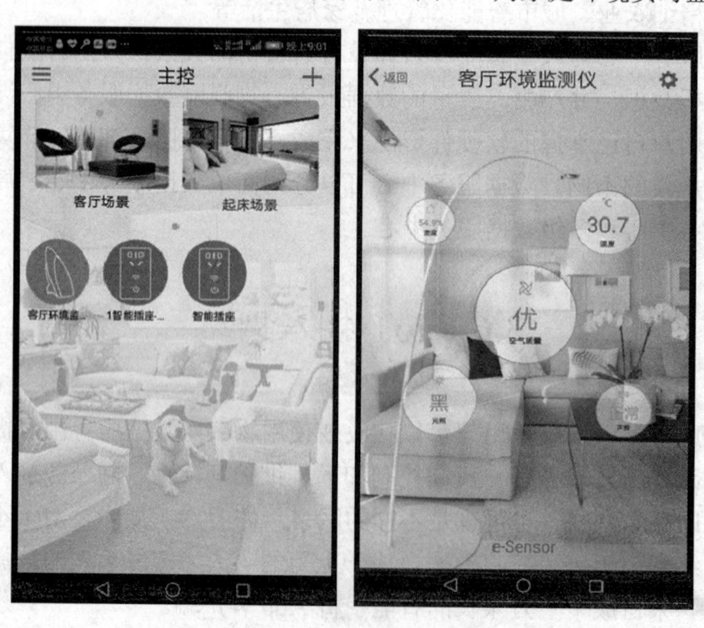

图 3-5　家庭环境实时监控 App 客户端

3.8 小　　结

本章主要介绍了物联网实时信息系统及组成部分。物联网实时信息系统一般包含节点、网关、传输网络、数据服务中心、物联网服务接入网络和物联网服务客户端 6 个部分。其中，物联网节点和物联网网关是物联网实时信息系统中最重要的部分。在物联网节点部分，详细介绍了目前使用的技术手段及应用领域。

思　考　题

1. 物联网实时信息系统由哪几部分组成？
2. 物联网数据服务中心的主要功能是什么？请详细说明。
3. 你所使用到的物联网节点有哪些？请举例说明。

案　　例

如图 3-6 所示，大疆精灵 Phantom 4 RTK 是一款小型航测无人机，用户可使用带屏遥控器操控无人机，集成厘米级定位系统，大大提高测量精度。无人机可将图片通过 OcuSync 图传系统进行实时传输，可应用于低空摄影测量、专业航线规划应用、巡检等专业测绘。

图 3-6　大疆精灵 Phantom 4 RTK 航测无人机

第 4 章　物联网节点

学习要点

- ❑ 了解物联网节点相关知识。
- ❑ 掌握 RFID 标签相关知识。
- ❑ 掌握传感器及传感网相关知识。
- ❑ 了解仪表相关知识。

4.1　节 点 简 介

物联网节点主要包括数据节点与控制节点两种类型。数据节点一般指 RFID 标签、传感器、传感网及各种仪表，它们负责产生人类感兴趣的各种数据。一个传感器设备本身可以收集环境数据，并将数据直接上传到物联网网关。传感网是一个无线传感器的集合，多个无线传感器一起完成环境数据的收集，并将数据上传到物联网网关，本章将传感网作为一个特殊的物联网节点。IoT 节点所收集的数据包括物品编码、温度、湿度、气压、耗电量、大气有毒气体含量及水资源有害成分含量等。控制节点一般用来实现对人们所感兴趣物体的“实时控制”，它一般包括执行器、继电器与遥控器等。本章将对常见的物联网数据与控制节点进行介绍。

4.2　RFID 标签

RFID 可用于非接触获取被监控物体的身份信息或与身份相关的位置跟踪。RFID 并不是条形码的替代品，而是对远程读取代码的补充。这项技术用于自动识别一个人、一个包裹或一件物品。

4.2.1　RFID 标签简介

1948 年，Harry Stockman 发表的《利用反射功率的通信》论文奠定了射频识别技术的理论基础。1951—1960 年为 RFID 技术的实验室研究探索阶段；1961—1970 年间，RFID 理论得到了迅速的发展，并开始进行了一些应用尝试；1971—1980 年来，进行了较大规模的 RFID 技术与产品开发研究，产生了一些成熟的 RFID 应用；1981—1990 年间，RFID 射频识别技术及产品进入了各种规模的商业应用阶段；1991—2000 年间，RFID 产品已被广泛应用，越来越多 RFID 产品已逐渐成为人们生活的一部分。为了规范 RFID 产品市场及提供更好的产品服务，国际和企业联盟组织制定了很多 RFID 标准，此阶段为 RFID 技术标准形成阶段。

自 2001 年以来，RFID 标准问题被越来越多的人关注，RFID 产品更加丰富，有源电子标签、无源电子标签和半无源电子标签有了长足的发展，电子标签的成本不断降低，工业应用规模不断扩大。随着物联网应用在各个国家得到越来越多的重视，RFID 市场规模也快速增长。2014 年，我国 RFID 行业市场规模为 320 亿元；2019 年，我国 RFID 行业市场规模突破千亿元，达到 1085.81 亿元。

RFID 电子标签的芯片中存储有能够识别目标的信息。RFID 标签具有持久性、信息接收传播穿透性强、存储信息容量大和种类多等特点。有些 RFID 标签支持读写功能，目标物体的信息能随时被更新。不同企业生产的不同类型的标签可以存储 512 B～4 MB 的数据。在标签中存储的数据的内容和形式是由 RFID 应用系统功能需求和相应的标准确定的。例如，标签可提供产品制造、运输和当前状态等信息，它也可以用来标示并区分机器、动物和人的身份。同时，利用 RFID 射频识别标签及相应的联网 RFID 读写器，可以快速无接触地连接到 RFID 应用数据服务中心，及时了解产品的各种信息，这包括产品的库存数量、目前的位置、状态和价格等。

在一定程度上，RFID 标签的价格已经成为抑制 RFID 应用进一步扩大的障碍。当前 RFID 标签的价格一般来说从人民币 1 元到人民币 300 元不等，对于特殊的电子标签，可达到人民币 2000 元一个。总的来说，较为高档的 RFID 标签价格都在人民币 3 元以上，一些含有复杂敏感元件的 RFID 标签或者一些在高温等极其恶劣环境下使用的 RFID 标签的价格在每个人民币 1000 元以上。当一般的 RFID 标签的价格降低到每个人民币 0.1 元时，基于 RFID 技术的各种物联网应用将会得以快速发展。

近年来，国内 RFID 技术已经在物流、零售、制造业、服装业、医疗、身份识别、防伪、资产管理、食品、动物识别、图书馆、汽车、航空、军事等众多领域开始应用，对改善人们的生活质量、提高企业经济效益、加强公共安全以及提高社会信息化水平产生了重要的影响。我国已经将 RFID 技术应用于铁路车号识别、身份证和票证管理、动物标识、特种设备与危险品管理、公共交通以及生产过程管理等多个领域。2020 年 12 月，我国自主研发的一项物联网安全测试技术（TRAIS-P TEST）日前由国际标准化组织/国际电工委员会（International Standard Organization/International Electrotechnical Commission，ISO/IEC）发布成为国际标准。

4.2.2　RFID 标签分类

以不同频率为基础，RFID 电子标签可以分为低频电子标签、高频电子标签、UHF 标签和微波电子标签。根据包装形式的不同，RFID 标签可以分为卡型标签、线形标签、纸状标签、玻璃管标签、圆形标签及特殊用途的异形标签等。总之，根据不同的分类标准，RFID 电子标签可以有许多不同的分类。

1．按工作频率分类

RFID 电子标签的工作频率是其最重要的特征之一。RFID 工作频率不仅决定着电子标签射频识别系统工作原理（电感耦合或电磁耦合）、识别距离，也决定了电子标签和读写器实现的难易程度和设备的成本。工作在不同频段的电子标签具有不同工作特征。常用的 RFID 工作频率处于国际公认工业科学和医学（Industrial Scientific Medical，ISM）频段，典型的工作频率为 125 kHz、133 kHz、13.56 MHz、27.12 MHz、433 MHz、902～928 MHz、2.45 GHz 和 5.8 GHz 等。

（1）低频段电子标签：低频电子标签的工作频率范围为 30～300 kHz。典型的工作频率为 125 kHz 和 133 kHz。如果标签是无源电子标签，标签工作所需要的能量通过电感耦合方式从 RFID 读写器天线周围形成的电磁场获得。低频标签与读写器之间需要进行数据传输时，低频标签离读写器天线较近，一般小于 1 m。低频标签的典型应用包括动物识别、设备识别、电子锁防盗等。与低频标签相关的标准包括 ISO11785（用于动物识别）和 ISO18000-2（125～135 kHz）等。低频标签有多种形态，如卡的形态、项圈形态、耳牌形态、钥匙扣形态（见图 4-1）、可注射管式形态和药丸形态等。低频 RFID 标签的主要优点包括：工作所需能量低、制造成本低廉及工作频率不受无线电管制约束、可以在水或有机组织及木材当中使用。标签的劣势主要体现在：标签存储数据量少、只适合低速近距离应用、低频天线比高频标签天线具有更多的圈数。

（2）高频段电子标签：高频电子标签的工作频率一般是 3～30 MHz，典型的工作频率为 13.56 MHz。高频电子标签一般为无源电子标签，与低频电子标签获取能量的方式类似，其通过电感（磁）耦合方式从 RFID 高频读写器天线周围所产生的磁场中获取。当进行 RFID 读写器与高频标签之间的数据交换时，高频标签必须处于 RFID 读写器天线所产生的磁场中。一般而言，高频标签离 RFID 读写器天线的距离不超过 1 m。高频标签天线设计相对简单，高频 RFID 标签通常是标准卡片形状，典型的应用包括电子门票、电子身份证（见图 4-2）、电子闭锁防盗等。高频 RFID 射频技术相关的国际标准包括 ISO14443、ISO15693、ISO18000-3（13.56 MHz）等。相对应低频 RFID 标签而言，高频 RFID 标签由于其工作频率的提高，数据传输率可以更高。

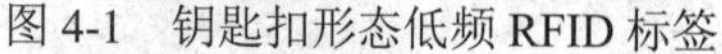
图 4-1　钥匙扣形态低频 RFID 标签

图 4-2　高频 RFID 居民身份证

（3）超高频（Ultra High Frequency，UHF）电子标签：超高频电子标签典型工作频率为 433.92 MHz、862～928 MHz、2.45 GHz 和 5.8 GHz。超高频电子标签可分为有源电子标签与无源电子标签两类。工作时，电子标签位于读写器天线辐射场的较远区域内，标签与读写器之间的能量传递方式不是低频和高频使用的电磁耦合方式，而是采用电磁反向散射耦合方式。读写器天线辐射场为无源电子标签提供射频能量，将无源电子标签唤醒并发射信息给读写器。超高频 RFID 标签相应的射频识别读取距离一般大于 1 m，典型情况为 4～7 m，最大可达 10 m 以上。

超高频 RFID 读写器的天线一般均为定向天线，只有在读写器天线定向波束范围内的电子标签才可被读/写。以目前技术水平来说，无源 UHF 电子标签（见图 4-3）比较成功的产品相对集中在 902～928 MHz 工作频段上，2.45 GHz 和 5.8 GHz 射频识别系统多以半无源电子标签产品面世。半无源电子标签一般采用纽扣电池供电，具有较远的阅读距离。对于可以读取及写入的电子标签，在正常情况下，写入信息时，读写器天线与标签之间的距离小于读取 RFID 标签信息时的距离，原因是写入信息需要更大的能量。

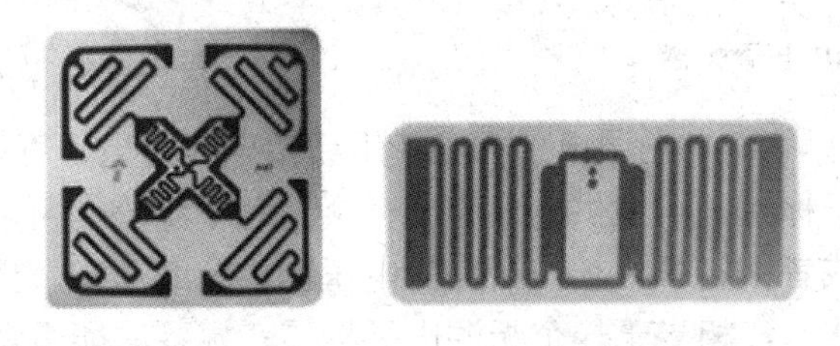

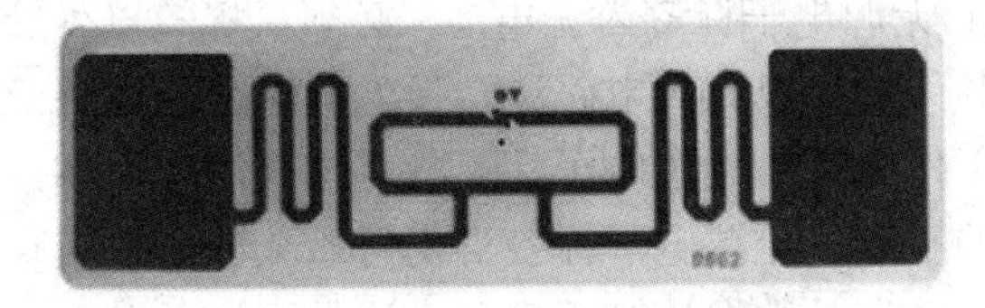

图 4-3　无源 UHF 电子标签

超高频标签的数据存储容量一般局限在 2 Kbit，从技术及应用的角度来看，超高频标签不适合作为大量数据的载体，其主要功能在于识别对象和无接触地完成识别过程。常见的超高频标签存储数据的大小包括 64 bit、96 bit、128 bit 及 256 bit 等。UHF 标签的典型应用包括移动车辆识别、仓储物流应用和电子遥控门锁控制器等。相关的 UHF RFID 国际标准包括 ISO10374、ISO18000-4 和 ANSI ncits256-1999。

2．按电能消耗分类

在实际应用中，虽然 RFID 标签工作所需的电能消耗是非常低的，但必须给电子标签供电它才能正常工作。按照 RFID 射频标签获取电能方式的不同，可以把标签分成有源电子标签、半无源电子标签与无源电子标签。

（1）有源电子标签：有源电子标签通过嵌入的内部电池供电，电能充足，工作可靠性高，信号传输距离远（见图 4-4）。此外，通过调节有源电子标签内电池的工作时间，可以实现基于有源电子标签的各种特殊应用。例如，通过电池的工作时间可以限制 RFID 标签传输的数据量。有源电子标签的价格较高，体积也较大。如图 4-5 所示，有源电子标签的主要缺点为标签电池的生命是有限的，而且随着电池电量的消耗，标签数据传输的距离会越来越小，这也影响 RFID 信息系统的正常运行。

图 4-4　有源 UHF 电子标签

图 4-5　有源 UHF 电子标签内部结构

（2）半无源电子标签：半无源电子标签使用纽扣电池供电，可增加 RFID 数据读取的距离。对于半无源电子标签，电池供电只起到一个辅助电源的作用，仅对标签内要求供电维持数据存储的电路或者标签芯片工作所需的电压提供辅助支持。当标签没进入工作状态时，它一直处于休眠状态，相当于一个无源电子标签，标签的能量消耗小，电池可保持几年的工作时间，有时甚至长达 10 年。

（3）无源电子标签：无源电子标签内无电池，必须从标签以外获取供它正常工作的能量。无源电子标签可将其天线接收到的电磁波转换为电流，经过整流和电容器充电，电容电压稳定后作为标签的工作电压。无源电子标签具有永久的使用期，常常用在标签信息需要被写入或被读取多次的地方，无源电子标签可支持永久性的数据存储及长时间的数据传输。无源电子标签的主要缺点是数据传输距离短，这是因为无源电子标签依靠外部电磁感应获取电源，其能量相对较弱，数据传输的距离和数据传输信号的强度也受到限制。但由于无源电子标签价格较低，体积较小，易于使用，决定了它是主流的电子标签。

4.2.3　RFID 标签应用

RFID 可应用在很多物流管理、零售服务、制造业元配件管理、服装业销售、医疗健康、身份识别、食品药品防伪和交通管理等方面，对于一些主流应用描述如下。

1．高速公路自动收费系统

当前，RFID 的一个最成功的应用是高速公路自动收费系统（见图 4-6）。当前，我国高速公路发展非常迅速，一个便利的交通条件是区域经济发展的前提，高速公路收费存在的一些问题不利于好的交通环境的建立。这些问题包括收费站交通堵塞成为交通瓶颈和一些不法人员监守自盗高速公路收费等。RFID 技术的应用成功地解决了当前高速公路因缴费所造成的一些问题。使用高速公路自动收费系统，在车辆以较高速度通过收费站时就可以完成自动缴费，大大提高了车辆行驶速度，避免拥塞，这就解决了由于人工收费造成的交通瓶颈问题。由于自动收费，费用不经过高速公路工作人员的手，很好地解决了由于人工收费产生的腐败问题。

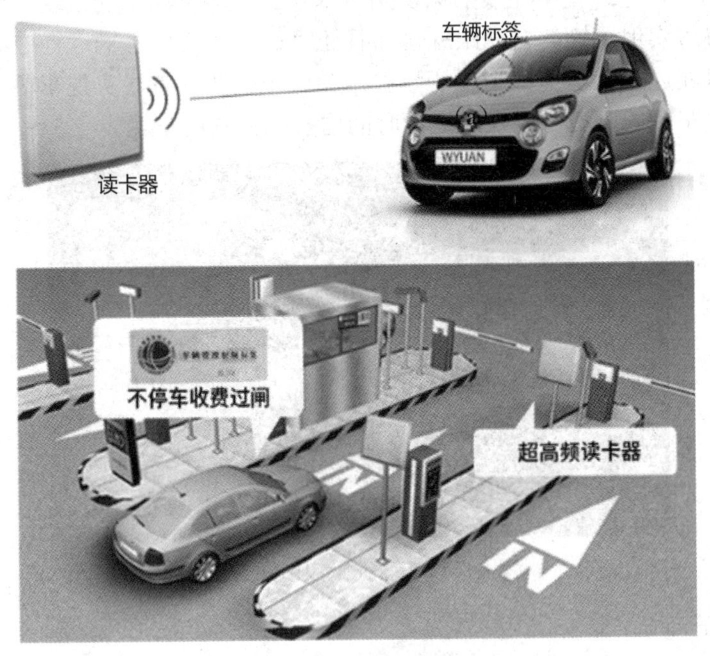

图4-6　高速公路自动收费系统

2．工业生产自动化

RFID技术由于其抗恶劣环境能力强，可非接触识别等，在工业生产过程控制中有很好的应用。很多工厂的自动装配线采用RFID技术（见图4-7）进行物料跟踪和生产过程的自动化控制，这不但改进了生产方式，而且还提高了生产效率，降低了成本。一汽红旗工厂采用RFID技术提升车辆自动化生产水平，确保在生产流水线各个重要位置准确地完成车辆装配任务。同样，吉利汽车部件有限公司采用先进的智能化系统，配合RFID采集器等，实现制造过程自动排产调度、自动跟踪预警、故障自动推送等智能化制造。

图4-7　工厂的自动装配线采用RFID技术

3．车辆的自动识别及防盗

如图 4-8 所示，通过使用无线射频识别技术建立车辆自动识别系统，可以了解车辆的运行状态，不仅可实现车辆的自动跟踪，而且还可以大大降低车辆运行中事故发生的可能性。同时，可以通过 RFID 无线射频识别技术验证车辆所有者，实现车辆防盗功能，这可以帮助那些丢失车辆的人员可以在较短的时间内找到丢失的车辆。

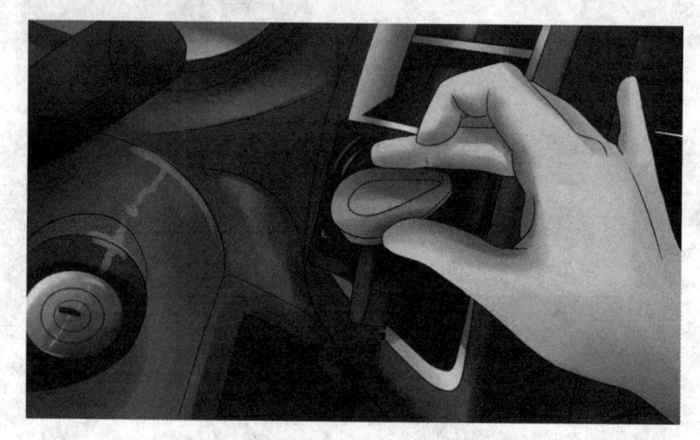

图 4-8　车辆的自动识别及防盗

4．电子票证

如图 4-9 所示，利用 RFID 电子标签可替换目前各种“卡”的使用，快速实现非现金结算。这就较好地解决了由于现金交换带来的各种不方便和不安全的问题，也解决了各类磁卡和 IC 卡容易损坏的问题。当前基于非接触式 IC 卡的射频识别系统，较为广泛地应用在公共交通领域。使用电子标签作为电子票，不但使用方便，而且还能缩短交易时间，大大降低运营成本。

图 4-9　电子票证 RFID 应用

4.3　传　感　器

传感器是一种信息检测装置，能感受到被测量的信息，并可将检测到的信息按一定规律转换成电信号或其他所需形式进行信息输出。从传感器获取的信息在经过处理后，可实现信息的传输、处理、存储及显示。从狭义上说，传感器是一种将非电信号的物理量转变成可以进行计算机处理的电信号的装置，它是实现自动检测和自动控制的重要环节，是物联网应用中的一个重要组成部分。

4.3.1　传感器简介

在基于物联网应用的新技术革命到来时，世界进入了信息化无处不在的时代。在利用信息的过程中，首先要解决的是如何获得准确、可靠信息的问题，而传感器是获取自然界和工农业生产过程信息的主要途径和手段。

在现代工业生产中，尤其是在自动化控制的工业制造过程中，各种传感器应用显得越来越重要。它们用于监视和控制生产过程中的各种参数，使设备处于正常的工作状态，并使生产的产品达到最好的质量。可以说，如果没有大量的传感器，生产的现代化也就失去了基础。传感器已经渗透到极为广泛的领域，如工业生产、航空航天、海洋资源开发、人类生存空间环境保护、地理资源调查、远程医疗诊断及文物保护等。毫不夸张地说，从广阔的太空，到广阔的陆地，再到浩瀚的海洋，所从事的各种复杂的现代化工程系统的正常运行都离不开各种各样的传感器。

传感器技术的兴起有着较长的历史。在 20 世纪 80 年代早期，世界进入了传感器的时代，当时日本把传感器技术列为十大技术之首。美国、日本、英国和德国等世界发达国家都非常重视传感器技术的投资和开发，他们都把传感器技术列为国家重点发展的关键技术之一。日本商人声称“占主导地位的传感器技术可以主导新时代的各种电子产品”。在和美国经济繁荣直接相关的 22 项技术中，与传感器相关的信息处理技术就占了 6 项。美国空军在 2000 年列举的 15 项有助于空军发展的关键技术中，传感器技术排名第二。日本政府和企业对传感器技术的发展极为重视，传感器技术的开发利用被列为 6 个国家重点发展核心技术之一。

我国开始在 1960 年进行传感器的生产。1972 年，我国建立了压阻式传感器的开发和生产单位；1974 年，我国开发了第一个实用的压阻式压力传感器；1978 年，我国第一个固态压阻加速度传感器诞生；1982 年，我国开始进行微机电系统（Micro-Electro-Mechanical Systems，MEMS）技术和绝缘体上硅（Silicon-On-Insulator，SOI）技术的研究。在 1990 年前后，依靠自己的研究成果，我国开始生产绝对压力传感器、微压力传感器、呼吸机压力传感器、多晶硅压力传感器等。

目前，我国的传感器技术及其产业取得了长足的进步，主要表现在建立了传感器技术国家重点实验室、微/纳米传感技术国家重点实验室、国家传感器工程中心及研发基地。同时，MEMS/MOEMS（微光机电系统）等项目被列入国家高新技术发展重点；在“九五”国家重点科技攻关项目中，传感器技术研究成果显著，有51个品种86个规格的新产品研发成功，初步建立了我国的传感器行业。近年来，我国的MEMS智能传感器、光纤传感器、太赫兹成像安检仪（见图4-10）等产品具备良好市场前景。2019年我国传感器市场达到1660亿元。

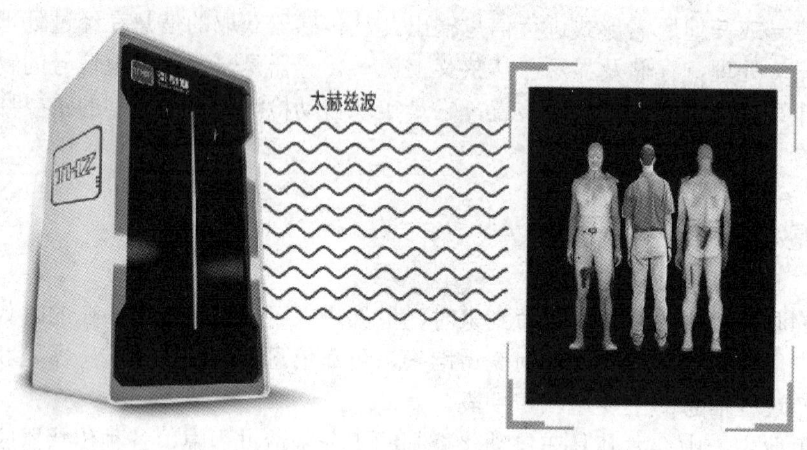

图4-10　太赫兹成像安检仪

4.3.2　传感器分类

一般而言，传感器可以按照用途、原理、输出信号、测量信息来源进行分类，具体叙述如下。

1．按用途分类

按照应用的不同方面，传感器可被分为压力传感器、拉力传感器、位置传感器、液位传感器、能量消耗传感器、速度传感器、加速度传感器、射线辐射传感器和热敏传感器等。

如图4-11所示的拉力传感器，它在外力作用下弹性体（弹性元件，敏感梁）会产生弹性变形，使粘贴在它表面的电阻应变片（转换元件）也随同发生形变，变形后的电阻应变片，它的阻值将变大或变小，再经相应的测量电路把这一电阻变化转换为电信号（电压或电流），从而完成了将外力变换为电信号的过程。

图4-11　拉力传感器

2．按原理分类

按照传感器的工作原理的不同，传感器可被分为振动传感器、水分传感器（见图 4-12）、磁场传感器、气体传感器、真空传感器和生物传感器等。

3．按输出信号分类

根据传感器的输出电信号的不同，传感器可分为模拟传感器、数字传感器、伪数字传感器和开关传感器。模拟传感器将被测量非电信号转换成模拟信号。如图 4-13 所示，数字传感器将非电信号转换成数字输出信号。伪数字传感器将被测量信号转换成频率信号或短周期信号，并将这些信号输出给相应的设备进行处理。对于开关传感器，当被测信号的大小达到一个特定的阈值时，传感器将会对应输出一组低电平或高电平信号。

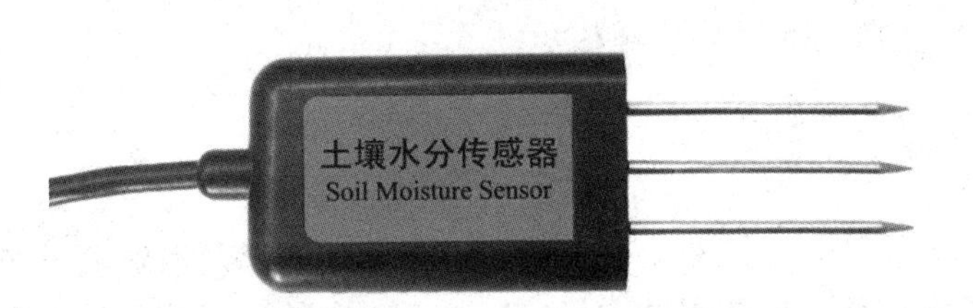

图 4-12　土壤水分传感器

图 4-13　数字传感器

4．按测量信息来源分类

基于传感器所测定的信息来源的不同，传感器可分为物理传感器、化学传感器和生物传感器。物理传感器包括常见的压力传感器、速度传感器、流量传感器、温度传感器、红外传感器、图像传感器、光传感器、电流传感器和电压传感器等。化学传感器包括常见的离子传感器和气体传感器。生物传感器包括常见的酶传感器、微生物传感器、血液电解质传感器、脉搏传感器（见图 4-14）、心音传感器、呼吸传感器和体电图传感器等。如图 4-15 所示，利用脉搏传感器可以制作智能穿戴设备，实时监测人体的脉搏信息。

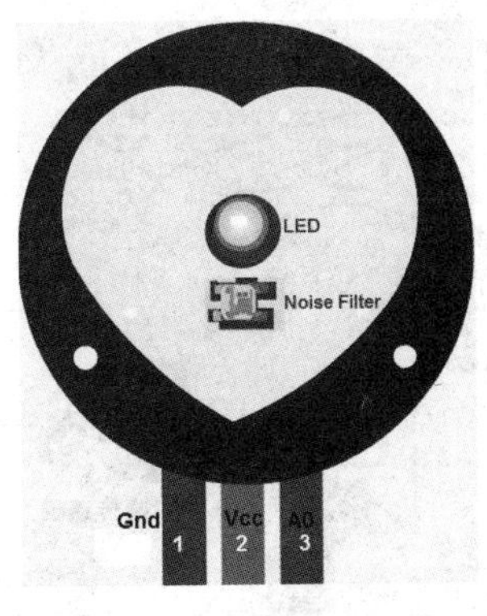

图 4-14　脉搏传感器

图 4-15　脉搏传感器应用

5．智能传感器

如图 4-16 所示，智能传感器是一种具有较复杂信息处理功能的传感器。随着微处理器技术的发展，基于微处理器制造的智能传感器可实现数据收集、数据处理及数据交换等功能。与一般的传感器相比，智能传感器具有以下 3 个优势：① 通过软件技术可以在较低成本的情况下，实现高精度的信息采集；② 在程序的支持下实现数据的自动收集及设备的反向控制功能；③ 可实现较复杂的数据采集、处理及传输功能。

图 4-16　智能传感器

4.3.3　传感器应用

传感器可应用于机械制造、工业控制、汽车电子产品、电子通信产品及消费电子产品中。在世界范围内，汽车市场是需求传感器最大的市场，工农业生产的过程控制是需求传感器的第二大市场，传感器应用的主要领域叙述如下。

1. 汽车工业

当前，较为先进的现代汽车电子控制系统都会使用大量的高水平传感器，一个普通的家庭轿车上安装几十到数百个传感器，而豪华轿车上的传感器数量可以多达 200 余种。所使用传感器的种类通常超过 30 多种，有时会超过 100 种。汽车使用的主要传感器如图 4-17 所示。例如，用于汽车控制的气体传感器就包括控制空气燃料比的氧气传感器、控制污染排放的一氧化碳传感器及氧化氮气体传感器等。

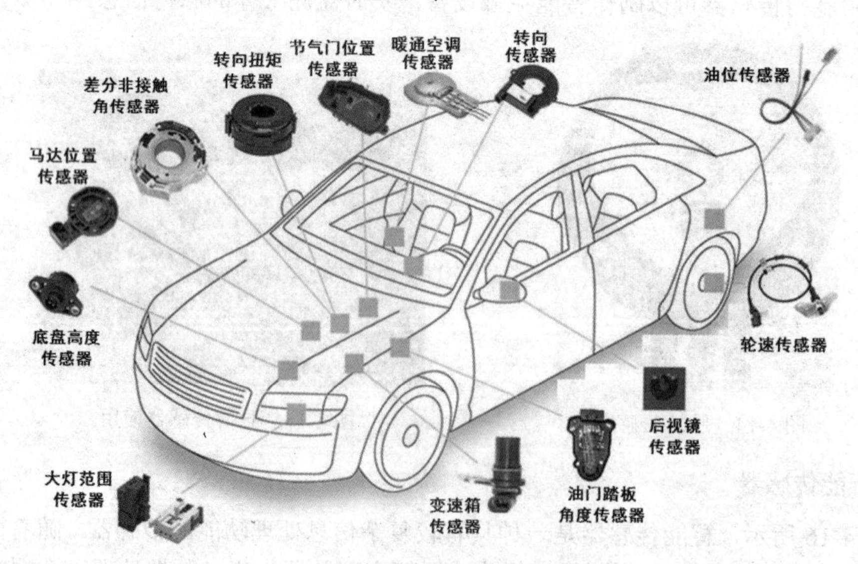

图 4-17　汽车传感器

2．工业自动化

在自动化工业生产中使用很多传感器，比如生产加工测量过程变量所使用的温度、压力、液位和流量等传感器（见图4-18），测量被加工材料电子性质及物理性质的电流、电压、运动、速度及负载强度传感器等，这些传感器的使用给工业生产带来了非常好的效益。

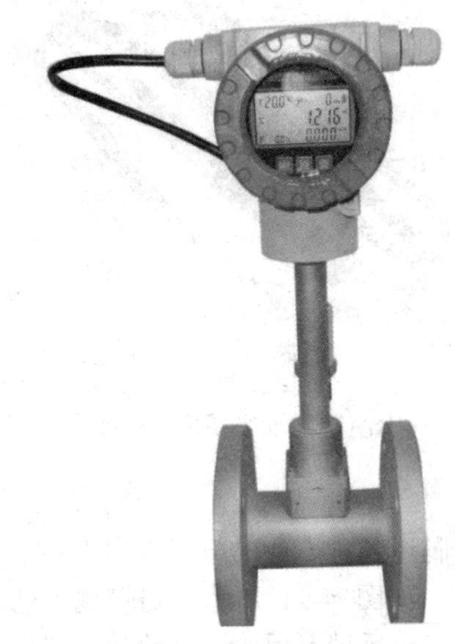

图4-18　流量传感器

3．通信电子产品

在智能手机功能不断增加的情况下，各种传感器也越来越多地被嵌入智能手机，一方面使智能手机的使用性能有了较大的提升，另一方面也使智能手机的应用功能越来越丰富。如图4-19所示，智能手机中常见的传感器包括加速度、磁力、方向（Orientation）、陀螺仪、光线感应、压力、温度、接近、重力、线性加速度和旋转矢量等传感器。

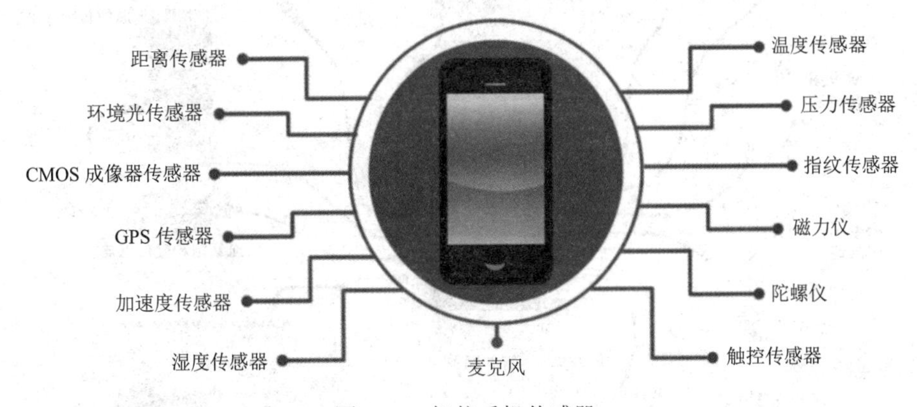

图4-19　智能手机传感器

4．消费电子产品

家用电器市场对传感器的需求主要来自空调、冰箱、洗衣机和电饭煲等。空调大量使用温度传感器（见图 4-20）；电冰箱主要使用各种温度传感器来控制冰箱温度以及联动切断或打开压缩机电机的电源。气体传感器常用于抽油烟机、微波炉和燃气炉等家用电器中，以实现烹调的自动控制。

图 4-20　空调温度传感器

5．专用电子设备

各种传感器还被广泛用于制造各种专业的电子专用设备，它们主要包括医疗设备、环保领域设备和气象领域设备等。如图 4-21 所示，随着越来越多传感器应用于医疗领域设备，医疗器械的性能越来越好，市场销量巨大，这给传感器市场提供了一个广阔的发展空间。特别是体积小、性能好且价格便宜的传感器更受到医疗领域的青睐。

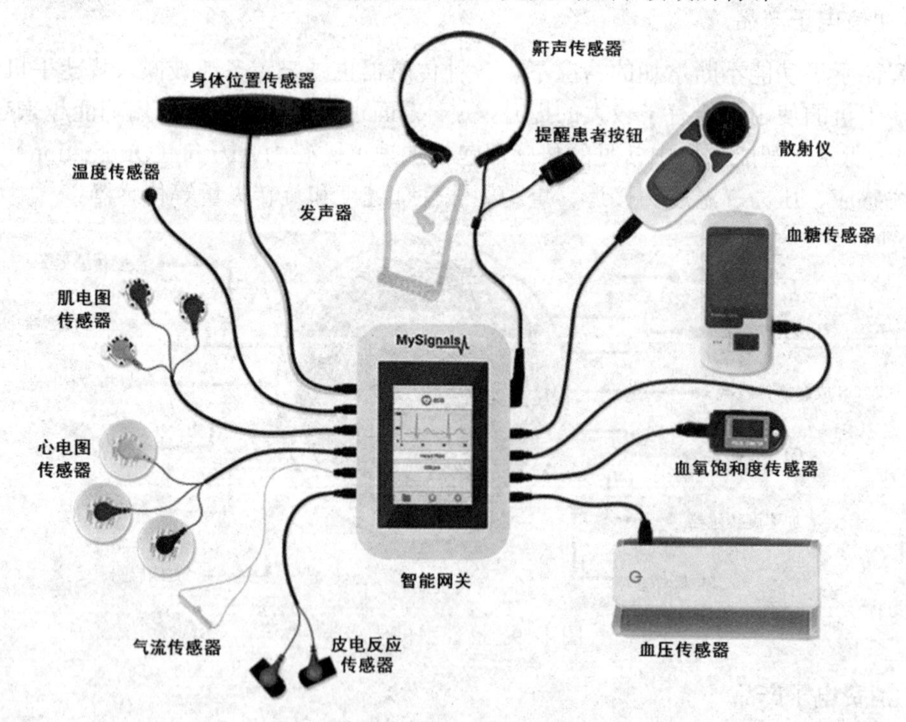

图 4-21　医疗设备传感器

4.4　传　感　网

传感网是由分散的无线传感器通过特定的无线路由协议而组成的无线自组网络，传感网中的每一个无线传感器都可以通过其他一个或多个传感器组成的路径将数据传输到特定的无线基站。当一条传输路径出现问题时，传感网将通过重组生成另外一条路径。传感网是一个集多个传感器节点可以进行大面积监测的群体物联网节点。

4.4.1　传感网简介

随着半导体和集成电路的发展，自 19 世纪后期以来，无线传感网（Wireless Sensor Network，WSN）技术得以快速发展。无线传感网是由部署在监测区域内的大量的廉价微型传感器节点，通过无线通信方式形成的一个多跳的自组织网络系统，其目的是协作感知、采集和处理网络覆盖区域中感知对象的信息，并发送给观察者。如图 4-22 所示，无线传感网可以利用多个传感器来收集较大区域的多个监控点的实时数据，然后将数据通过无线基站传输到物联网网关，进一步将数据通过传输网络发送到数据服务中心。

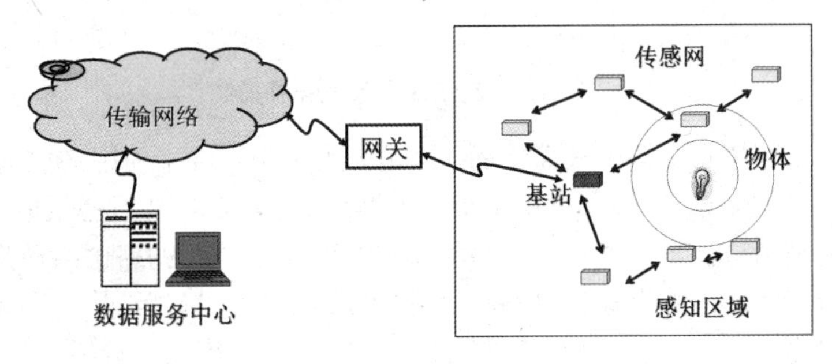

图 4-22　基于传感网的物联网应用

无线传感网的成功之处在于它的低能耗、低成本、分布式和自组织等特性，可由多种类型的传感器组成，它们包括震动传感器、电磁传感器和温湿度传感器等。无线传感网和无线网络技术具有广泛应用前景，潜在的应用领域可以归纳为军事侦察、航空航天、环境保护和医疗监控等。

4.4.2　传感网分类

从无线传输技术角度来讲，WSN 主要包括 ZigBee 无线传感网、Wi-Fi 无线传感网和蓝牙（Bluetooth）无线传感网，分别介绍如下。

1．ZigBee 传感网

2002 年 8 月，为了促进 ZigBee 技术的发展，Ember、FreeScale、Honeywell、Motorala、Philips 和三星共同创立了 ZigBee 联盟。目前，该联盟已经吸引了成百上千的芯片公司、无线节点企业和开发商加入，其中包括许多集成电路设计商、家用电器商和玩具制造商等。另外，虽然不是会员，许多制造商也将 ZigBee 技术用于他们的产品中。

ZigBee 网络一般只支持具有两种通信模式的物理设备，它们为全功能设备（Full Function Device，FFD）和精简功能设备（Reduced Function Device，RFD）。FFD 设备可以提供所有的 ZigBee 协议所规定的服务，如 FFD ZigBee 节点，其不仅可以发送和接收数据，而且还具有路由功能，所以它可以接收来自子节点和终端设备的数据。RFD 设备只提供 ZigBee 协议的一部分服务，不具备路由功能，只能作为终端节点，不能作为协调员和路由节点，它只负责将数据发送到协调器节点和路由节点。此外，RFD 设备只需要使用一个较小的存储空间，这有利于建立一个低成本、低功耗的无线通信网络。基于 ZigBee 标准定义了 3 种节点：ZigBee 协调节点、路由节点和终端节点。同时，如图 4-23 所示，ZigBee 协议标准定义了 3 种 ZigBee 网络拓扑结构，分别为星型拓扑、树型拓扑和网状拓扑结构。

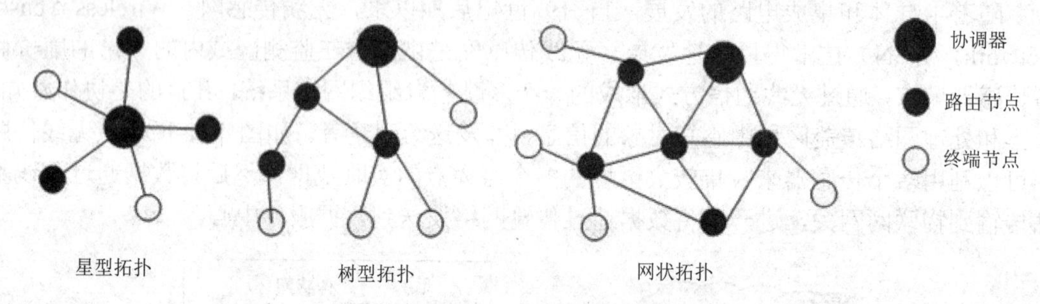

图 4-23　ZigBee 传感网拓扑图

星型网络是 3 种拓扑结构中最简单的。这是因为星型网络不使用 ZigBee 协议栈，只要 802.15.4 层协议就可以实现。该网络由 1 个协调器和 FFD 或 RFD 设备组成串联结构，节点之间的数据传输是由协调器来发送。在星型结构中，节点之间的路由路径是唯一的，如果路径被破坏，节点之间的数据通信链路将会被中断；另外，星型结构的协调器也是整个网络的瓶颈。

在树型网络拓扑结构中，FFD 节点可以包含它自己的子节点集合，而 RFD 没有，只是作为一个 FFD 的子节点。同时，在树型拓扑结构中，每个节点只能和它的父节点和子节点进行数据通信，也就是说，当从一个节点向另一个节点进行传输数据时，信息将沿着树的路径被传输到最近的协调器，然后该协调器节点将数据进一步传输到目标节点。树型网络拓扑结构的缺点是信息传输只有唯一的路由通道；它的优点是路由信息是通过网络层处理完成的，对于应用层是完全透明的。

网状拓扑结构网络除了父节点和子节点之间的通信，也允许通信范围内，非父子关系的节点之间进行数据通信。ZigBee 网状拓扑结构网络是一种特殊的、进行点对点数据传输的网络结构，其可以动态地建立路由并自动进行维护，这种网络结构具有强大的自组织和自修复功能。“多级跳”数据通信是这种网络拓扑结构所采用的主要通信方式，依靠这种方式，可以组成极为复杂的、规模较大的 ZigBee 网络。网状拓扑结构的优点是减少了消息延时，增强了数据传输的可靠性，缺点是需要更多的存储空间和能量消耗来完成较为复杂的动态路由建立及维护。

2．Wi-Fi 传感网

Wi-Fi 是一种目前被广泛应用的短距离无线通信协议，具有成本低、部署方便等优势。采用 GainSpan 公司开发的低功耗双核芯片 GSl010 可构建如图 4-24 所示的 Wi-Fi 传感网络。

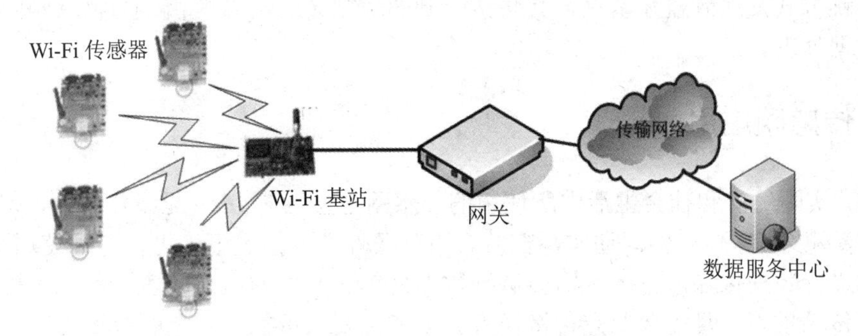

图 4-24　Wi-Fi 传感网络信息系统

Wi-Fi 传感网信息系统主要由 Wi-Fi 传感器、基站、网关和数据服务中心 4 部分组成。其中，Wi-Fi 传感器节点和基站组成 Wi-Fi 传感网，负责定期采集各种环境信息（温湿度和光照度等），基站将来自不同 Wi-Fi 传感器节点的数据发送到网关。Wi-Fi 基站一般是一个简单的单片机设备，它没有嵌入式操作系统，它只起着数据汇集和转发的作用。Wi-Fi 基站和网关之间一般是通过 USB 或 RS-232 串口线同网关连接在一起。在 Wi-Fi 传感网中，所有 Wi-Fi 传感器首先将数据传输到 Wi-Fi 基站，该基站将数据进一步上传到网关。网关、基站和 Wi-Fi 传感器之间基于 Wi-Fi 网络进行数据通信。网关将实时数据通过传输网络发送到数据服务中心。

3．蓝牙传感网

蓝牙技术是一种全球开放的短距离无线通信标准，它采用快速跳频、前向纠错编码和优化技术。蓝牙技术的优点包括抗干扰能力强、功耗低和成本低等。这些优势，使其在无线传感网的应用越来越受到重视。使用蓝牙无线通信技术，可以开发各种无线传感器。蓝牙无线传感器可形成如图 4-25 所示的无线传感网。蓝牙无线传感网主要由传感器节点、Sink 节点、蓝牙接收及发射基站组成。

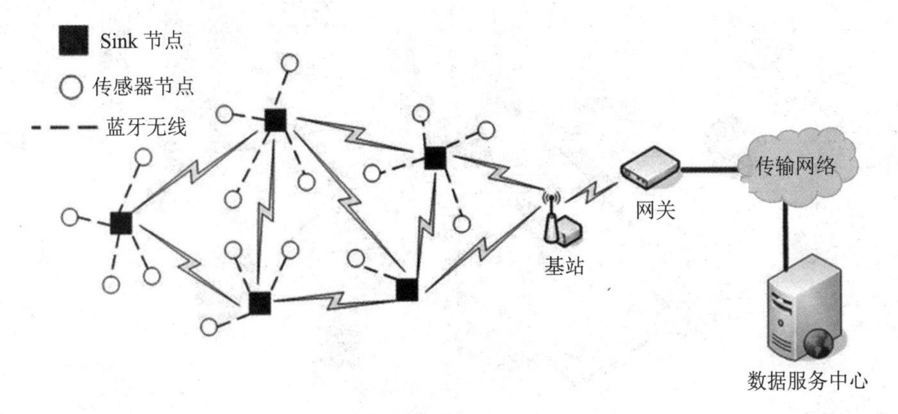

图 4-25　蓝牙传感网络体系结构模型

传感器节点负责采集周围的环境信号，通过简单的处理转移到一个蓝牙 Sink 节点，蓝牙 Sink 节点和传感器节点以星型结构连接，并通过频移键控（Frequency Shift Keying，FSK）的无线通信方式进行数据传输。传感器数据首先在蓝牙 Sink 节点进行汇集处理，然后将数据通过多跳方式发送到蓝牙基站，其将接收到的数据转交给与其相连的物联网网关进行下一步的数据处理。

4.4.3　传感网应用

目前，实际经济和社会生活中所使用的传感网主要为 ZigBee 无线传感网，有时会使用 Wi-Fi 传感网及蓝牙传感网。通常，在符合下列条件之一情况下，可以考虑使用 ZigBee 传感网技术进行数据传输。第一，需要进行数据采集和监控的地点较多。第二，需要节点进行的数据传输量小，且需要节点价格便宜。第三，要求可靠且安全的数据传输。第四，安装传感器节点的地方空间小，需要较小体积的传感器及较小体积供电设备或电池。第五，监测点多且地形复杂，并需要传感网覆盖较大的监控区域等。常见的基于 ZigBee 传感网应用叙述如下。

1．智能家庭领域

通过 ZigBee 网络，一方面可远程控制家电和门窗等的打开及关闭。如图 4-26 所示，未来的家庭将有 50～100 个支持 ZigBee 技术的芯片或 Wi-Fi 芯片安装在各种家庭安防设备中，这些设备包括开关、烟雾探测器、自动抄表设备、无线报警设备、空调设备及厨房设备。这些设备共同形成较小范围的无线传感网，通过 3G/4G/5G 移动通信技术可远程控制家中基于 WSN 技术的家电网络，以实现远程家庭设备的控制服务。

图 4-26　无线传感网在智能家居中的应用

2．工业自动化领域

在工业自动化领域中，利用传感器和 ZigBee 网络可以自动采集危险工业环境下的数据，并对数据进行分析和处理，让其成为工业生产决策支持系统的重要组成部分。例如，一些常见的传感网自动化应用包括化学工业危险品泄露及火灾早期探测和预报、高速旋转机械的检查和维修等。

3．医疗监控领域

随着各种传感器和 ZigBee 网络技术的发展，越来越小的传感器和越来越小的 ZigBee 无线通信元件可以有机地结合在一起来制造微型无线医疗监控设备。使用这些设备，可以对患者的血压、体温、心率和其他信息进行准确和实时的监控，从而减少医生工作量，并有助于医生对重症监护患者的病情做出快速反应。

4．农业领域

传统农业主要依靠人工监测作物生长状况，人工检测所使用的机械设备无通信能力。由于农业生产的监控范围较大及监控点较多，基于 ZigBee 技术的无线传感网在智能农业中起着越来越重要的作用。如图 4-27 所示，无线 ZigBee 传感网可在较大范围内对农业生产进行监控，使农业逐步向信息化、自动化方式转变。

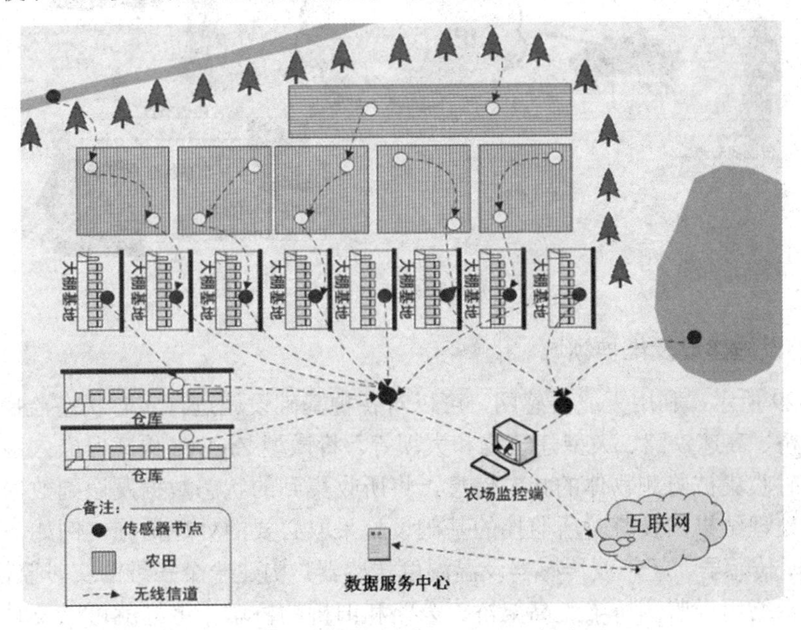

图 4-27　无线传感网在智能农业的应用

部署在农田上的大量微型传感器节点，可动态地建立 ZigBee 自组织网络，实时采集田间土壤及作物信息，如温度、光照强度和土壤 pH 等，并通过无线传感网将实时数据发送到智慧农业管理监控中心。智慧农业管理监控中心对收集的海量数据进行智能化处理，可及时发现当前农作物生产过程中存在的各种问题，并及时采取相应的措施，如启动灌溉、增加施肥及喷洒农药等。

5．军事领域

如图 4-28 所示，在军事领域的应用中，士兵、坦克、直升机等配备 ZigBee 设备并形成 ZigBee 传感网。大批具有一定密度的分布在监控区域的廉价传感器节点，可实时收集被监控区域的各种环境参数，如温度、湿度、声音、磁场、红外和其他信息。然后通过传感网、基站、物联网网关将数据汇集起来，并最后通过物联网传输网络，比如互联网、移动通信网或卫星通信网络等将被监控区域的各种信息发送到军事指挥部的信息处理中心。这样就可以对战场的信息了如指掌。然后，可同雷达及卫星合作，通过无人机或智能武器引导技术，在最短的时间内对敌方人员或设施实行精确打击。

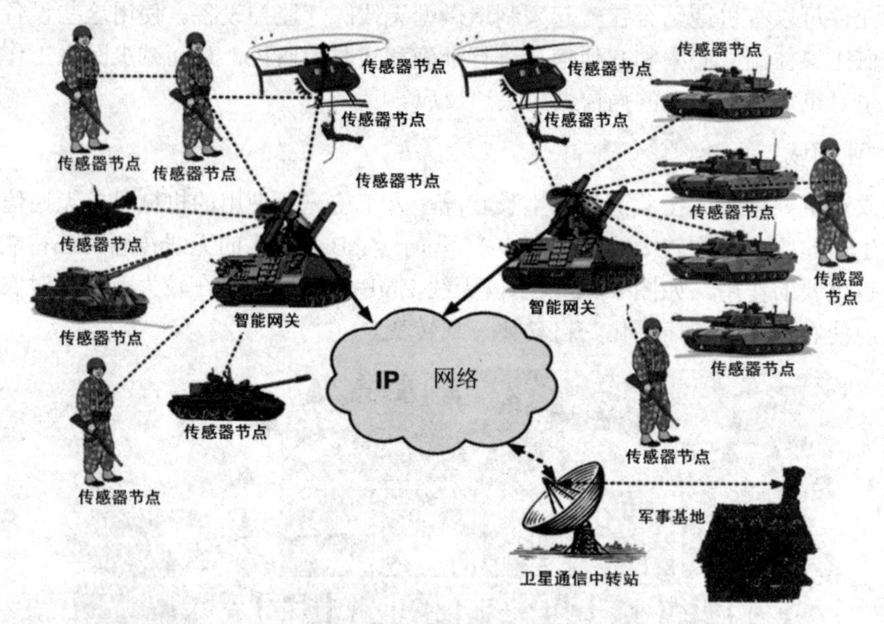

图 4-28　无线传感网在军事中的应用

6．基础设施建设及维护领域

如图 4-29 所示，利用无线传感网，可以对各种基础设施进行实时状态监控，这些基础设施包括大桥、高速铁路、大型建筑物和大坝等。将微型 ZigBee 传感器嵌入各种基础设施当中，可实时收集被监测物体的状态信息，将所收集到的状态数据发送到数据处理中心，并根据数据处理结果，及时对所监控的基础设施采取必要的处理措施。例如，使用压电传感器、加速度传感器、超声波传感器及温湿度传感器，构建一个三维的实时监控传感网络，将这个监控网络用于监测桥梁、高架桥、公路和旧桥的桥墩。这样就可以及时发现这些建筑物的工作状态，提前采取各种防护措施，来避免或降低这些设施坏掉所造成的生命财产损失。

7．老年人健康监控

无线传感网可以在人体生理数据的检测方面起到很好的作用。同样，也可以在老年人的健康状况监控、医院药品管理和远程医疗等方面起到积极的作用。在被监控人身上安装体温、呼吸、血压等传感器，可实时将所获取的数据发送到远程医疗监控中心，根据数据处理结果，可及时提醒医生被监控人的健康状况。同时，利用传感网长时间收集的人们的生理数据，对于新药物的开发及生理疾病的治疗都是非常有用的。

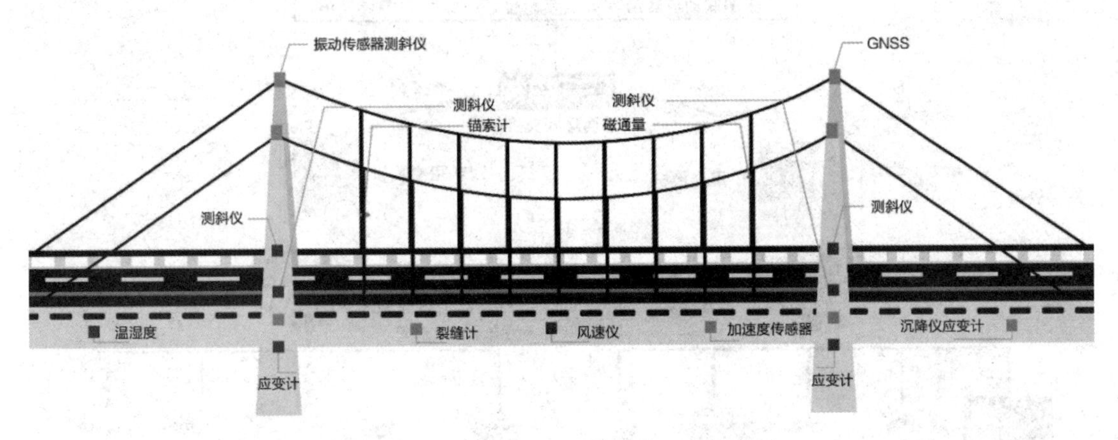

图 4-29　无线传感网在桥梁监测中的应用

例如，在一个公寓，将 17 个传感器节点分别安装在不同的房间（包括卫生间），所安装的传感器节点形成传感网进行数据收集和传输。所使用的传感器节点可以收集的信息包括温度、湿度、光、红外、声音和超声波信息等。根据这些节点收集的信息，通过数据处理后所显示的监控界面，可实时监控相关人员的活动信息。根据多传感器信息融合，可以相当准确地判断人的行为，如检测烹调、睡觉、看电视和淋浴等，可对老年人的健康，如老年性痴呆症的健康进行准确监控。由于该系统不使用摄像机，更容易被患者和他们的家庭接受。

8．工业安全

如图 4-30 所示，无线传感网可用于危险工作环境下的现场监控，这些危险的工作环境包括：煤矿坑道、石油钻井基地及核电站等；现场工作的工人及环境状况可以得到有效监控，可防范危险情况的发生。所使用的传感网可以清晰地告诉管理人员工作现场是否有员工存在、员工正在做什么、他们是否安全等其他重要信息。为了实现对工厂废水、废气等污染元素的有效监控，可以在工厂的每一出口安装相应的无线传感器节点，进行污染相关数据的实时收集、传输、分析及警报。另外，对于那些涉及易燃、易爆、有毒材料的工业化生产，现场的人力监控成本一直居高不下，使用无线传感网进行危险场所监控，可以将工作人员从高危环境中脱离出来。

9．仓储物流管理

利用 ZigBee 温湿度等传感器所建立无线传感网及监控系统可以用来监控大型储藏室的温湿度，以确保被存储物质的最佳质量；储藏室所放置的物品包括粮食、蔬菜、水果、鸡蛋及肉类等。同时，传感网和 RFID 技术结合，可实现物流运输过程中物质状态及其流向的有效监控。例如，在商品上面同时安装 RFID 标签及无线传感器节点，以确保相同类型货物在同一时间都具有最佳的存储环境，并使公司和供应商可以跟踪从生产到售出的商品流向。

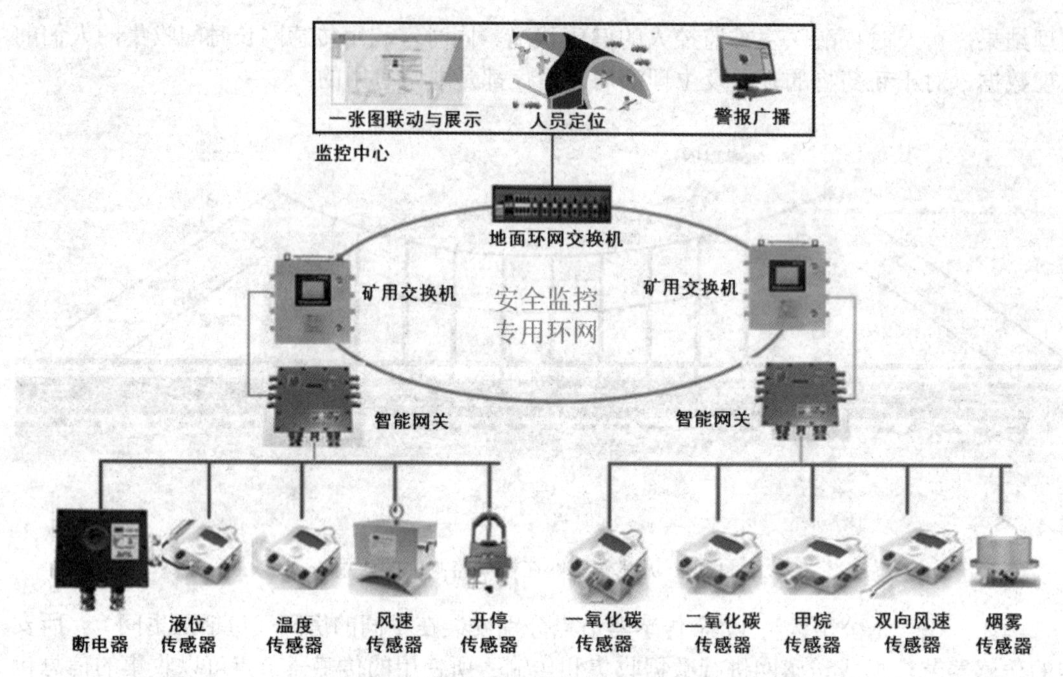

图 4-30　无线传感网在煤矿安全监测中的应用

4.5　数 字 仪 表

仪表可以用来测量温度、压力、功率、压力等，仪表的外形一般就像钟表，可以直接通过刻度来显示数值，这也就是把这类工具称作仪表的原因。常见的仪表有压力仪表、温度仪表、流量仪表等，它们被广泛地应用于工业生产、农业生产、交通控制、科学研究、环境保护和学校科研教学等各方面。一般而言，当前的很多仪表还不能够将其显示的数值直接变成计算机可以处理的数据。

4.5.1　数字仪表简介

仪表具有悠久的发展历史，公元前 1450 年，古埃及就可以制造绿石板影钟。到 14 世纪，当时测量时间的唯一可靠的方法是当时所制造的日晷或影钟。在我国北宋时期，苏颂和韩公谦于 1088 年研制了一台叫作水运仪象台的天文计时器。20 世纪初，随着电子技术的发展，人们制造了各种各样的电子仪表，这些电子仪表被广泛地用于各种计量、产品分析、天气预报、汽车制造、电力监控、石油开采和化工生产等。

当前的发展趋势是不断利用新的工作原理和新材料、新器件以及新的技术来制造各种先进的仪表。一方面仪表的尺寸变得越来越小；另一方面仪表也由原来的刻度仪表逐步变为数字仪表。当前，利用先进技术所生产的智能化仪表可以通过标准有线或无线接口将仪表数据发送到计算机上进行处理。

基于智能仪表的数据，可以建立不同的监控管理信息系统平台，来实现工业过程的智能化管理。现代工业智能控制系统发展的一个重点是制造基于数字化技术的各种仪表，从模拟仪表向数字仪表转变。并将这些数字化仪表同现代工业的智能化、信息化和网络化有机地结合起来，可实现工农业生产过程或环保监测采样系统和数据处理系统的自动化和智能化。

4.5.2 数字仪表分类

仪表是利用各种不同的科学技术原理生产出来的工具，可以从不同方面对它们进行分类。按照使用的场所不同，可分为量具仪表、汽车仪表、电离辐射仪表、船用仪表和航空仪表等。按照仪表所测的物理量的不同，又可将仪表分为温度测量仪表、压力测量仪表和流量测量仪表等。针对物联网应用，我们可将仪表分为智能化仪表和非智能化仪表。智能化仪表以数字形式显示，并可将数据以无线或有线接口发送到计算机中进行数据处理；非智能仪表一般不能将数据直接发送到计算机中进行处理。要想将非智能仪表的数据发送到计算机，一般要使用第三方的硬件及软件。

4.5.3 数字仪表应用

仪表具有广泛的应用领域，它们在国民经济及社会生活中，承担着控制产品质量和指导人们提高产品质量的任务，具体应用表现在以下几个方面。

1．仪表在信息技术领域的应用

在人类社会进入信息化时代及各种物联网应用高速发展的背景下，仪表和控制技术的应用越来越广泛，为仪表行业的快速发展提供了很好的机会。非智能仪表和智能仪表涉及很多硬件和软件行业，它们是物联网产业的重要组成部分，也是物联网技术应用的重要基础。图 4-31 所示为 DN15-DN200 无线远传阀控水表，它可以方便地通过红外无线通信技术将所测取的水流量数据上传到物联网网关。同时，网关也可以向该水表下达阀门动作控制指令。另外，该无线水表使用 3.6 V 锂氩可充电电池，充电一次使用 1 月左右。

2．仪表在工业化领域的应用

在应用物联网技术改造传统产业时，工业生产信息化及自动化应用了大量的仪表，这些仪表是现代大型工业关键设备的重要组成部分，是推动工业化与信息化的重要环节。图 4-32 为 AT2100 型 ZigBee 无线压力变送器，它是一款电池供电、具有无线通信功能的仪表。该仪表可以实时监测石油、煤炭、自来水、自动化控制领域重要设备的压力数据，并可以通过 ZigBee 无线传输技术将数据传输到 400 m 以外的物联网网关。该仪表使用 3.6 V（19 A·h）高能锂电池，如果 10 min 采集并发送一次，电池寿命为 12 个月以上。

图 4-31　DN15-DN200 无线远传阀控水表

图 4-32　AT2100 型 ZigBee 无线压力变送器

3．仪表在高新技术领域的应用

一般而言，高性能的仪表将会对高水平科学研究和高新技术产业的发展起着非常大的推动作用。同时，仪表在振兴我国科学研究和教育的过程中，对于知识创新和技术创新，发挥着十分重要的作用。例如，图 4-33 所示的 PH-8251 pH 仪，它可以同时测取环境的温度及 pH，这对于很多领域的科学研究很有帮助。PH-8251 型工业用 PH/ORP 计是一台工业用在线 pH（ORP）测量仪，配以管道连接式复合电极，具有使用方便、读数精确、数值稳定的特点。该仪表具有标准 RS-232C 串行口通信输出，可以连接到物联网网关，完成数据的实时上传。

4．仪表在环境保护领域的应用

仪表可成为人类社会可持续发展的重要工具，在抵抗自然灾害、法治和相关法律的执行（质量、检查、测量和环境保护等）的实施过程中，各种仪表作为重要的实施手段已被广泛应用。图 4-34 所示为 QB2000F 型单点壁挂式二氧化硫检测报警器，它是一种固定式的环境空气质量检测仪表，可连续检测空气中可燃性气体浓度、氧气浓度或者有毒有害气体的浓度。QB2000F 仪表可以通过 RS-485 串口线将所测取的实时数据传输到与之连接的物联网网关。

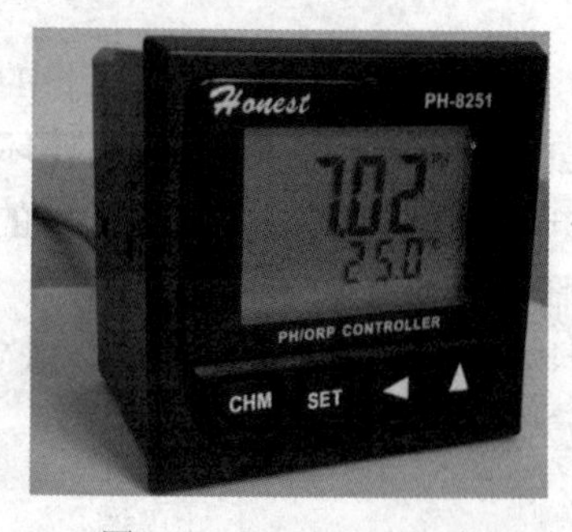

图 4-33　PH-8251 pH 仪

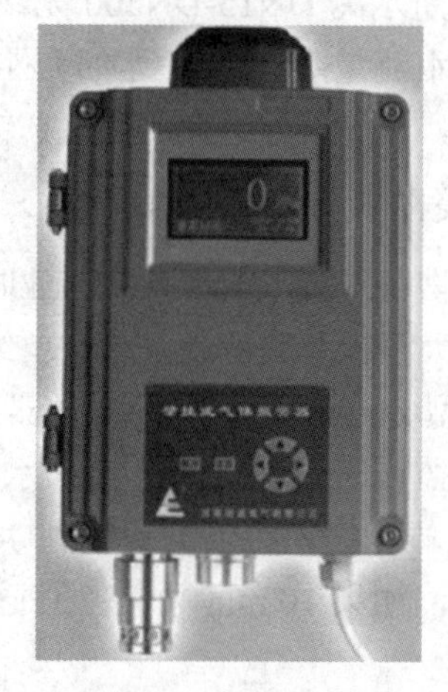

图 4-34　QB2000F 壁挂式二氧化硫报警器

4.6　BDS 接收机

BDS 接收机是用来接收卫星信号来确定地面位置的电子设备。特定卫星发射导航和定位信号可供数以百万计的设备来接收，BDS 接收机的首要功能是接收卫星导航信号。对用户来说，只要拥有一部 BDS 信号接收机，并对接收到的 BDS 信息进行智能化处理，就可以实现地面、海洋和空间的导航及目标跟踪。

北斗导航卫星系统是中国着眼于国家安全和经济社会发展的需要，而自主建设和运营的。作为具有国家意义的时空基础设施，BDS 为全球用户提供全天候、高精度的定位、导航和授时服务。自提供服务以来，BDS 已广泛应用于交通、农林牧渔、水文监测、气象预报、通信、电力调度、救灾、公安等领域，服务于国家重要基础设施，取得了显著的经济效益和社会效益。基于 BDS 的导航服务已被电子商务企业、智能移动终端制造商和基于位置的服务提供商广泛采用，这些企业已广泛进入大众消费、共享经济和民生领域。BDS 应用的新模式、新业态、新经济正在不断涌现，深刻地改变着人们的生产生活。中国将继续推动 BDS 应用和产业发展，为国家现代化建设和人民生活服务，为全球科技、经济和社会发展做出贡献。

4.6.1　BDS 接收机简介

BDS 接收机包括各种 BDS 基本产品，包括芯片、模块和天线，以及与其他系统兼容的终端、应用系统和应用服务。BDS 接收机可为用户提供导航定位、星基增强、地基增强、精密单点定位、组合导航等功能，满足手机、可穿戴式设备、车载导航和车载监控、测量测绘、精准农业等大众消费类或行业应用需求。2020 年 9 月 29 日，中国卫星导航系统管理办公室所发布的《北斗三号民用基础产品推荐名录（1.0）版》主要对入选产品的型号、研制单位、主要技术参数等给出说明。

4.6.2　BDS 接收机分类

1．RNSS 射频基带一体化芯片产品

支持 BDS/GPS 两系统民用信号的接收、捕获、跟踪和解算，具备差分增强、A-GNSS、多音干扰消除等功能，可内置实现组合导航算法。面向手机、可穿戴式设备、车载导航等大众消费类及行业类市场应用需求。

图 4-35　ATK1218-BD 北斗双模定位模块

如图 4-35 所示，RNSS 射频基带一体化芯片产品 ATK1218-BD 使用 SkyTra 的 GPS 和北斗双模定位模块 S1216，外接有源天线，30 s 内定位。这个模块不仅支持 GPS 定位系统，也支持北斗导航系统。该模块附带一个备用电池，可以保存星历数据。它可以停电后半小时内再次通电，几秒钟后就可以重新定位了。它使用串行通信，并且可以保存配置数据。

2．双频多系统高精度芯片产品

具备 BDS/GPS/GLONASS 三系统民用信号接收能力；具备抗多径、抗干扰能力；支持 BDS PPP 增强、A-GNSS 等功能；具备单频/双频定位、测速功能。该类产品面向手机、可穿戴式设备、车载导航等大众消费类及行业类市场的高精度需求。

3．多模多频宽带射频芯片产品

集成至少 3 个并行的、带宽和中心频点可配置的接收通道；具有高度集成度，包括低噪声放大器、频率综合器、中频滤波器、自动增益控制电路等功能模块；支持数字中频 I/Q 输出，模拟中频 I/Q 差分输出。该类产品面向高精度测量应用领域，为高精度模块、终端研制提供核心器件。

4．多模多频高精度天线产品

该类产品具备扁平、柱状两种形态；至少接收、放大 BDS/GPS/GLONASS 三系统民用信号，可输出高质量卫星导航信号；该类产品包含低噪声放大器、无源天线等模块。该类产品面向移动 GIS、车道级导航、精准农业、定位定向等低成本高精度应用领域。

5．多模多频高精度模块产品

该类产品支持接收BDS/GPS/GLONASS/Galileo四系统全频点民用信号；支持星基和地基增强功能；该类产品支持板载 RTK 和 PPP 高精度定位、支持惯导与 GNSS RTK 组合定位功能、具备抗窄带干扰功能，复杂应用场景下可保证数据接收正常和 RTK 定位性能。该类产品主要面向测量测绘、形变监测、精准农业和机械控制、智能交通等高精度。如图 4-36 所示，司南导航 K708W 汇聚自主核心技术的高精度芯片、模块、终端等新产品，包括 Q3 芯片，K727、K703 高精度模块和 T3、M10、M100、M900 高精度接收机，以及其他高精度领域的系列产品、多行业解决方案、市场应用等。

图 4-36　司南导航 K708W 多模多频高精度模块

4.6.3　BDS 接收机应用

如图 4-37 所示，BDS 接收机及北斗导航系统可以在交通运输、农林渔业、水文监测、公共安全、气象测报、救灾减灾、电力调度及通信授时等领域广泛应用。这些应用都是基于 BDS 接收机与北斗导航系统的精确定位及短报文通信来实现的。

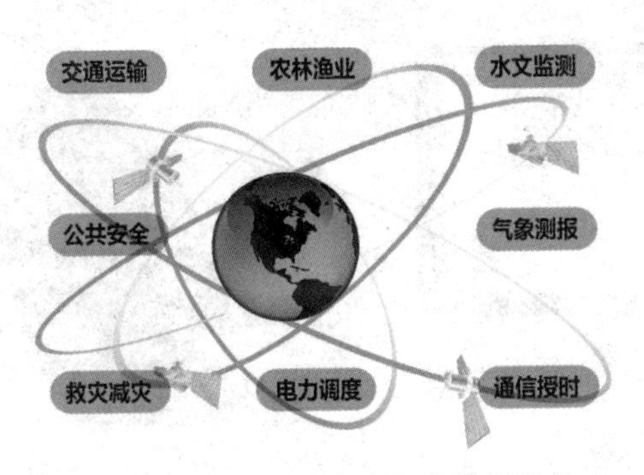

图 4-37　北斗三号导航系统应用

BDS 接收机与北斗导航系统可为全球用户提供定位服务，空间信号精度将优于 0.5 m；全球定位精度将优于 10 m，测速精度优于 0.2 m/s，授时精度优于 20 ns；亚太地区定位精度将优于 5 m，测速精度优于 0.1 m/s，授时精度优于 10 ns，整体性能大幅提升。BDS 接收机与北斗导航系统所提供的中国及周边地区短报文通信服务，服务容量提高 10 倍，用户机发射功率降低到原来的 1/10，单次通信能力 1000 汉字（14000 bit），全球短报文通信服务，单次通信能力 40 汉字（560 bit）。

4.7　扫 描 设 备

扫描设备可通过捕捉被扫描物体的图像并将这个图像转换为计算机设备可以显示、编辑、存储和输出的形式。常见的扫描设备包括一维码扫描设备、二维码扫描设备和图形扫描仪。

4.7.1　一维码扫描设备

一维码扫描设备，也被称为条码扫描器，它是用来读取条形码所包含信息的阅读设备。一维码扫描设备利用光学原理，可将扫描的内容进行解码获取条码内容后，利用有线或无线传输方式，将扫描获取的内容传输到计算机或者其他设备。一维码扫描设备被广泛应用于超市盘点或售货、物流转运、图书馆借还书和文件扫描等。

一维码扫描设备和计算机进行数据通信的 6 个常见的接口类型如下。第一个为小型计算机系统接口（Small Computer System Interface，SCSI），接口的最大连接数为 8，最大传输速度通常是 40 Mb/s。第二个接口为增强型并行端口（Enhanced Parallel Port，EPP），其最大传输速度为 1.5 Mb/s。第三个为 USB 接口（见图 4-38），USB 1.1 的最高传输速度为 12 Mb/s，其优点为 USB 的即插即用功能。第四个接口为 PS2 键盘接口，数据传递速度与 USB 相似。第五个为无线通信接口，接口所使用的无线通信技术包括 ZigBee、Wi-Fi、蓝牙和 GPRS，适用于各种移动条形码扫描设备和实时数据传输。第六种为 RS-232 串口，一些早年的扫描仪比较常用这种接口，它一般为 9 针接口，传输速率较低，一般为 2400～38400 波特。随着物联网应用的推广，具有无线通信接口的一维条码扫描设备越来越多。

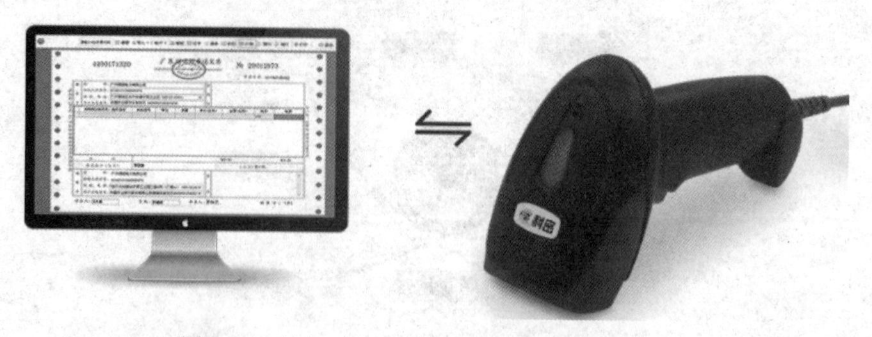

图 4-38　科密 YX-28+高精度有线一维码扫描枪

4.7.2　二维码扫描设备

二维码是一种代码，它是日本 Denso Wave 公司为了追踪汽车部件而发明的。它利用按一定规律在二维平面显示黑白图形来代表编码信息，并以此来存储各种数据信息。常用的二维码编码有 Data Matrix 码、Maxi Code 码、Aztec 码、QR Code 码、PDF417 码和 Ultracode 码等。一般而言，一个二维码扫描设备可以处理不同编码的二维码图形，通过二维码扫描设备可以自动识读二维码图形并实现信息自动处理。二维码的阅读设备依据扫描和阅读原理的不同可分为 CCD 和线性图像式二维码读写器、带光栅的二维码激光读写器和二维码图像式读写器。依据二维条码识读设备的工作方式的不同还可以将二维码设备分为手持式二维码设备和固定式二维码设备。

二维码设备与计算机之间的数据通信接口可以有多种，包括无线通信接口和有线通信接口。图 4-39 所示为一款基于 USB 连接的二维码扫描设备，其可扫描支付宝与微信付款二维码。

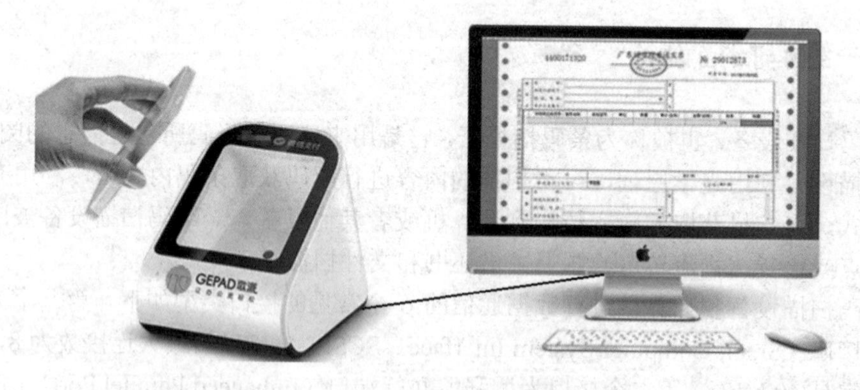

图 4-39　歌派（GEPAD）二维码扫码枪

4.7.3　图形扫描仪

最早的图形扫描仪是 19 世纪 80 年代中期，所制造出来的光机电一体化产品。这种图形扫描仪由扫描头、扫描控制电路和扫描机械部件组成。该扫描仪采取逐行扫描，得到的数字信号以点阵的形式保存，然后经过文件编辑软件被储存在磁盘上。1987 年，出现了手持式图形扫描仪，但这种图形扫描仪扫描幅面较窄，且难于操作和精确捕获图像，导致扫描效果也较差。随着技术的进步，3R 集团于 2002 年，在市场上推出 Planon RC800 手持式图形扫描仪，其能扫描 A4 大小的面积，图形扫描分辨率可为 300 DPI，成为市场上的最大亮点，并取得了较好的经济效益。到 2009 年时，手持式扫描仪扫描分辨率可达到 600 DPI，手持式图形扫描仪的市场占有率得到了极大的提升。图 4-40 所示为一款高性能图像扫描仪，可进行在线网课直播、文档在线编辑、光学字符识别（Optical Character Recognition，OCR）及一键 PDF 合成。

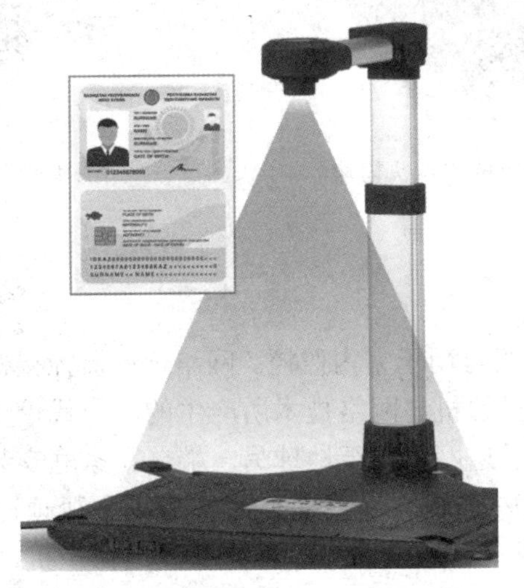

图 4-40　科密 GP1600AF 图形扫描仪

4.8　摄　像　头

摄像头是一种获取图像或视频数据的设备，被广泛应用于视频会议、远程医疗及实时监控等方面。普通大众也可以彼此通过摄像头在网络进行有影像、有声音的交谈和沟通。另外，人们还可以将其用于当前各种流行的数码影像、影音处理等。

4.8.1　摄像头简介

摄像头可分为数字摄像头和模拟摄像头两大类。数字摄像头可以将视频采集设备产生的模拟视频信号转换成数字信号，进而将其储存在计算机里。模拟摄像头捕捉到的视频信号必须经过特定的视频捕捉卡将模拟信号转换成数字模式，并加以压缩后才可以转换到计算机上运用。数字摄像头可以直接捕捉影像，然后通过串、并口或者 USB 接口传到计算机里。计算机市场上的摄像头基本以数字摄像头为主，而数字摄像头中又以使用新型数据传输接口的 USB 数字摄像头为主。

在制作智能视频或图片数据获取设备的过程中，往往会用到不同的摄像头模块，例如带引脚的摄像头模块（见图 4-41）、软包装电路摄像头模块（见图 4-42）等。因为摄像头的多功能性和可选择性，它们有效地应用于很多物联网领域。

图 4-41　带引脚的摄像头模块

图 4-42　软包装电路摄像头模块

4.8.2　摄像头应用

如图 4-43 所示，摄像头可用于室内监控。网络远程监控摄像机是一个融合型的物联网网关，它是一种结合传统摄像机与网络技术所产生的新一代摄像机，只要将网络摄像机插在网线上，它即可将影像透过网络传至地球另一端。在家庭安装一个网络摄像机，用户可随时随地远程监视家里的安全状态。普通公司打造一个视频控制平台需要投入大量的资金，并且只能在固定的监视平台实施监视。而购买网络摄像机，安装简单，部署成本低廉，可实现远程监控。

如图 4-44 所示，具有夜视功能的网络摄像头可以实现入侵检测及动态报警。使用这种监控摄像头，可设置报警时间区域，并且具有异常自动恢复及网络中断后自动连接功能。

图 4-43　网络摄像头室内监控

图 4-44　网络摄像头夜视功能

如图 4-45 所示，野外监控摄像头一般具有防水并且耐高温的外罩及太阳能供电板。该摄像头普遍应用于荒野地带、禁忌涉足区域、危险地带、建筑工地、小区别墅、施工重地等。

图 4-45　野外监控网络摄像头

4.9　执　行　器

在很多和工业化控制相关的物联网应用中，执行器是一个重要的物联网控制节点，它从物联网网关接收控制命令来实现某些特定的操作。执行器是机器的一个部件，负责移动和控制一个机构或系统，例如打开一个阀门。执行器需要控制信号和能源。控制信号能量相对较低，可以是电压或电流、气压或液压，甚至是人力。它的主要能源可以是电流、液压或气压。当它从物联网网关接收到一个控制信号时，执行器通过将能量转换成机械运动来做出响应。在电气、液压和气动方面，它是自动化或自动控制的一种形式。

执行器是在工业生产过程和自动化控制系统中，基于接收的信号，按一定的规则来调节特定设备运动特征的装置。执行器可以是一种工业自动化装备，如调节阀、电磁阀及挡板等。在工业生产或社会生活服务的各种过程控制系统中，为了实现自动控制过程，执行器可以接收各种指令信号，调整运行机制，改变被控制对象能量或原材料的进或出。

随着物联网技术在各个领域的广泛应用，自动化控制技术更加深入地应用于国民经济的许多领域。自动控制系统的组成单位包括传感器、变送器、调节器、执行器和被控制对象。在工业自动控制过程，使用执行器的操作代替工人的手工操作，不仅降低了劳动强度，确保人身安全，又提高了生产效率。因此，在自动控制系统中，如果将传感器被比喻成人的“感官”，则调节器起着“大脑”的作用，变送器相当于人的“神经系统”进行控制信号的处理，执行器就相当于人的“四肢”，它接受调节器的控制信号，改变控制变量，按预定要求正确执行完成生产工艺所需的各种操作。很多情况下，执行器往往被应用于危险环境下来替代工人的手工操作，常见的危险工作环境包括高温、高压、低温、强腐蚀和高黏度等。

4.9.1　执行器简介

执行器是一种工业自动化控制领域中常用的设备，它与自动化仪表有着密切的联系。自动化仪表由检测设备、调节设备和执行设备三大部分组成，执行器就是当中的执行设备。执行器配合自动化仪表中的其他部分，代替人工作业完成对一些特定设备和装置的自动化操作，这些操作包括开关和阀门大小调节。根据动态类型可以分为气动、电动、液动等其他类别；根据运动形式可将执行器分为直行程执行器、旋转型执行器和其他类型的执行器。

执行器是伴随着自动控制技术和对控制性能要求的迅速发展而产生的。早期的工业区，有许多控制是手动和半自动的，工业设备操作所面临的危险物包括固体危险物质、液体危险物质、气体危险物质和化学品辐射等，这些危险物质给人们的健康造成了极大的伤害，导致工人寿命减少及生产效率低下。基于以上原因，危险的工业生产环境下的某些操作逐步被执行器代替，这样就减少和避免了生产环境对人身健康的伤害，同时，大大提高了生产控制精度和生产效率。

根据国家发布的《中国制造 2025》（国发〔2015〕28 号），装备创新与制造是国家鼓励的重点领域之一。其中，执行器是工业智能控制器实现工业自动化和智能化的核心硬件基础。电动执行器因其易获取能源、信号传输速度快、信号传输距离长、易于集中操作和控制，以及智能总线传输功能，在工业物联网应用中具有更多的优势。

4.9.2　执行器分类

执行器在工农业生产中应用很广，不同的应用所使用的执行器的具体功能参数也各不相同。执行器的分类方法很多，一般而言，执行器按其所使用的能源形式可分为电动、气动和液动三大类，分别叙述如下。

1．电动执行器

一般而言，以电能为动力的执行器被称为电动执行器。这种执行器的优点是获取能量快捷方便、信号传输速度快和传输距离长、方便同数字设备协作执行特定操作。电动执行器的缺点是结构复杂、价格昂贵、驱动力小、不适用于易燃易爆工作环境。如图 4-46 所示，电动执行器因其使用电力驱动的优点，能实现其他类型执行器所不能实现的驱动操作，被广泛应用于电力发电、钢铁冶炼、纺织印染、食品加工、医药制造和城市供水等工业领域。

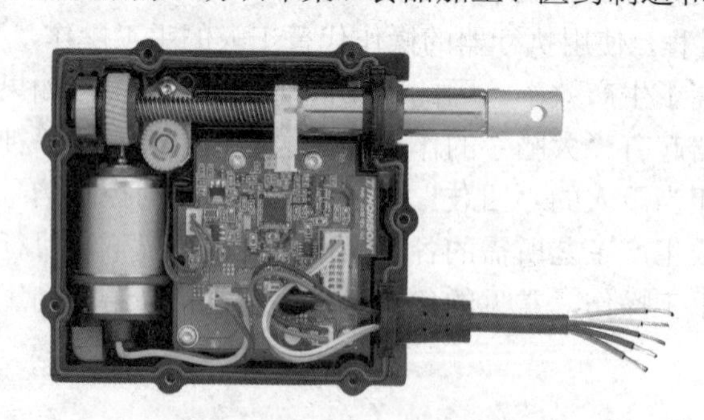

图 4-46　电动执行器

2．气动执行器

如图 4-47 所示，气动执行器是以压缩空气为动力，结构简单，动作可靠稳定，输出力大，维修方便，可在易燃及易爆生产环境下使用。气动执行器广泛应用于石油化工、冶金及电力等部门，尤其适用于石油化工生产过程中防燃及防爆生产环节。气动执行器的缺点是操作延迟较大，不适合远程控制，难以同数字设备联合使用。气动执行器由执行机构和调节机构组成。其执行机构可分为活塞方式、薄膜方式、拨叉方式和齿轮齿条方式。如图 4-48 所示，活塞方式的执行机构有较长行程，适用于大推力的应用环境。薄膜方式的执行机构行程较小，只能直接带动阀杆。拨叉式气动执行器扭矩大，且具有较小的空间，常用在需要较大扭矩的阀门上。齿轮齿条式气动执行器的优点是安全、结构简单、运行稳定可靠，被广泛地应用于发电、化工生产、炼油等危险生产领域。

图 4-47　气动执行器

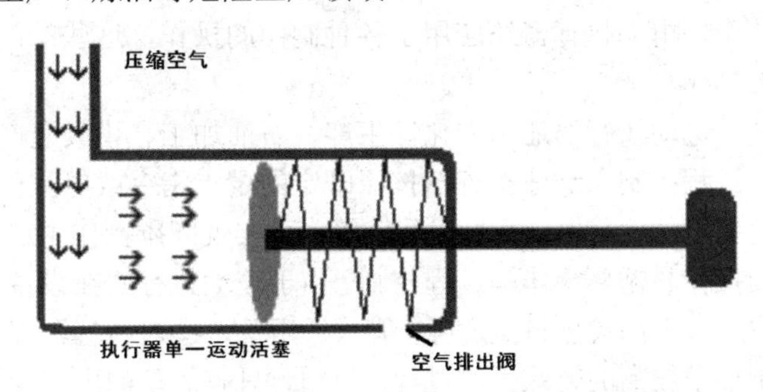

图 4-48　气动执行器原理

3．液动执行器

如图 4-49 所示，液动执行器与电动执行器不同，这种执行器以液压油为动力来完成需要执行的动作。和气动执行器类似，液动执行器也通常为一体式结构，执行机构和调节机构是一个统一的整体。液动执行器实际应用的机会同电动执行器和气动执行器相比较小，只有一些需要较大推动力的大型工作场合，才会使用到液动执行器来完成精度较高的执行操作。液动执行器的优点包括传动平稳可靠、有缓冲无撞击现象、响应速度快、能实现高精确度控制等。采用液压执行器进行工业生产及服务，其不存在电气设备常见的点火现象，所以防爆性能高于电动执行机构。

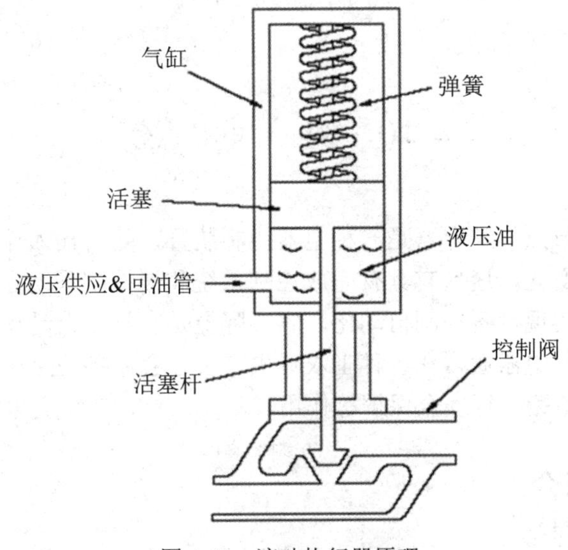

图 4-49　液动执行器原理

4.9.3 执行器应用

作为物联网控制节点，电动执行器主要应用领域包括电力发电、过程控制及工业生产过程自动化实现。在火力发电行业，电动执行器应用于送风机相关的各种风门挡板、燃烧器调节杆、液压推杆驱动器、各种滑动门和各种闸门等的操作。在水力发电及其他电力行业中，电动执行器还应用于各种阀门的操作，这些阀门包括球阀、控制大型液压阀、燃气控制阀、蒸气控制阀等。

电动执行器还用于化工生产、石油加工、模具生产、食品生产、医药生产等行业的生产过程控制。这些执行器按照既定的逻辑指令或电脑程序来准确完成各种操作。这些操作包括定位、起停、开合、回转等，可实现间歇操作、连续操作和循环操作等过程控制。由于液动执行器在设备安装方面的突出特点，它一般只适用于一些对执行器控制要求较高的特殊生产过程。目前，只有大型的电厂和石油化工厂，为了完成一些大型的特殊操作，才使用液动执行器。

电动执行器的另外一个应用是工业自动化，所涉及的领域包括航空航天工业、军事武器生产加工、机械制造、冶金生产、矿产开采和交通运输等。最后，在现代工业中，气动执行器的使用也是比较广泛的。目前，使用气动执行器的工农业领域包括石油生产、化工生产、气体远程输送、供水和船舶制造等。执行器可为化工、食品和其他行业提供精确、强健和可靠的流量控制解决方案。如图 4-50 所示，执行器可应用于控制预热和冷却系统，并可实施流体计量。

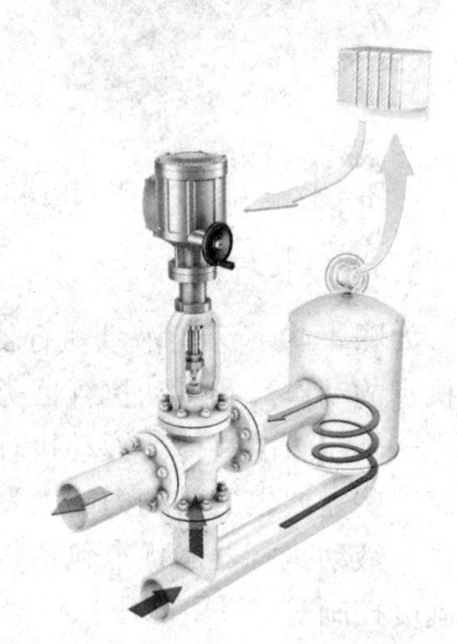

图 4-50 执行器在加热/冷却系统中的应用

4.10 继 电 器

作为物联网控制节点，继电器是一种电器控制装置，随着输入信号的变化，其电力输出状态也发生相应的变化，这使它具有完成控制系统和被控制系统之间相互作用的能力。继电器常见的应用是实现设备控制自动化，它实际上是一种以自动切换小电流来控制大电流操作的电子设备。继电器通常在各种工农业生产及社会服务应用中配合其他电路来完成电力使用自动调节、电路运行安全保护等作用。

4.10.1 继电器简介

一般而言，继电器由输入电路和输出电路组成，它根据输入信号的变化实施输出电路状态的变化，从而实现对设备的自动控制。继电器的输入电路有时还被称为感应元件，输出电路被称为执行元件。当感应元件的输入量，如电流、电压、频率、温度等发生变化达到某一特定值时，继电器的执行元件便接通或断开控制电路。

我国第一个继电器工厂陕西郭镇 792 厂于 1958 年成立。而后，又相继建成常州继电器厂、上海无线电八厂等继电器工厂。今天，我国拥有超过 200 个继电器制造商。我国继电器行业经历了从无到有、从小到大、从模仿到设计的发展过程。目前，我国主要的继电器品牌包括宏发 HF、正泰 CHINT、长城 CNC、通灵 TONGLING、松乐 SONGLE 等。常见的单体继电器如图 4-51 所示，四元继电器如图 4-52 所示。

图 4-51　单体继电器

图 4-52　四元继电器

4.10.2　继电器分类

按继电器的工作原理或结构特征，可将继电器分为电磁继电器、固体继电器、温度继电器、舌簧继电器、时间继电器、高频继电器、极化继电器等。下面介绍常见的继电器。

1．电磁继电器

电磁继电器是一种常见的继电器。它利用输入电路在电磁铁铁芯与衔铁间产生的电磁吸力作用，来打开或关闭某个特定的电路，从而进一步控制其他电子器件的工作状态。如图 4-53 所示，只要在继电器中的特定线圈元件两端加上一定的电压，这个线圈中就会流过电流，电流导致产生电磁力并将衔铁吸向铁芯，从而带动衔铁上面电路接触点常开电路触点合并，使另外一个电路接通来实现相应的控制操作。当特定线圈电流被切断后，就会失去电磁吸力，衔铁就会返回原来的位置，并拉动其上面的电路接触点回到原先的位置，使其与带动触点与原来的常开电路触点分开，切断刚刚激发而产生的电流。衔铁的吸合与释放反复循环，从而达到了在特定电路中产生通电和断电效果，这个效果的产生将实现不同电子设备的控制目的。一般而言，大多数继电器中的电路分为两种，即低压控制电路和高压工作电路。

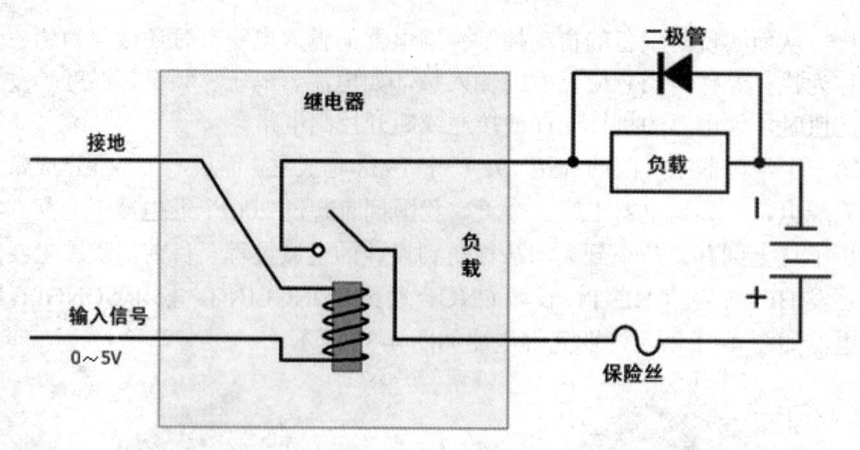

图 4-53　继电器原理图

2．固态继电器

图 4-54　直流型固态继电器

如图 4-54 所示，固态继电器通常为一种四端电子器件，其中两个接线端为输入端，另外两个接线端为输出端，继电器的中间采用隔离器件来实现输入端和输出端的电隔离。固态继电器可以按照不同的条件来进行分类。例如，按照继电器的负载电源类型，可将固体继电器分为交流型固态继电器和直流型固态继电器。其他分类标准还包括按开关形式分类和按照隔离形式分类。

固态继电器的主要优点如下：① 半导体元件作为继电器的开关，体积小，寿命长；②比电磁继电器有更好的电磁兼容性；③ 无运动部件，无机械磨损，无动作噪声，无机械故障，可靠性高；④ 无火花、无电弧、无烧损、触头弹跳、触头间无磨损；⑤ 具有“零电压切换、零电流关断”功能，易于实现“零电压”切换；⑥ 切换速度快，比一般电磁继电器高 100 倍，工作频率高。

3．温度继电器

图 4-55　温度继电器

如图 4-55 所示，温度继电器是一种利用特定器件温度变化导致电路接通或断开，进而控制电子设备的继电器。制造温度继电器时使用了一种特殊材料，这种材料由两种热膨胀系数相差悬殊的金属或合金组成。通常，这种特殊温敏材料的两个组成部分彼此牢固地复合在一起，以一种碟形双金属片的状态存在。当温度继电器所处环境的温度升高到一定值时，双金属片就会由于上下两层金属片膨胀的程度不同，导致双金属片弯曲，随着弯曲度的增加来带动电触点，最后成功实现接通或断开负载电路的目的。同样，当温度降低到一定值时，双金属片逐渐恢复原状，弯曲度变小导致继电器反向带动电触点，致使负载电路断开或接通。一般来说，温度继电器具有体积较小、重量较轻、控温精度较高的优点，该种继电器被广泛应用于各种线路板，实现温度控制或热过载保护目的。航空航天设备、监控摄像设备、电机设备等电子产品中使用了大量的温度继电器。

4．舌簧继电器

如图 4-56 所示，舌簧继电器是另外一类比较重要的继电器，其被广泛地应用于自动化控制设备中。舌簧继电器的工作原理是利用密封在管内的特定舌簧操作来实现特定电路的打开或关闭。常见的舌簧继电器包括干簧继电器、水银湿式舌簧继电器和铁簧继电器。舌簧继电器具有体积小、反应快速、结构简单和价格较低等特点，其应用领域包括通信设备制造、监控电路实现和计算机设备制造等。

5．时间继电器

如图 4-57 所示，时间继电器是一类特别的继电器，当在该继电器的输入端加上或除去输入信号时，输出部分的操作没有立即导致与其关联的电路关闭或打开，而是在延迟一段时间后才闭合或断开被其控制的电路。时间继电器两种常见的类型为通电延时型时间继电器和断电延时型时间继电器。以空气阻尼型时间继电器为例，其输出控制延时范围可为 0.4～180 s。时间继电器常被作为时间控制器件使用来实现延时触发功能，是很多自动化控制物联网应用系统的重要组成部分。

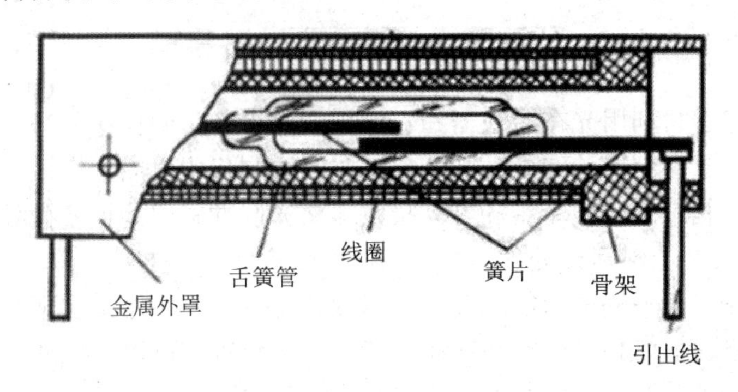

图 4-56　舌簧继电器

图 4-57　时间继电器

4.10.3　继电器应用

作为物联网控制节点，继电器在自动化和控制应用领域起着重要的作用。近年来，继电器市场竞争日趋激烈，每个继电器企业都试图推出和其他产品不同的最新产品。同时，物联网应用的深入发展也为继电器提供了广阔的舞台。

1．继电器用于家电生产

家用电器制造商大约消耗了全球 7%继电器，这些继电器一般用于生产空调、冰箱及抽油烟机等。例如，空调所使用的继电器主要用于控制压缩机电机、风扇电动机和冷却泵电动机的运转，来完成相关的控制功能。

2．继电器用于汽车制造

继电器被大量应用于汽车制造领域中，其中较常见的有汽车电机启动继电器、喇叭继电器、电动机或发电机断路继电器、充电电压和电流调节继电器等。另外，随着对汽车人性化及舒适性要求的提高，各种汽车继电器使用呈快速上升的趋势。大量继电器被用于实现预热控制、调解空调、控制照明、汽车防盗、汽车通信、汽车导航和汽车电子/仪器故障诊断系统等。

3．继电器用于工业生产控制

工业控制上很多和自动化相关的控制功能主要由继电器来实现，通常通过按钮或限位开关来激发继电器工作。继电器可控制电磁阀、启动电机或指示灯。工业继电器所使用的电压一般为 24 V DC 或 220 V AC。工业生产中的数字控制的发展使继电器的应用领域逐步扩大。工业生产环境一般而言比较恶劣，用于工业控制的继电器需要有较好的电气绝缘性和阻燃性，这将有利于提高工业生产环境下继电器的寿命。

4.11 遥 控 器

4.11.1 遥控器简介

遥控器是一种物联网控制节点，它利用光在遥控器和它所指向的设备之间传送信号。红外遥控器的发射器发出代表特定二进制码的红外光脉冲。这些二进制代码对应于命令，如电源开/关和音量增大。电视、音箱或其他设备中的红外接收器将光脉冲解码为设备微处理器可以理解的二进制数据（1 和 0），然后微处理器执行相应的命令。

如图 4-58 所示，在智能家居中，所使用的万能遥控器可以取代传统的遥控器来实现家庭电器设备的自动化与智能化。通过制作和集成物联网通用红外遥控装置，可以取代通常用于控制家用视听娱乐设备（如电视、卫星和声卡等）的许多红外遥控器。

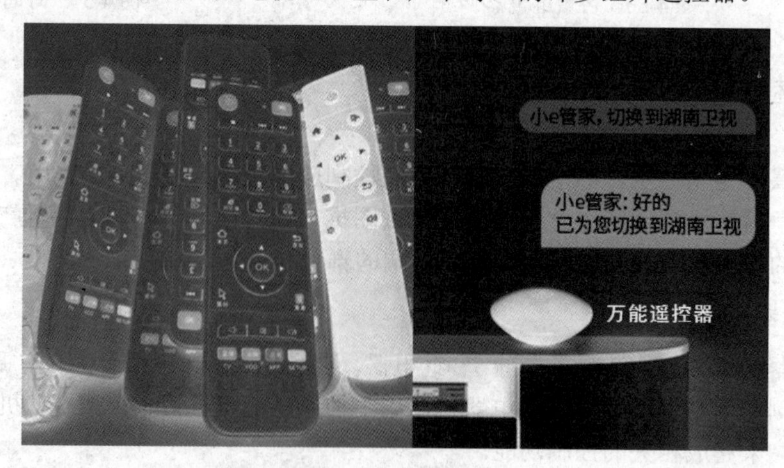

图 4-58 万能遥控器

4.11.2　遥控器应用

遥控器是一种辅助设备，用于远距离无线操作目的地设备，如电视机、DVD 播放器或其他家用电器，给我们的日常生活带来了极大的方便。目前，遥控器主要有红外遥控及无线电遥控两种类型。如图 4-59 所示，红外遥控器使用光，并且需要控制方向来遥控设备。比如电视机的遥控器，就是一种红外线遥控器。操作时，只需使其对准接收器的方向即可。红外线遥控器成本较低，且易于编码。

无线电遥控器用于发射无线电信号来控制远处的物体。作为红外遥控的一种补充方法，无线电遥控可与电动车库门或开门器（见图 4-60）、自动屏障系统、防盗报警器和工业自动化系统一起使用。最常见的应用是用于汽车和摩托车防盗报警的无线电遥控器。这种遥控器成本较高，电路复杂，性能最好，控制距离远，穿透能力强。

图 4-59　红外遥控器

图 4-60　车库无线电遥控器

4.12　小　　结

物联网节点在物联网应用中起着极其重要的作用。基于物联网技术的更深层次的信息化的原始信息来源于物联网节点所产生的各种实时数据。本章所介绍的物联网节点包括 RFID 标签、传感器、传感网、仪表、BDS 接收机、扫描设备、摄像头等数据节点，也包括执行器、继电器和遥控器等控制节点。当然，随着物联网技术的发展，越来越多的新型物联网节点也会涌现出来。物联网节点的设计研发和工业制造能力是一个国家物联网产业核心竞争力的重要标志。

思　考　题

1．物联网节点共有几种类型？分别是什么？
2．简述继电器的作用。

3. 你使用过的传感器有哪些？它的作用是什么？请描述一下。

案　　例

图 4-61 为大气温湿度采集传感器，其采用电容式相对湿度传感器和能隙温度传感器放大器、A/D 转换器、OTP 内存和数字处理单元，具有高精度、线性和长期稳定性。该传感器实现对大气温湿度采集，稳定性强，广泛应用于暖通制冷与室内空气质量监控、工业过程及安全防护监控、农业及畜牧业生产过程监控。

图 4-61　大气温湿度采集传感器

第 5 章　物联网网关

学习要点

- ❑ 了解物联网网关相关知识。
- ❑ 掌握无线网关相关类型与知识。
- ❑ 掌握智能家居网关类型与知识。
- ❑ 了解智能手机网关的相关知识。

5.1　网 关 简 介

在物联网实时信息系统中，物联网网关是一个非常重要的设备，这个设备在各种实时数据的收集、实时数据传输和设备控制过程中起着至关重要的作用。一般而言，物联网网关一方面从与其相连接的物联网节点中获取各种数据，然后将这些数据进行初步处理后，发送到物联网数据服务中心。另一方面，物联网网关也从数据服务中心接收各种控制指令，网关通过执行器或者继电器等控制节点来完成这些指令的操作，如打开空调或关闭空调等。常见的物联网网关包括智能手机、无线网关、家庭智能网关、工业通信网关、RFID 读写器等。

5.2　智 能 手 机

5.2.1　智能手机简介

一般而言，智能手机就是一个小型的个人计算机，它具有独立的操作系统。除了基本的通话功能，用户还可以自己安装应用软件、游戏和第三方服务提供商的扩展程序。智能手机基于 Wi-Fi 和 3G/4G/5G 移动网络，可以访问互联网上面的各种信息服务。通常情况下，智能手机作为物联网应用终端设备，通过访问物联网数据中心来获取各种实时数据服务、接收警报或进行设备的控制。但在一些特殊的情况下，智能手机可以作为一种移动的物联网网关，完成实时数据的收集及传输。例如，智能手机可以收集很多物联网节点的数据，这些节点包括蓝牙传感器、Wi-Fi 传感器、GPS 接收机、一维码标签、二维码标签和 RFID 标签等，一维码扫描仪等，然后将收集的数据通过 Wi-Fi 和 3G/4G/5G 移动网络，传输到物联网数据服务中心。随着移动物联网的快速发展，基于智能手机的物联网网关的应用也变得越来越普遍。

5.2.2　智能手机硬件

在智能手机的硬件结构中，最重要的部分包括主处理器、无线通信模块、液晶显示器、音频编解码器、数字基带无线调制解调器、相机、麦克风和扬声器控制器等，而动态低音提升（Dynamic Bass Boost，DBB）无线调制解调器主要完成数字语音信号的编解码和连续无线调制解调器的控制。主处理器和从处理器通过串行通信进行通信。最先进的智能手机主处理器带高级精简指令集处理器（Advanced RISC Machine，ARM）内核，通常采用互补金属氧化物半导体（Complementary Metal Oxide Semiconductor，CMOS）工艺设计，包含至少 16 KB 的指令。同时，为了实现实时视频会议，大多数智能手机都配备了动态图像专家组 4（Moving Pictures Experts Group 4，MPEG4）的硬连线编解码器。大量的 MPEG4 编解码器、语音压缩和解压都有专门的硬件处理模块，可以降低 ARM 内核的工作压力。通常，智能手机的主处理器上有 LCD 控制器、摄像头控制器和 SDRAM 控制器。

目前，智能手机不仅支持 3G/4G/5G 手机，还支持编辑短信、音频、视频等，这就要求智能手机的中央处理器（Central Processing Unit，CPU）处理器具有高性能，好的 CPU 可以避免手机死机、发热、运行速度慢等现象。同时，由于需要存储大量的图片或视频，智能手机还应具有较大的存储芯片和存储可扩展性，以满足 3G/4G/5G 应用服务的需求。此外，各种功能也在增加能耗，智能手机需要配备大容量可更换电池。智能手机处理器是目前为止移动电话中最重要和最昂贵的部件。常见的智能手机芯片制造商包括高通、MTK、德州仪器、三星、苹果和华为。目前，智能手机市场已进入“八核时代”。例如，麒麟 980 微处理器采用 7 nm 工艺技术，它与 10 nm 工艺相比，性能提高了 20%，能效提高了 40%，麒麟 980 的整体能效提高了 58%。Mali-G76 GPU 的能效也提高了 178%。麒麟 980 采用 3 种能效架构，具有 2 个超级核、2 个大核和 4 个高性能小核，并采用灵活的智能调度机制及降低功耗，使 CPU 使用能够适应重、中、轻负载情况，使电池寿命更长。2019 年 9 月 6 日，华为发布麒麟 990 芯片，其性能与麒麟 980 相比提升 10%。如图 5-1 所示，华为 Mate Xs 是一款麒麟 990 5G 高性能智能手机。

华为 Mate Xs 5G 智能手机采用多点触控电容屏，8 英寸主屏幕，分辨率为 2480 像素×2200 像素。智能手机硬件配置为 8 核，分别是 2.86 GHz（2 核）、2.36 GHz（2 核）、1.95 GHz（4 核）。其他配置为 8 GB 的 RAM 容量、512 GB 的 ROM 最大容量。华为 Mate Xs 无线通信网络支持 IEEE 802.11a/b/g/n/ac，移动通信网络支持 4G TD LTE 与 5G NR TDD。华为 Mate Xs 5G 操作系统是 Android OS 10.0。

华为 Mate Xs 配备 1 个 4000 万像素超敏感摄像头、1 个 1600 万像素超广角摄像头、1 个 800 万像素长焦距摄像头（45 倍变焦范围）和 1 个 TOF 摄像头。华为 Mate Xs 巧妙地利用了折叠屏幕的优势，后面的 4 个镜头是前后的。例如，在折叠状态下，当需要自拍时，系统会提示将手机翻到副屏幕的一侧，后置摄像头可以作为前置摄像头。华为 Mate X2，2021 年 2 月 25 日起发售。

智能手机配有各种传感器，其计算能力接近家用笔记本电脑的水平，完全可以作为强大的移动物联网网关。例如，华为 Mate Xs 配备环境光传感器、红外传感器、陀螺仪、指南针、接近光传感器、重力传感器、指纹传感器、霍尔传感器、气压计、色温传感器等。

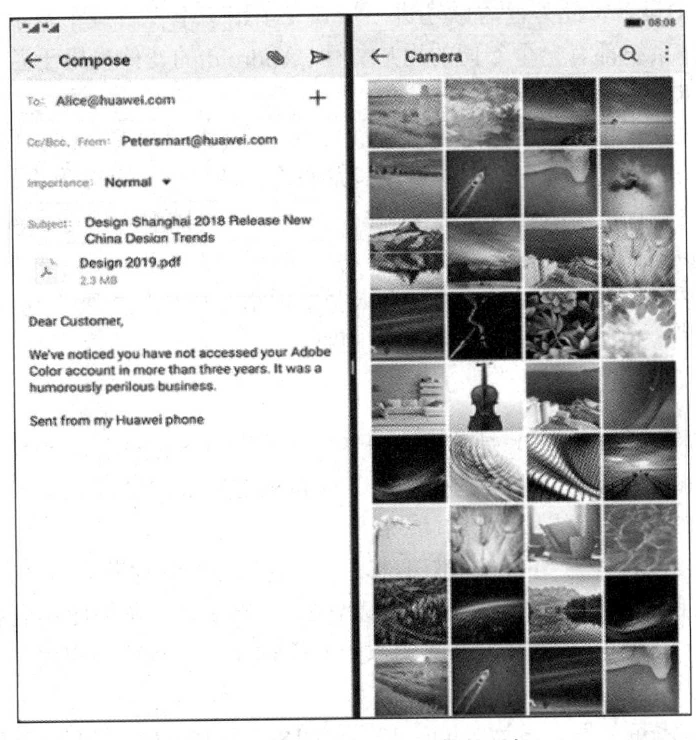

图 5-1　华为 Mate X2 5G 智能手机

传感器在智能手机中的应用使手机具有更多的功能和更高的性能。在某些游戏中，智能手机会根据加速度计和重力传感器自动旋转屏幕。加速度计测量移动电话的运动加速度，并能监测移动电话的加速度大小和方向。智能手机也使用红外线测距仪，它允许手机做很多事情，例如自动关闭手机屏幕以节省能源。智能手机配有压力传感器，可测量大气压力，实现高质量的高度检测 GPS 定位功能。光传感器广泛应用于各种智能手机中，使手机能够根据周围光线自动调节屏幕亮度，提高电池寿命。

5.2.3　智能手机操作系统

1. Android

Android 有限公司于 2003 年 10 月由 Andy Rubin、Rich Miner、Nick Sears 和 Chris White 在加利福尼亚州 Palo Alto 成立。Andy Rubin 将 Android 项目描述为“开发更智能的移动设备的巨大潜力，更了解其所有者的位置和偏好”。该公司的早期意图是开发先进的数码相机操作系统，这是 2004 年 4 月向投资者推销相机的基础。公司随后决定，相机市场的规模不足以满足其目标，五个月后，公司转变了产品开发策略，并将 Android 作为一个手机操作系统，同 Nokia 的 Symbian 和微软的 Windows Mobile 来竞争移动市场。2005 年 7 月，谷歌以至少 5000 万美元的价格收购了 Android 有限公司。

Android 是基于 Linux 内核和其他开放源码软件的修改版本，主要用于智能手机和平板电脑等触摸屏移动设备。此外，谷歌还进一步开发了用于电视、汽车及手表的 Android 操作系统，每个操作系统都有一个专门的用户界面。Android 的变体也用于游戏机、数码相机、个人电脑和其他电子设备。

2008 年 9 月 23 日发布的第一款商用 Android 智能手机是 HTC Dream，也被称为 T-Mobile G1。Android 10 于 2019 年 9 月 3 日发布，它是第十个主要版本，也是 Android 移动操作系统的第 17 个版本。Android 10 在 5G 方面有一些特别的技巧，新的应用程序接口（Application Programming Interface，API）将使应用程序能够检测用户连接速率和延迟，以及检测连接是否按流量计费。这将使开发人员能够更精确地控制要发送给用户的数据量，尤其是当他们有较差的连接或有数据下载限制时。

2．iOS

iOS（以前称为 iPhone OS）是苹果公司专门为其硬件开发的移动操作系统。它是目前为苹果公司许多移动设备提供服务的操作系统，包括 iPhone、iPad 和 iPod Touch。它是继 Android 之后全球第二流行的移动操作系统。

iOS 最初于 2007 年为 iPhone 推出，现已扩展到支持其他苹果设备，如 iPod Touch（2007 年 9 月）和 iPad（2010 年 1 月）。截至 2018 年 3 月，苹果应用商店的 iOS 应用程序超过 210 万个，其中 100 万个是 iPad 的原生应用程序。这些移动应用程序的下载量总计超过 1300 亿次。

iOS 的主要版本每年发布一次。iOS 12 于 2018 年 9 月 17 日发布。它适用于所有具有 64 bit 处理器的 iOS 设备；iPhone 5S 及更高版本的 iPhone 机型、iPad（2017）、iPad Air 及更高版本的 iPad Air 机型、所有 iPad Pro 机型、iPad Mini 2 及更高版本的 iPad Mini 机型以及第六代 iPod Touch。在所有最新的 iOS 设备上，iOS 会定期检查更新，如果有更新，则会提示用户允许自动安装。iOS 13 公开测试版的发布日期是 2019 年 6 月 24 日。iOS 13 应用程序启动速度是 iOS 12 的两倍，而人脸 ID 解锁速度将比以前快 30%。iOS 13 可使应用程序的下载量变小到 iOS 12 的 60%。2019 年 12 月 10 日，苹果发布 iOS 13.3，它包括改进、错误修复和额外的屏幕时间家长控制功能。

3．HarmonyOS

2019 年 8 月 9 日，华为发布 HarmonyOS（中文：鸿蒙；拼音：Hóngméng）操作系统，它是一款开源、基于微内核的分布式操作系统，也用于物联网设备。HarmonyOS 能够在各种设备上灵活部署，从而在所有情况下都能轻松地开发应用程序。目前，HarmonyOS 已经用于华为智慧屏 X65、V65、V55i 系列产品。

HarmonyOS 是一个面向未来的分布式操作系统，作为全场景策略的一部分向您开放，适用于移动办公、健身和健康、社交通信和媒体娱乐等。与在独立设备上运行的传统操作系统不同，HarmonyOS 构建在基于一组系统功能设计的分布式体系结构上，它可以运行在各种各样的设备形式上。如图 5-2 所示，HarmonyOS 整体遵从分层设计，从下向上依次为内核层、系统服务层、框架层和应用层。系统功能按照“系统、子系统、功能/模块”逐级展开，在多设备部署场景下，支持根据实际需求裁剪某些非必要的子系统或功能/模块。

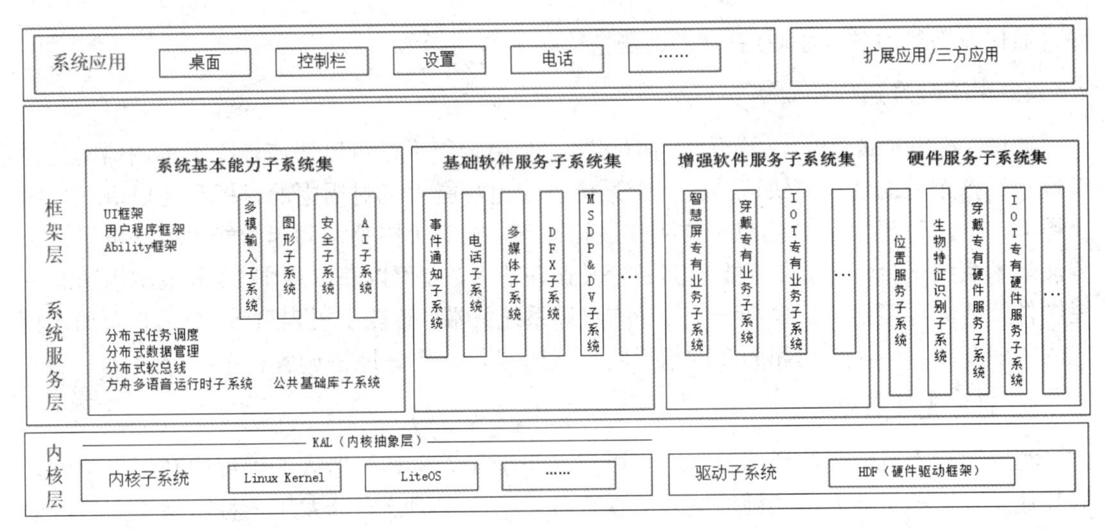

图 5-2　华为 HarmonyOS 操作系统框架结构

2020 年 12 月，华为在“华为开发者日北京 2020”期间宣布，面向中国开发者发布 HarmonyOS 2.0 操作系统的智能手机测试版。

5.2.4　智能手机应用

智能手机除了具有通话功能外，还具有大多数 PDA[①]的功能，特别是个人信息管理以及基于无线数据通信的浏览器、BDS、GPS、电子邮件、短信、互联网接入、影视娱乐等功能。同时，结合智能手机的摄像设备、BDS、GPS 及传感器设备，可以获取手机用户周围的各种实时信息，利用 Wi-Fi 或 3G/4G/5G、通信网络可将各种实时信息传输到数据服务中心，从而开发各种物联网应用。

1．软件应用

智能手机软件应用范围很广，几乎包括所有的移动电话软件，如地址簿、电话联系人帮手。同时，利用各种应用软件，在智能手机还可以完成平时只有使用个人电脑才可以完成的任务，如创建和编辑微软 Office 文档、个人和公司财务管理。

2．Web 访问

目前，随着智能手机 Wi-Fi 和 3G/4G/5G 通信技术的成熟和发展，几乎所有的智能手机都可以上网，而且速度越来越快。

3．消息及短视频服务

所有手机都可以发送和接收文字信息，除了处理电子邮件外，智能手机还可以同步个人电子邮件账户，一些手机可以支持多个电子邮件账户。其他消息的应用包括访问流行的

① PDA 指 Personal Digital Assistan，为掌上电脑，是辅助个人工作的数字工具，主要提供记事、通讯录、名片交换及行程安排等功能。

即时通信及视频服务，如微信、QQ、微博、抖音、快手等。

4. 用于战场通信和侦察

通过 Wi-Fi、3G 和 4G 等无线通信网络，利用智能手机可以快速建立军事通信网络，实现战场指令等的远距离快速传输。士兵可以使用智能手机对周围的目标和环境进行拍照及摄像，并自动匹配 GPS 信息上传到作战指挥部。一家美国公司利用智能手机开发了一个智能战术系统平台，只要在智能手机上输入查询请求，就可以获取周围 2 km 范围内所有卫星图像及地面环境信息。作为一个友好的跟踪系统终端，智能手机也可将 10～20 人加入自己的“朋友圈”中，自己和朋友的情况将被实时显示，更好地协调各种军事行动。

5. 进行无线遥控

利用智能手机的无线通信信号，可以启动小型无人机和机器人的远程控制，也可以采取其他无人机和机器人，实施侦察及监视任务。一个法国公司开发了一种微型无人机，通过智能手机可以实时查看无人机屏幕截图。

6. 用于环境监控

针对目前大范围内环境实时监控存在的各种问题，利用 Android 智能手机的传感器实时收集各种环境数据，将所获取的数据利用 Wi-Fi 或 3G 无线通信技术及时传输到数据服务中心并存入数据库中。利用数据融合技术对温度、光线亮度、GPS 和环境照片等数据进行智能化处理，并通过 JavaEE Web、百度地图及短信自动发送等技术对数据处理的结果进行显示和警报。在大范围内使用该系统，可以达到及早发现并避免恶劣环境污染，减少经济及生命损失的目的。

5.3 无 线 网 关

物联网网关可以是一个无线网关，这个无线网关一方面起着实现局域网或广域网无线网络接入服务的作用，另一方面也可以作为物联网网关来管理相应的物联网节点，来实现实时数据的收集及设备的控制。常见的无线网关包括 Wi-Fi 无线网关、NB-IOT 无线网关、移动无线网关、卫星无线网关及复合型无线网关等。

5.3.1 Wi-Fi 无线网关

在物联网应用中，无线网关提供无线接入点功能。一般而言，无线网关可提供 10 Mb/s/100 Mb/s/1000 Mb/s 宽区域网络功能。同时，常见的提供无线网接入的协议包括 IEEE 802.11b、802.11g、802.11a 和 802.11n，无线局域网通过网络地址转换（Network Address Translation，NAT）共享访问功能实现多用户的广域网接入。无线网关应用不仅可提供高速互联网接入，还可提供广泛的物联网应用服务，如互动视频服务、视频电话服务、网络游戏、环境监控及相关设备控制等。

5.3.2　NB-IoT 无线网关

图 5-3　NB-IoT 无线网关

窄带物联网（Narrow Band Internet of Things，NB-IoT）可以比现有无线技术提供 50～100 倍的无线设备接入数，可以降低物联网设备的数据通信费用。另一方面，NB-IoT 聚焦小数据量、小速率应用，因此 NB-IoT 设备功耗可以做到非常小，从而保障电池的使用寿命。NB-IoT 技术在技术性能和业务能力上有着绝对的优势，作为 NB-IoT 技术的主要倡导者，华为大力推进 NB-IoT 技术的商用进程，将物联网业务拓展到更多的行业和应用中。

一款 NB-IoT 无线网关如图 5-3 所示，该网关采用模块化设计，主要应用于食药冷链无线温湿度监测、空气及水质环境监测领域（见图 5-4）。具备以下特点：① 可使用三大运营商 NB-IoT 网络；② 可选用北斗定位模块；③ 上传间隔可设定，支持同步上传数据到多个服务器；④ 可同时接收和上传 1024 个节点的数据；⑤ 内置可充锂电电池，掉电可续航时间大于 7 d。

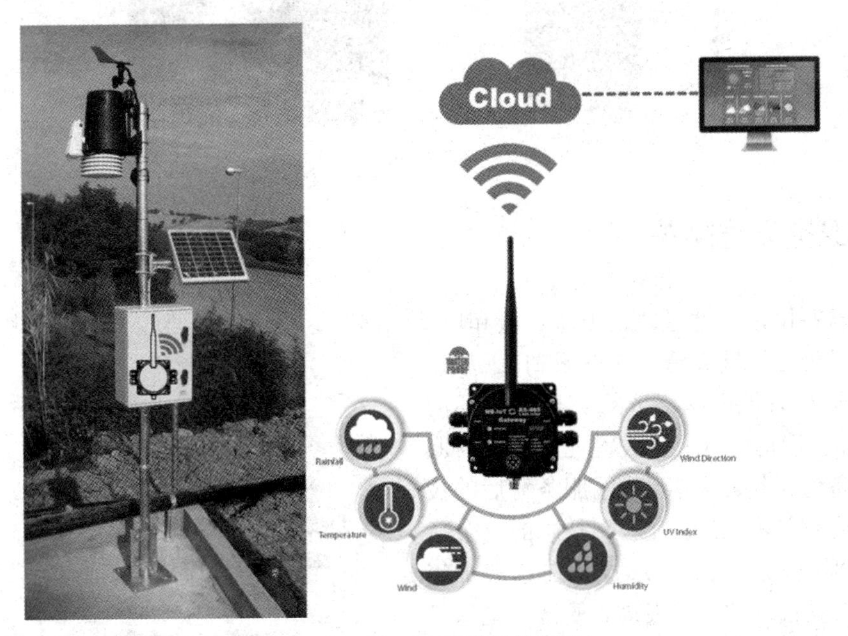

图 5-4　NB-IoT 无线网关应用

5.3.3　移动无线网关

基于 3G/4G/5G 移动网络通信技术的网关是目前很多物联网应用的重要组成部分。基于移动无线网关的典型物联网应用包括偏远地区安全监控、市郊交通监控、宽带不发达地区金融 ATM/查询终端应用、油田监测、电力远程抄表、路灯监控和环境监测等。如图 5-5 所示，华为 5G 移动 Wi-Fi Pro E6878 是一款新型 5G 移动 Wi-Fi 网关，具体型号为 E6878-370。基于华为巴龙 5000 芯片组的华为 E6878-370 5G 移动 Wi-Fi 网关可以将 5G 信号传输到高速 Wi-Fi 连接，使智能手机、平板电脑、笔记本电脑、智能 Wi-Fi 设备等都能享受到美妙的 5G 连接。该移动无线网关峰值下载速度高达 1.65 Gb/s，上传速度高达 250 Mb/s，Wi-Fi 速度高达 867 Mb/s。

图 5-5　5G 移动无线网关

5.3.4　卫星无线网关

卫星互联网涉及通过轨道卫星连接和广播网络，这些卫星需要较少的物理基础设施，但由于信号延迟可能会造成速度限制。卫星连接通常用于没有地面网络或蜂窝数据服务的偏远地区。它们也可以成为关键业务和政府服务的有效备份系统。卫星互联网服务背后的技术是复杂而有趣的。卫星互联网技术的一个特殊细微差别是网关位置的选择。在过去十年中，随着卫星技术的飞速发展，便携卫星站等设备也得到了类似的发展。如图 5-6 所示，卫星无线网关基于一个卫星地面站，它拥有天线和设备，将射频信号转换为互联网协议信号，用于地面连接。

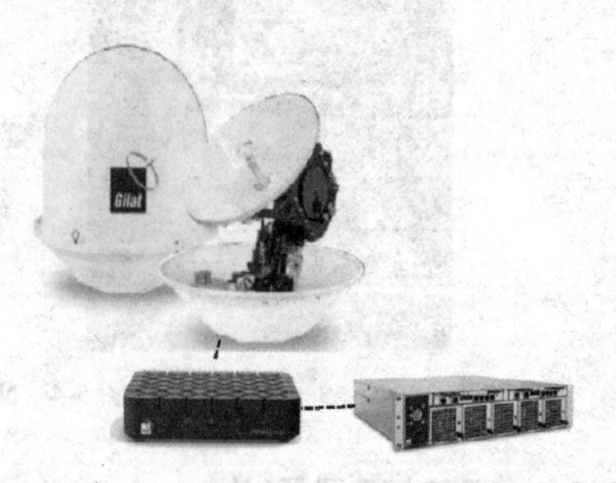

图 5-6　卫星无线网关通信结构示意图

5.3.5　复合型无线网关

对于一些比较复杂的物联网应用，所需要的网关的功能也比较复杂，如网关需要管理蓝牙节点和 ZigBee 节点等。图 5-7 所示是一个复合型物联网网关的结构示意图。这个网关主要由控制器模块（ARM）、蓝牙和 ZigBee 数据采集模块、3G 通信模块、存储模块和复位模块等组成。

利用这个复合型无线网关，它可以实时采集来自 ZigBee 和蓝牙传感网的数据，并接收来自客户端的控制信息，实现对无线传感网的实时感知与控制。蓝牙/ZigBee 数据采集节点作为网关的重要模块，将传感信息实时上传并保存在存储模块中。网关通过 3G 通信模块拨号连接 3G 移动通信网络，在成功获得 IP 地址后，建立同数据服务中心服务器中数据采集程序的连接。一旦连接建立，将来自蓝牙/ZigBee 数据模块的信息发送至服务器端。复合型无线网关的软件体系结构如图 5-8 所示。

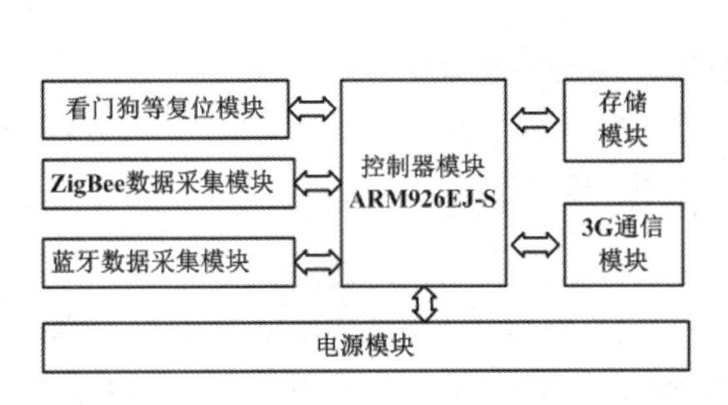

图 5-7　3G/ZigBee/蓝牙网关体系结构示意图

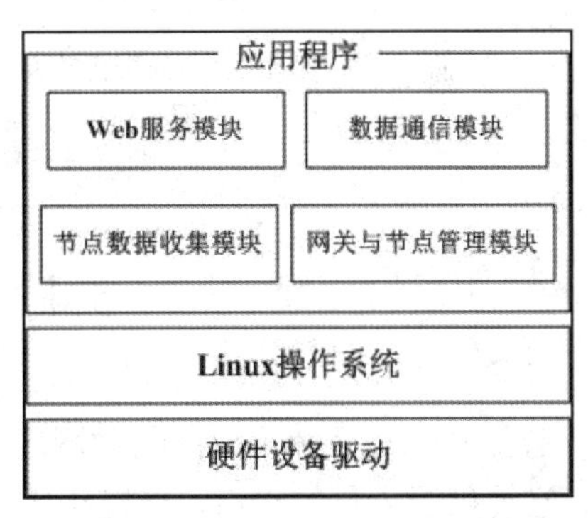

图 5-8　复合型无线网关软件体系结构

一般来说，复合型无线网关采用开源的 Linux 操作系统的软件平台，其上面可安装各种必要的驱动器，如点对点协议（Point to Point Protocol，PPP）驱动器、3G 通信驱动器、蓝牙驱动器及 ZigBee 驱动器等。为该网关所开发的应用程序包括 Web 服务模块、数据通信模块、物联网节点数据收集模块和网关与节点管理模块。在硬件平台上移植 Linux 操作系统成功后，编写应用软件即可实现网关功能。网关的主要功能有网关信息通知、串口接收和数据转发 3 部分，软件设计采用模块化设计思想，各部分子程序分开编写，供主程序调用。串口接收指实时接收来自传感网的信息，主要涉及对 Linux 串口的配置操作。数据转发部分依赖 Socket 网络编程实现，通过通信模块拨号获得 IP 地址后，就可以在网关和服务器之间建立 Socket 连接，来进行数据传输。在编写服务器 Socket 程序的过程中，一般采用多线程技术，使得服务器可以同时处理多个网关的数据发送请求。

复合型无线网关的一个重要功能是数据的传输。网关系统的主程序流程图如图 5-9 所示。当网关操作系统被启动后，首先运行 3G 通信数据程序，然后实施应用程序的初始化。复合型网关上面运行的应用程序一般要完成以下几个功能。第一个功能为监控蓝牙/ZigBee 设备或传感器数据流向，对于所收集的来自蓝牙/ZigBee 设备的数据在进行初步处理后，通过 3G 或 4G 网络发送到物联网数据服务中心。第二个功能是监测来自远程数据服务中心的数据，获得来自数据服务中心的命令并解析后，可以实施对蓝牙或 ZigBee 设备的控制。

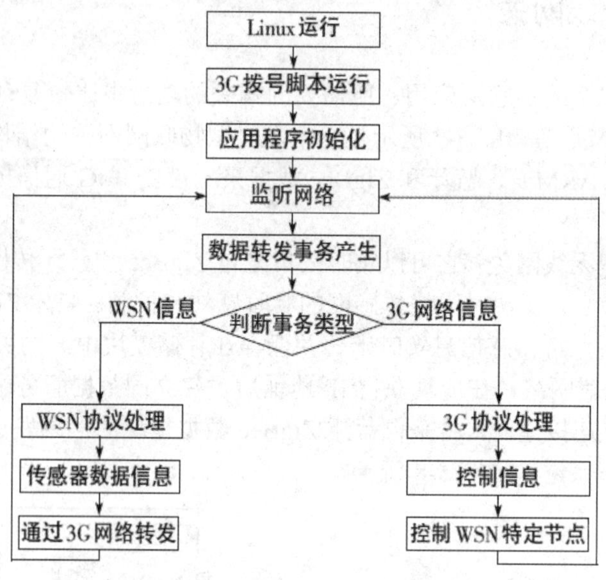

图 5-9　复合型无线网关主程序流程图

5.4　智能家居网关

智能家居是一个重要的物联网应用领域，家庭网关是实现智能家居应用的一个重要设备，它提供了大量的接口，支持蓝牙、IEEE 802.11a/b/g、3G/4G/5G 网络及以太网通信。家庭智能网关一方面需要管理很多家电设备及传感器节点，另一方面也对家庭的安全通信和娱乐进行管理和监控。

5.4.1　智能家居网关简介

家庭智能网关首先可以为家庭中的网络信息设备提供智能宽带接入。一方面，它可以接收来自外部网络的不同的通信信号，通过家庭网络将信号发送到用户设备，来实现设备的自动化和智能化控制。另一方面，家庭网关可以将来自家庭网络的相关数据发送到远程数据服务中心。这种智能家居网关可应用于广域网和局域网，实现多种控制协议的转换。智能家居网关大都应用于最终用户和许多住宅区项目。

常见的家庭智能网大都是采用嵌入式 Linux 操作系统的产品，类似 PC 的体系结构，支持 TCP/IP 协议兼容 IPv4，IPv6 协议转换。如图 5-10 所示，智能家庭网关可以同很多业务平台进行信息交换，为家庭提供多种信息和安全服务，并管理着众多的家庭设备，如多媒体综合布线箱、智能插座、智能开关、照明控制、洗衣机、空调、冰箱及微波炉等。另外，家庭智能网关可以提供 VoIP（网络电话）应用的管理、控制和操作。

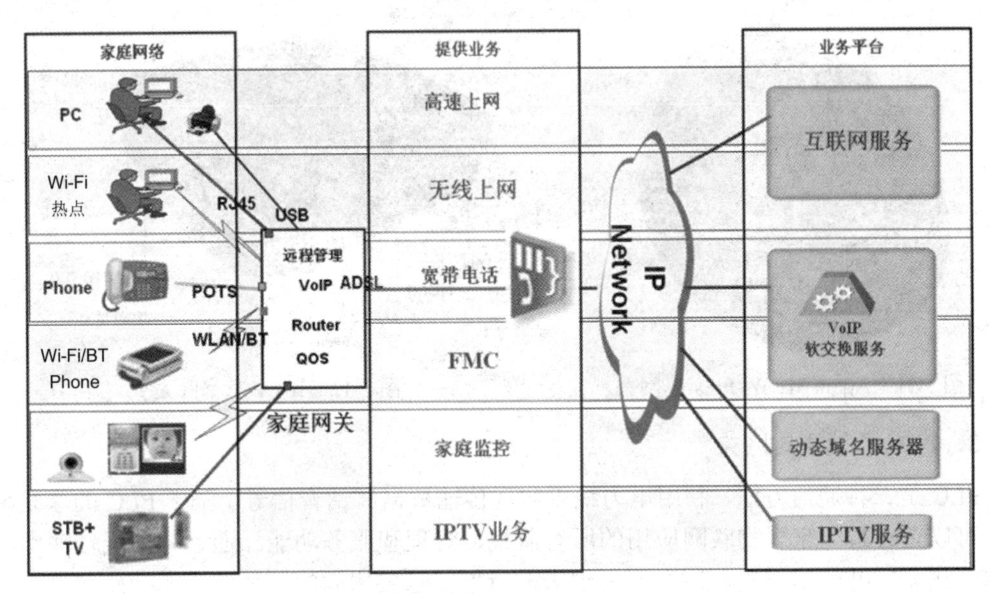

图 5-10 智能家庭网关应用

其中家庭网络所涉及的设备包括个人电脑（Personal Computer，PC）、Wi-Fi 热点、电话、无线蓝牙（Bluetooth，BT）电话、网络摄像头和机顶盒（Set Top Box，STB）。家庭网关可以提供的功能包括远程管理、VoIP、路由器（Router）和服务质量（Quality of Service，QoS）等。家庭网络设备通过 USB、已注册的插孔（Registered Jack 45，RJ-45）、普通老式电话业务（Plain Old Telephone Service，POTS）和 WLAN/BT 等通信接口同网关进行数据交换。家庭网关通过 ADSL 或无线通信技术来使用服务商所提供的各种业务，它包括高速上网、无线上网、宽带电话、固定移动融合（Fixed Mobile Convergence，FMC）、家庭监控和 IPTV（网络电视）业务。

5.4.2 智能家居网关分类

根据网络通信物理介质的不同，可以将家庭智能网关分为基于 Wi-Fi 的家庭智能网关、基于 IPTV 的家庭智能网关和基于电力线通信（Power Line Communication，PLC）的家庭智能网关。这里主要对 PLC 家庭智能网关和机顶盒家庭智能网关进行简要介绍。

1．Wi-Fi 家庭网关

如图 5-11 所示，Aqara M2 网关是一个智能家居控制中心，它可与 Wi-Fi 或以太网连接，支持与 Aqara Zigbee 配件的交互和连接。此外，它还具有红外遥控功能，可以添加和管理不同红外设备的控制。

2．IPTV 网关

图 5-12 为一个华为 IPTV EC6108V9C 网关，内部有 Wi-Fi 模块，支持无线通信功能，它具有的外部接口包括 LAN、HDMI、AV、USB 等。该 IPTV 网关具有四核海思 HI3798M 处理器，1 GB 内存及 8 GB 存储。

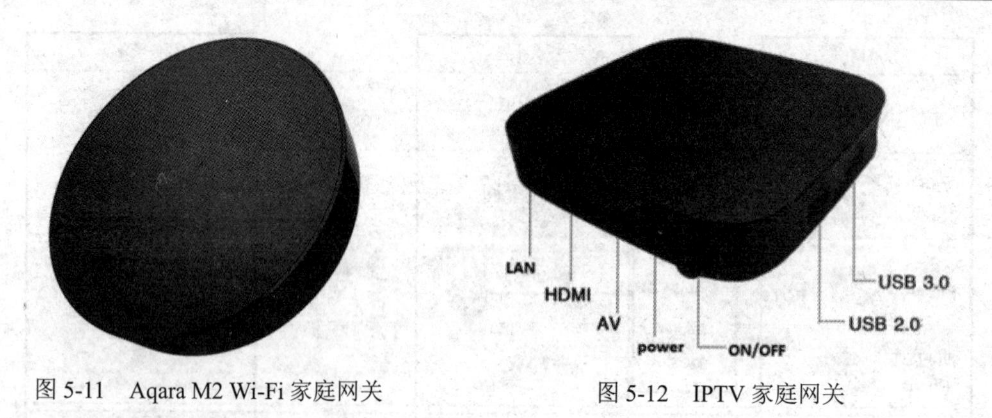

图 5-11　Aqara M2 Wi-Fi 家庭网关　　　　图 5-12　IPTV 家庭网关

3．PLC 智能家居网关

PLC 是一种通信方法，利用电力线可实现传输数据和话音信号。基于 PLC 的家庭智能网关可以完成智能家居物联网应用的所有监视、管理和服务功能。通过电力线传输电流作为通信载体，PLC 家庭智能网关具有很大的方便。只要房间的任何有电源插座的地方，就可以连接电话、电视、音响、冰箱和其他电器，这使得很多家电设备的网络控制变得更加容易。基于电力线的家庭智能网关系统结构如图 5-13 所示。基于 PLC 技术所实现的家庭智能网关除具有体积小、数据吞吐率高、安装灵活易用及很强的扩展性之外，可以在该平台上通过软件开发实现更多的功能，使智能家居应用更加稳定、更加经济实用。

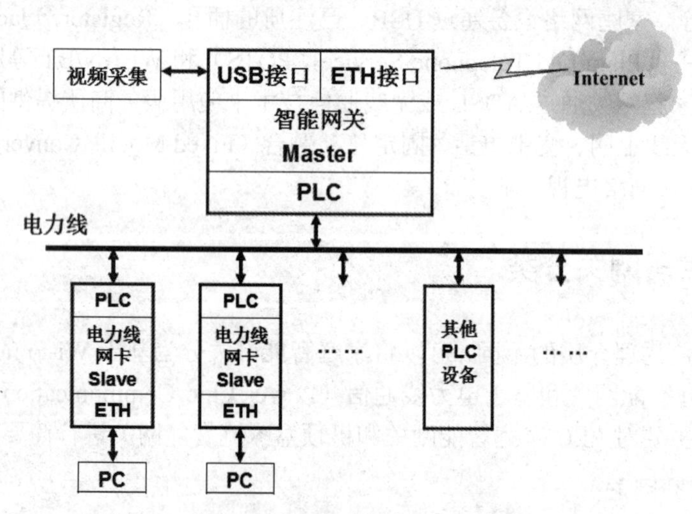

图 5-13　PLC 家庭智能网关系统结构图

5.4.3　智能家居网关应用

智能家庭网关通过各种高速通信接口将家庭安全报警、家庭照明控制、家用网络设备、居室视频对讲、网络安全监控、家庭网络音乐设施、移动电话、网络电视、电脑和各种信息通信终端连接到家庭智能网关，通过局域网络或广域网连接到物业管理服务中心。

通过家庭智能网关所建立的智能家居实时信息服务系统，用户可以通过远程控制来获取信息服务或对家庭实施管理。例如，用户通过互联网实时远程获取视频监控图像，用户可以通过移动电话实施远程开关门窗，还可以根据用户的不同需要进行智能化程序运行配置来实施高效家庭服务。家庭智能网关是智能家居生活的关键设备，通过它可实现家庭安全环境信息的采集，将信息传输至数据服务中心。

同时，还可以依托来自数据服务中心的命令实施远程控制及联动控制等功能。基于家庭智能网关所实现的具体的物联网信息化服务很多，下面对几个主要的服务进行简述。

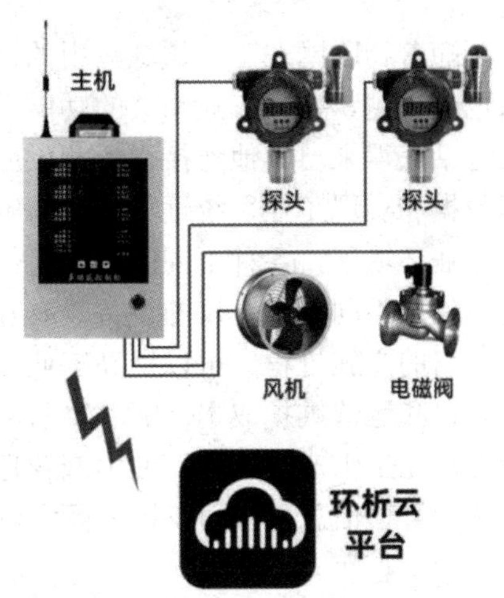

图 5-14　家庭燃气泄漏报警系统

1．家庭环境安全

安全是居民使用智能家居实时信息服务系统的第一需求，家庭安全服务包括家庭安全报警、门磁报警、燃气泄漏报警（见图 5-14）和火灾报警等。

2．实施远程抄表

智能网关可集成物业管理模块来实现水、电、煤气表等的远程自动抄表功能，这不但可以解决抄表效率低的问题，也解决了家用抄表干扰正常家庭生活和不安全因素。

3．家电控制功能

用户可以根据自己的需求自由配置和添加家电控制节点。通过智能向导提示用户如何设置和使用家电控制功能。智能家庭网关还可以通过无线/红外发射模块实现家电的集中管理和远程控制。

4．智能照明管理功能

通过智能网关及智能控制开关可实现照明设备的集中管理。智能网关可以根据户型布局的实际大小增加控制器的数量，从而解决无线距离传输有限的问题。用户可以打开定时控制程序，依照照明、窗帘预设的多种场景模式，自动实现温度控制、照明控制和报警控制。

5．远程控制功能

通过家庭智能网关拨打家中的电话或网络远程登录，可实现家庭电器设备的各种安全保护操作，实现家电、照明设备及窗帘的远程控制，也可以利用网络摄像头来实时监视家庭状态。

5.5　工业物联网网关

应用物联网技术可以实现传统工业的升级改造，并为工业的节能减排打下坚实的基础，工业网关是物联网工业应用的一个极其重要的组成部分。工业通信网关可以实现工业生产网络通信及网络控制环境下各种网络协议消息的转换。

5.5.1 工业物联网网关简介

随着物联网在工业领域应用的进一步深入，生产部门和其他部门的企业彼此之间的联系也越来越紧密，工业网关的功能也越来越丰富。实践证明，使用工业网关有很多优点，这包括获得来自其他连接设备和供应链信息的能力，也包括为其他系统生产线提供实时生产数据和实现工业系统远程开发与维护的能力。同时，使用工业通信网关，可以很好地解决工业环境下，各种不同的企业通信标准下异构信息系统及自动化系统之间的通信问题，使得使用不同通信协议的设备具有互操作性。另外，工业通信网关还简化了工业生产中通信网络的实施过程，可以提高工业通信系统稳定性能，这可以缩短网络建设施工时间，节约建设和运营维护成本。随着物联网应用的进一步深入，工业网关可广泛应用于智能发电管理、化工生产管理、石油生产管理、机械制造管理和煤炭开采管理等，它在生产自动化和企业管理信息化方面发挥了巨大作用。

5.5.2 工业物联网网关分类

在物联网工业应用中，常见的工业通信网关包括数据采集接口网关、单向物理隔离网关和工业网络安全防护网关。这里对数据采集网关和工业安全网关进行简单介绍。

1. 数据采集网关

直接用于工业生产数据采集的网关一般具有标准的RS-232或RS-485串行端口和1～2个RJ-45以太网接口。同时，这些网关所使用的操作系统包括Windows和Linux等。在物联网应用或工业自动化应用中，数据采集接口网关一般位于工业自动化控制系统和实时数据库服务器之间。数据采集接口网关所收集到的实时数据，一般会被即刻发送到与其配套的工业生产监控管理中心，并存储到实时数据库中。在工业应用中，数据采集接口的网关一般使用单向数据传输技术，可以实现对自动化控制系统和实时数据库服务器的安全隔离。另外，数据采集接口网关的操作系统和数据采集程序均具有自修复功能，不可修改。一旦数据采集接口网关被修改，它将被重新启动，自动恢复到初始状态，可以防止病毒和黑客攻击。同时，数据采集接口网关还可以为ERP（企业资源规划）、MES（制造执行系统）等管理信息系统提供实时生产数据。

图 5-15　工业物联网网关

如图 5-15 所示，WG593 系列设备智能网关是专门针对工业设备联网设计的，具备智能数据挖掘分析功能，是工业互联网的入口和引擎。它适合作为大规模的分布式设备的接入节点，把现场设备的数据先收集到网关节点计算分析，并传送到云服务节点，方便客户的应用系统的接入；

同时支持虚拟接口和数据穿透。支持 4G、3G、PPPOE（基于以太网的点对点协议）、Wi-Fi 网络、LoRa、数字 I/O 输入/输出、串口终端通信，为不同的应用场合提供不同的接入方案。内嵌协议分析器，支持主流工控协议和定制化特有协议；通过策略规则计算和应用部署分发实现本地计算，提高设备的控制能力和实时性能。

2．工业安全网关

在工业生产自动化相关的物联网应用中，另一个工业网关为工业安全网关，它是一个工业通信网络安全隔离设备，可保障与工业生产相关的信息管理系统的数据流向为单一方向，并实现工业生产过程的安全隔离。工业安全网关被广泛地应用在工业自动化程度较高的工业领域，如石油化工、钢铁生产、电力生产及供应和化工生产等行业。因为担心工业化生产领域的网络遭受到攻击，企业往往要求企业信息系统集成商将工业生产控制网络与企业管理网络完全隔离，数据只允许从工业生产控制网络发出，而不允许任何数据从企业管理网络返回到控制网络。工业安全网关可用于解决工业生产中数据采集与监视控制系统同企业信息管理系统间数据通信安全管理问题。一方面，工业安全网关可以实现自动化系统和现场设备间的实时通信及生产设备控制；另一方面，工业安全网关也可以将相关数据发送到企业信息化管理中心。一般来说，工业安全网关是由两个独立的主机系统组成，它们是企业数据交换系统和工业安全应用系统，每一个主机系统有独立的 CPU 和存储单元。一个系统负责工业自动化生产系统的管理，另外一个系统负责网关同企业信息系统的通信。利用工业安全网关，通过物理隔离、数据加密传输和适当隔离技术，可从根本上杜绝非法数据入侵工业生产控制系统。

如图 5-16 所示，InRouter 900 是一种工业物联网安全网关，其功能示意图如图 5-17 所示。该网关支持不同接入方式互为主备链路、双用户识别卡（Subscriber Identity Module，SIM）、虚拟路由冗余协议（Virtual Router Redundancy Protocol，VRRP）等多重冗余机制，支持搭建稳健冗余的广域工业网络。内置的多级链路检测与恢复功能，随时监测链路层、网络层和虚拟专用网络（Virtual Private Network，VPN）隧道连接状态，保障远端设备处于高可靠、不间断的网络连接中。

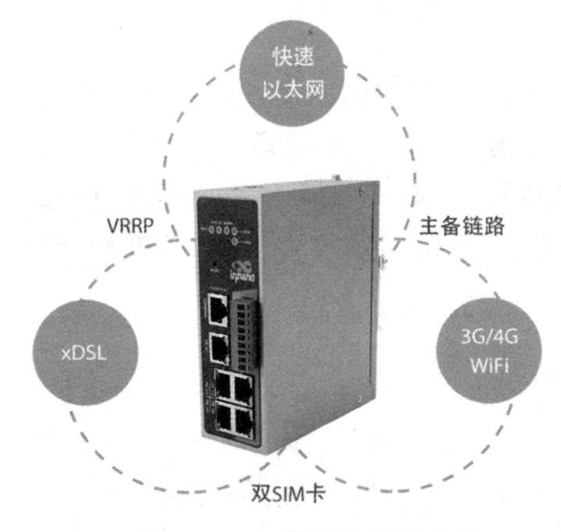

图 5-16　工业安全网关

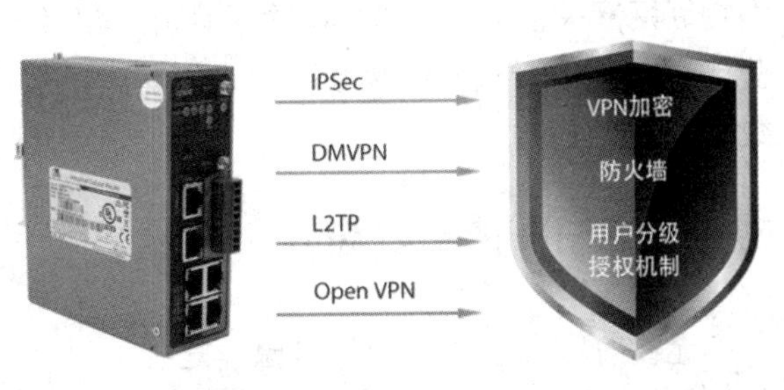

图 5-17　工业安全网关功能示意图

保障业务数据安全是对工业通信网络的重要要求。InRouter 900 为业务数据设计提供了完备的安全保护方案，包括保护数据传输安全的 VPN 加密技术，防护网络安全的防火墙功能，以及保障设备管理安全的用户分级授权机制。产品支持 IPSec、DMVPN、L2TP、Open VPN 等多种 VPN 加密模式，以确保数据传输安全。

如图 5-18 所示，IR900 工业网关协助生产制造商打造一整套工业机器人智能远程运维管理系统解决方案。整套系统部署在云端，可实现设备远程状态监控，实时告警通知和故障诊断分析，远程故障定位和程序升级，设备资产管理，设备预防性维护以及工业大数据挖掘等功能。

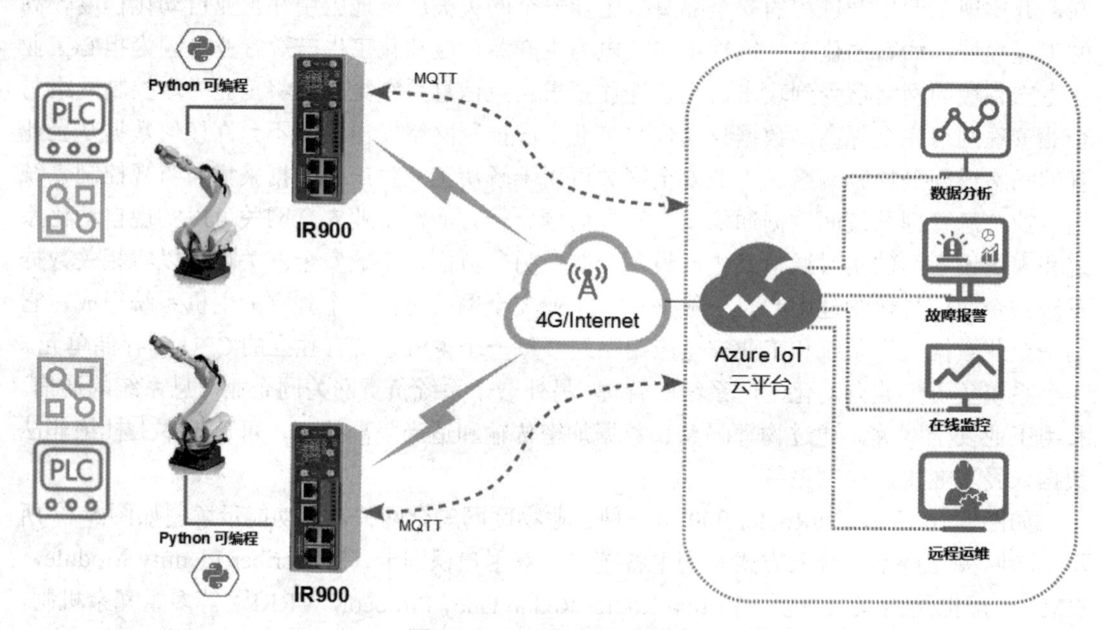

图 5-18　工业安全网关应用

5.6　RFID 读写器

有很多 RFID 读写器可以作为物联网网关来使用。在很多物联网应用中，RFID 读写器是一个重要的设备，对于不同的物联网应用，RFID 读写器的功能有所差异。一般而言，作为物联网网关的 RFID 读写器除了具有收集及传输 RFID 相关数据的功能外，其还具有管理蓝牙、ZigBee 及仪表等物联网节点的能力，从这些节点上收集数据并将数据传输到物联网数据服务中心。

5.6.1　RFID 读写器简介

无线射频识别技术的基本原理是利用射频信号和电磁耦合或雷达反射的传输特性，实现物体的自动识别。常见的 RFID 射频识别系统是由 RFID 标签、RFID 读写器、数据传输网络及数据服务中心组成。电子标签又称为射频标签，它是目标对象身份数据的载体。RFID系统的基本模型如图 5-19 所示，RFID 读写器通过天线和 RFID 标签之间进行无线电通信，可以将 RFID 标签中的信息以不接触的方式读取。常见的 RFID 读写器的构成模块如图 5-20 所示，其主要由 RFID 无线射频模块、天线、RFID 数据读取及发送控制模块和电源组成。对于功能复杂的 RFID 读写器，除了可以读取 RFID 标签的数据外，还可以采集来自 ZigBee、蓝牙物联网节点的数据，其功能构成模块还会更复杂。下面对 RFID 读写器同 RFID 标签之间无线通信方式电感耦合及电磁反向散射耦合进行介绍。

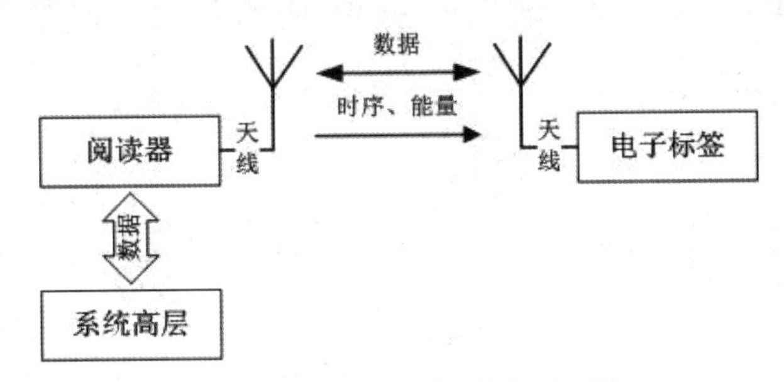

图 5-19　RFID 读写器技术原理图

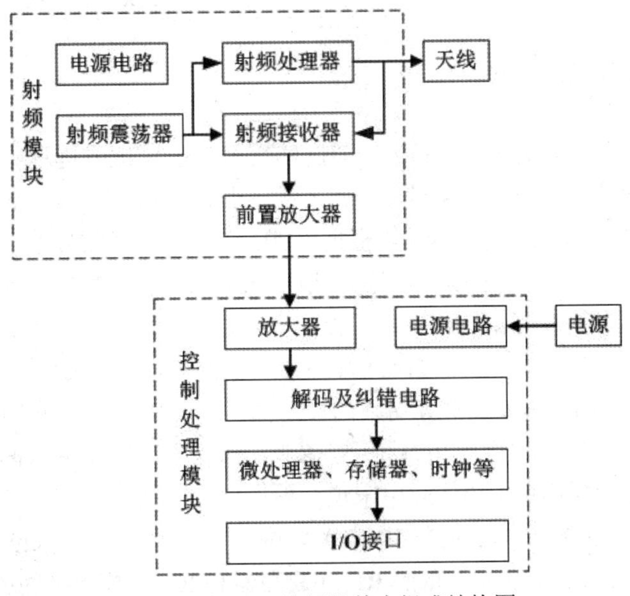

图 5-20　RFID 读写器基本组成结构图

1．电感耦合

电感耦合无线数据通信方式一般适合低频和高频 RFID 信息系统。如图 5-21 所示，读写器的天线和 RFID 标签的天线之间，依据电磁感应定律，通过空间高频交变磁场的耦合来实现读写器与 RFID 标签之间的数据交换。要成功进行数据交换，RFID 读写器与标签之间电感耦合所使用典型工作频率包括 125 kHz、225 kHz 和 13.56 MHz，而且这两者之间的距离要小于 1 m。

2．电磁反向散射耦合

如图 5-22 所示，同低频及高频 RFID 读写器的工作原理不同，超高频 RFID 读写器与超高频 RFID 标签之间的数据通信是采用电磁反向散射耦合方式。一方面，超高频 RFID 读写器发射电磁波，当这个电磁波碰到目标后反射，反射波同时携带目标信息返回超高频 RFID 读写器。电磁反向散射耦合方式一般适合于超高频 RFID 远程射频识别系统。电磁反向散射耦合典型的工作频率有 433 MHz、915 MHz 和 2.45 GHz 等，识别作用距离一般大于 1 m，典型超高频 RFID 射频识别系统可以读取 RFID 标签的距离为 3～10 m。

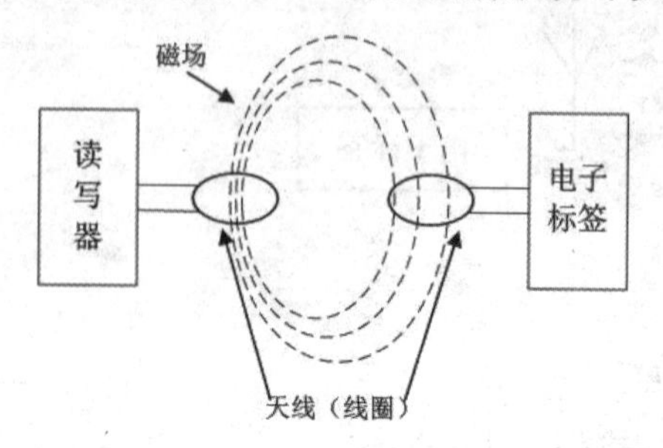

图 5-21　电感耦合模型的读写器

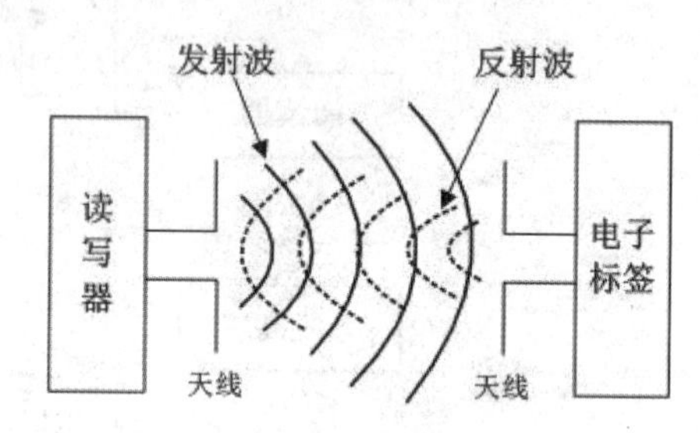

图 5-22　电磁反向散射耦合型的 RFID 读写器

5.6.2　RFID 读写器分类

RFID 读写器有很多分类方法。按照 RFID 读写器与上位机或远程数据服务中心的数据通信接口来划分，可将 RFID 读写器分为 USB 读写器、串口读写器、Wi-Fi RFID 读写器、3G/4G 读写器、以太网 RFID 读写器等。根据 RFID 读写器的应用环境，可以将其分为桌面读写器、移动手持读写器和固定读写器等。从读写器天线与 RFID 标签的接触点来划分，可以将 RFID 读写器分为接触式 RFID 读写器、非接触式 RFID 读写器、单界面 RFID 读写器、双界面 RFID 读写器和多卡座接触式读写器。根据读写器的输出功率，读写器可分为小功率高频读写器（小于 1 W）、中等功率的读写器（1～4 W）及大功率的读写器（>4 W）。一般而言，在高频和低频 RFID 应用系统中，RFID 标签和读写器天线间的读取距离很近，一般小于 10 cm。对于超高频 RFID 应用来说，根据读写器的天线和 RFID 标签的读取距离可分为近距离高频读写器（单天线，<10 cm）、中距离读写器（>10 cm 且<40 cm）、长距离读写器（双天线>1.2 m）。另外，依照 RFID 读写器和 RFID 标签之间的无线电工作频率，可将 RFID 读写器分为低频读写器、高频读写器和超高频读写器。下面就对低频读写器、高频读写器和超高频读写器进行简单介绍。

1．低频读写器

如图 5-23 所示，低频 RFID 读写器的常见工作频率为 125 kHz，其可用于门禁控制（见图 5-24）、汽车防盗和动物标识等。低频 RFID 读写器核心的硬件为射频卡基站芯片、微处理器和天线。这里介绍一个利用低频 RFID 技术实现汽车防盗的例子。汽车防盗装置的基本原理是机械钥匙和低频 RFID 电子标签及低频 RFID 读写器技术与汽车启动技术的有效结合。电子标签是直接安装在汽车的钥匙柄，当嵌有正确电子标签的钥匙插入点火开关，电子标签通过验证后，该装置可提供输出信号，控制点火系统，正确启动汽车，使得非法配置的钥匙不能达到偷窃的目的。

图 5-23　低频读写器

图 5-24　低频读写器门禁应用

2．高频读写器

高频 RFID 读写器的工作频率一般为 13.56 MHz，RFID 系统通过读写器天线与 RFID 标签线圈电感耦合传输能量来满足标签工作及标签和读写器之间的信息传输需要。高频读写器的基本功能是对标签电路工作及读写器和标签间的数据传输提供能量。此外，高频 RFID 读写器还提供信号处理、控制、通信和其他复杂的功能。高频 RFID 读写器的电路主要由模拟和数字电路组成。模拟部分主要由 RFID 发射模块和 RFID 接收模块组成，数字部分主要由控制模块、电源管理模块和接口模块组成。高频 RFID 系统工作所遵循的主要协议为 ISO/IEC 14443A、ISO/IEC 14443B 和 ISO/IEC 15693 协议。ISO/IEC 14443A RFID 读写器产品主要用于生产自动化和门禁控制等领域；ISO/IEC 14443B 主要应用于我国第二代身份证；基于 ISO/IEC 15693 协议的 RFID 读写器可读取的距离较长，可达到 1 m 左右，其应用领域包括开放的会议出席签到管理系统、贵重物品存放管理、数字化景区门票管理和数字图书馆管理等。如图 5-25 所示，为 CNIST-CN81L 高频 RFID 读写器网口非接触 IC 卡读卡器 HF 读写设备 14443 协议桌面式写卡器 CN81L 网口（读距 0～5 cm）。

图 5-25　CNIST-CN81L 高频 RFID 读写器

3．超高频读写器

超高频 RFID 射频识别系统是目前物联网关键技术研究与开发的核心。如图 5-26 所示，RFID 超高频读写器所使用的工作频率主要为 433 MHz、860 MHz/960 MHz、2.45 GHz 和 5.8 GHz，其工作原理如图 5-27 所示。超高频 RFID 读写器及 RFID 标签信息化系统主要适用于较长读取距离和较高读写速度的物联网应用。超高频 RFID 射频电磁波不能通过水、金属、雾等材料，在特殊的应用场合必须使用特制的 RFID 超高频标签，如抗金属标签，该标签可以吸收通过金属反射过来的能量。可将抗金属标签贴在金属物体表面，而不影响读写器与标签之间的能量传递及信息交换。超高频 RFID 读写器的主要应用领域包括工业生产原材料供应链管理和应用、工业生产线自动化管理、航空包裹的管理和应用、码头集装箱管理和铁路包裹管理应用等。

图 5-26　超高频 RFID 读写器

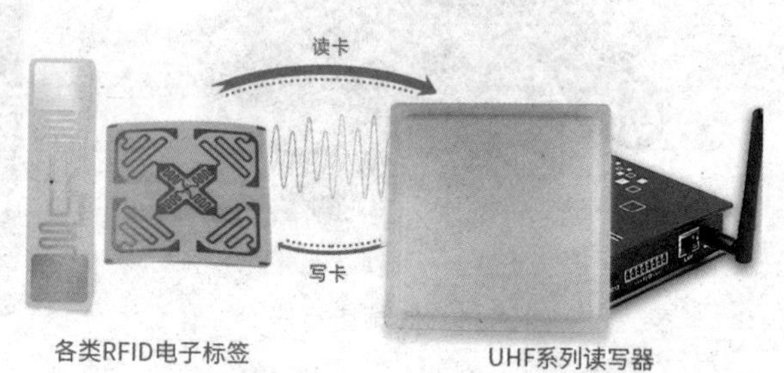

图 5-27　超高频 RFID 读写器工作机理

5.7　小　　结

物联网网关是物联网应用中极其重要的设备，对于不同的物联网应用，所需要的网关硬件及软件功能也有着差别。物联网网关的基本功能是实现实时数据的采集和传输，并能够接收来自数据服务中心的指令。可以作为物联网网关的硬件设备包括一些现有的设备，如智能手机、无线网关、家庭智能网关、工业物联网网关和 RFID 读写器等。当然，针对特殊的物联网应用，也可以通过研发特殊的物联网网关来完成。

思　考　题

1．简述物联网网关的作用。
2．NB-IoT 网关适用于哪些场景？
3．工业物联网网关有哪几类？每种类型的作用是什么？

案　　例

图 5-28 为小米米家物联网网关，其内置蓝牙、Wi-Fi 及 4G 模块；它可以控制家庭电器设备、门锁、灯泡等。该网关支持语音和触屏双操作，随时通过语音声纹、手势操作查看全屋设备，支持 89 家 IoT 平台的 2000 多款智能设备。

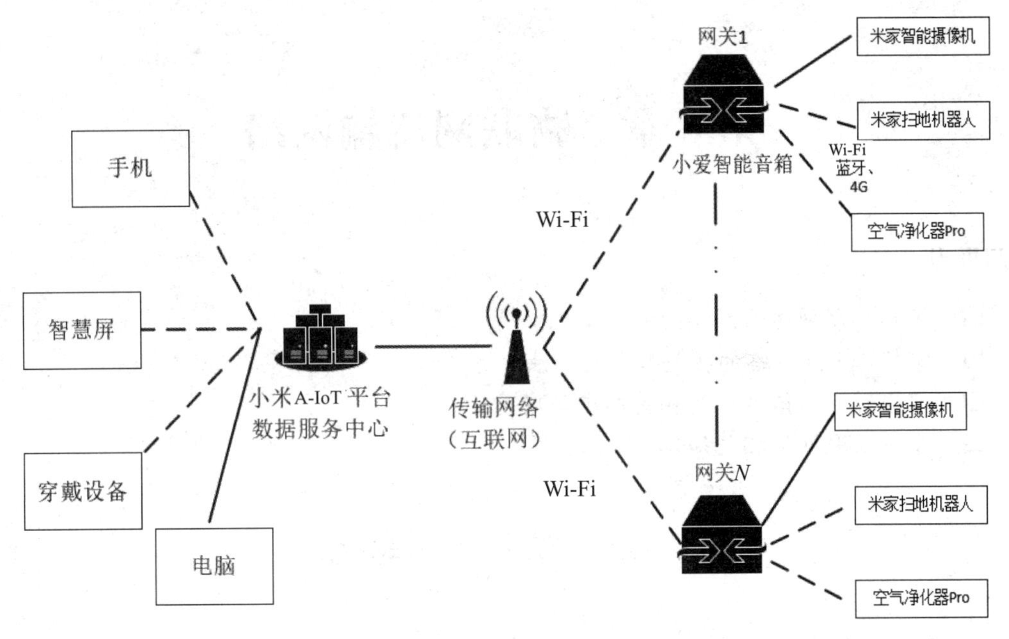

图 5-28　小米米家物联网网关

第 6 章　物联网传输网络

学习要点

- ❑ 了解物联网传输网络的相关知识。
- ❑ 掌握 Wi-Fi 网络的相关知识与方法。
- ❑ 掌握移动通信网络的相关知识与应用。
- ❑ 了解互联网的相关知识。

6.1　Wi-Fi 网络

Wi-Fi 是一种无线局域网通信技术。使用 Wi-Fi 进行局域网或互联网通信的常见设备包括笔记本电脑、平板电脑、智能手机等。随着物联网应用在各个领域的展开，许多物联网网关采用 Wi-Fi 技术进行通信，将数据发送到物联网数据服务中心。IEEE 802.11 是与 Wi-Fi 技术及产品相关的无线局域网通信技术标准。因为二者密切相关，有时候 IEEE 802.11 和 Wi-Fi 概念也被交叉使用。

6.1.1　Wi-Fi 网络简介

1．Wi-Fi 历史

Wi-Fi 无线通信技术是在 1990 年前后，由澳大利亚联邦科学与工业研究组织发明的。在 1996 年，Wi-Fi 无线通信技术在美国成功地申请了专利，其美国专利号为 5487069。IEEE（电子与电气工程师协会）曾和澳大利亚政府交涉，希望澳大利亚放弃 Wi-Fi 专利，并让全世界免费使用 Wi-Fi 技术。但是澳大利亚政府拒绝放弃该专利，并向几乎世界上所有的电子通信公司收取大量的专利使用费。2013 年年底，Wi-Fi 技术专利过期。目前，许多智能手机和平板电脑大都支持 Wi-Fi 无线通信。一般而言，Wi-Fi 设备通过 AP 或无线路由器接入无线局域网，AP 或无线路由器通过接入有线网络来提供上网功能。

2．IEEE 802.11 协议简述

作为全球公认的局域网通信标准制定组织，过去 20 多年，IEEE 802 工作组在局域网领域建立了很多通信标准或协议，这包括 802.3 以太网协议、802.5 令牌环协议，802.3z 100Base-T 快速以太网协议等。1997 年，经过 7 年的大量工作后，IEEE 802.11 无线局域网通信标准得以正式发布。1999 年 9 月，IEEE 继续推出了 802.11b 物理层高速率通信协议，用于补充 802.11 协议物理层通信速率的不足。之前，802.11 协议只有 1 Mb/s 和 2 Mb/s 两个通信速率。在 802.11b 协议中增加了 5.5 Mb/s 和 11 Mb/s 两个新的网络吞吐率。使用 802.11b，移动用户可以获得更好的通信性能。802.11 协议主要工作在 ISO 协议的物理层（Physical Layer）和数据链路层（Data Link Layer）。后面所介绍的 802.11a、802.11b、802.11g 及 802.11n 等，主要是针对 802.11 协议的物理层进行补充和修改，来实现不同级别的物理层数据传输速率。

3．802.11 工作方式

802.11 协议定义了两种类型的设备：一个是无线工作站（Wireless Station），通常是一个配备无线网络通信卡的 PC 机、平板电脑及智能手机等；另一个称为无线接入点（Wireless Access Point，WAP 或 Access Point，AP），它的作用是提供无线和有线网络之间的桥梁。一个无线接入点通常是由一个无线口和有线网络接口（802.3）组成，所运行的软件符合 802.1D 桥接协议。无线工作站可以配备 802.11 pcmcia 卡、外部设备的总线标准（Peripheral Component Interconnect，PCI）无线接口、工业标准结构总线（Industrial Standard Architecture，ISA）无线接口或嵌入在设备主板上的无线接口来实现无线通信。Wi-Fi 无线通信方式一般有 4 种：无线自组网（Ad Hoc）通信、基础架构（Infrastructure）通信、多 AP 通信和无线接入桥通信，下面对它们进行简单介绍。

如图 6-1 所示，Ad Hoc 网络包括多个 Wi-Fi 设备，无须经过 AP，直接实现两个 Wi-Fi 设备或多个 Wi-Fi 设备之间的数据通信。Ad Hoc 网络的通信安全由组成此网络的多个 Wi-Fi 设备来负责。

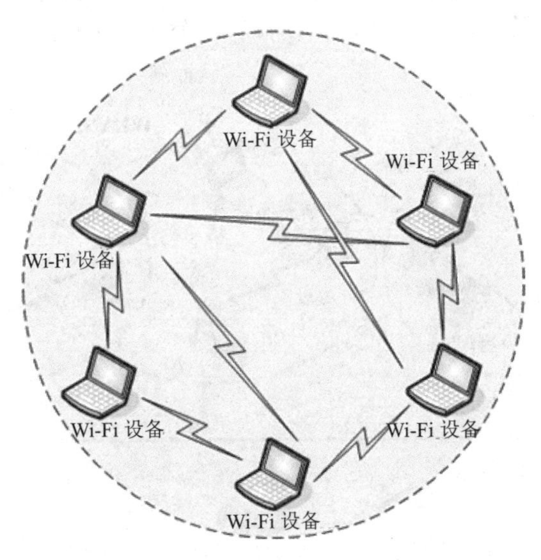

图 6-1　Wi-Fi 自组网络（Ad Hoc）

如图 6-2 所示，基础架构网络由 AP、Wi-Fi 设备以及和有线通信网络相关的分布式服务区（Distributed Service Set，DSS）构成，无线通信所覆盖的区域被称为基本服务区（Basic Service Set，BSS）。无线 AP 通常可以覆盖几十到几百个用户，覆盖半径一般为 300 m。Wi-Fi AP 有时被称为无线集线器（Hub），用于在 Wi-Fi 设备和有线网络之间进行无线通信数据接收及无线数据转发，所有的无线通信都通过 Wi-Fi AP 来完成。

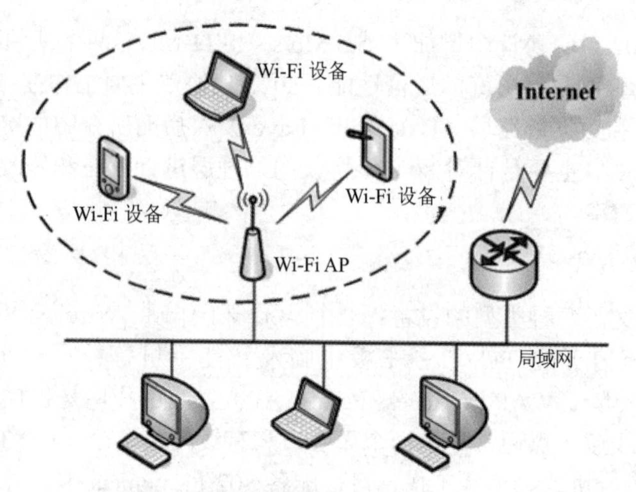

图 6-2　基础架构网络（Infrastructure）

如图 6-3 所示，Wi-Fi 多 AP 模式通信网络为由多个 Wi-Fi AP 以及与它们相连接的有线局域网组成。有多个 Wi-Fi AP 无线通信网络也被称为扩展服务区（Extended Service Set，ESS）。ESS 内的每个 AP 都有一个独立的 BSS，而且所有 AP 一般都使用同一个扩展服务区标示符（Extended Service Set Identifier，ESSID）。当 Wi-Fi 设备在一个具有相同 ESSID 无线扩展服务区使用无线服务时，可以进行无线网络漫游。比如在校园无线网络中，不同的教学楼中安装有很多 Wi-Fi AP，所有的 AP 组成多 AP 模式通信网络，且共用同一个 ESSID，这样就可以将正在通信的 Wi-Fi 设备从一个教学楼移到另一个教学楼，而不会造成网络通信中断。

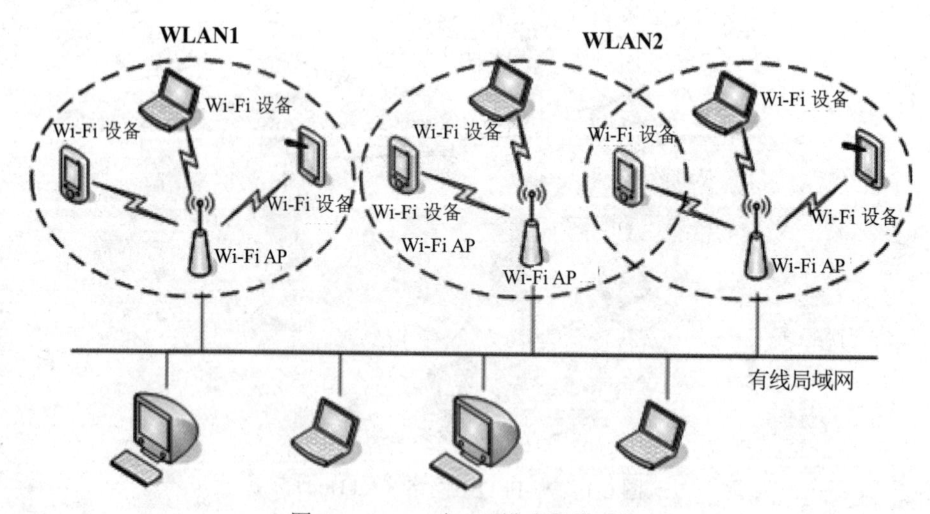

图 6-3　Wi-Fi 多 AP 模式通信网络

如图 6-4 所示，Wi-Fi 无线网桥模式通信网络中一般有两个或者多个 Wi-Fi AP，这两个 Wi-Fi AP 之间可以通过无线方式通信，原来通过不同 Wi-Fi AP 进行无线接入的 Wi-Fi 设备之间可以直接进行无线局域网数据通信。这就像利用一个网线将两个分别具有 24 个接口的交换机连接起来，使得原来连接在不同交换机上的计算机可以直接进行局域网通信，就像所有的计算机都连接在同一个 48 个接口交换机上一样。

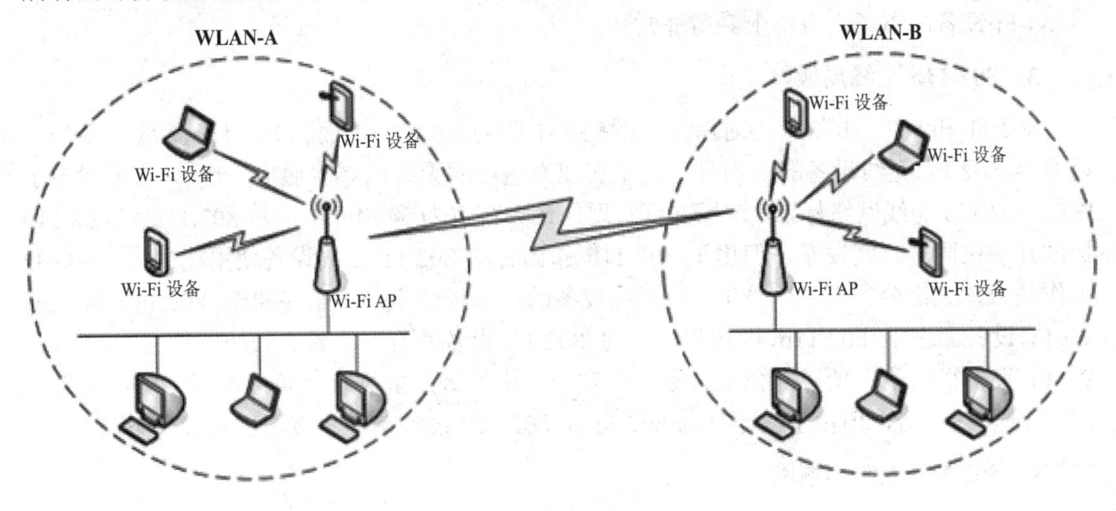

图 6-4　Wi-Fi 无线网桥模式通信网络

6.1.2　Wi-Fi 网络分类

依照传输速率的不同，802.11 无线局域网可分为传统 802.11 网络、802.11b 网络、802.11g 网络、802.11a 网络和 802.11n 网络，分别叙述如下。Wi-Fi 的发展历史实际上是一个追求高带宽的过程。如图 6-5 所示，Wi-Fi 技术每 4～5 年发展一次。每次进化的主要目的是增加带宽。

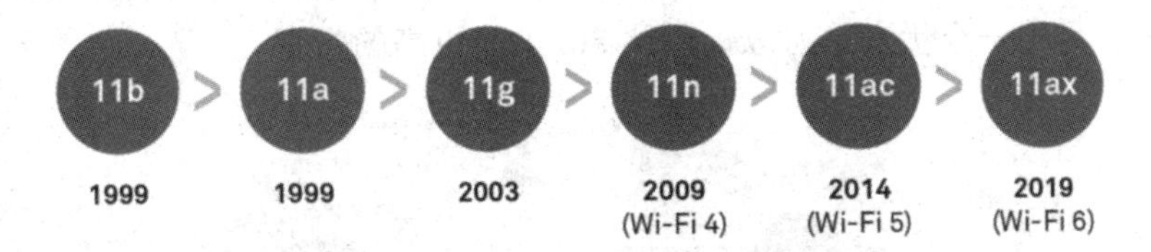

图 6-5　Wi-Fi 通信协议发展历史

1．传统 802.11 无线局域网

基于 1997 年发布的 802.11 无线通信协议，802.11 物理层的两个原始数据传输速率为 1 Mb/s 和 2 Mb/s，所使用的无线通信频带为 2.4 GHz，所使用的信息发送技术包括跳频扩频（Frequency Hopping Spread Spectrum，FHSS）或直接序列扩频（Direct Sequence Spread Spectrum，DSSS）。

2．802.11b 无线局域网

同传统的 Wi-Fi 网络相比，基于 1999 年发布的无线局域网协议 IEEE 802.11b 所建立的网络，带宽最高可达 11 Mb/s。图 6-6 所示为一个使台式电脑具有无线通信能力的 802.11b 无线网卡。802.11b 无线局域网的平均数据通信速度为 5 Mb/s 左右，这与当时普通的

10Base-T 规格有线局域网数据通信带宽相似。802.11b 无线局域网通信技术的出现，使得当时 Wi-Fi 设备的市场占有率上升得非常快。

3．802.11a 无线局域网

802.11 和 802.11b 协议当时所使用的频带主要为 2.4 GHz，而且 802.11b 无线设备是可以兼容 802.11 无线设备的。当时，为了实现高速度的无线局域网通信，1999 年还发布了 IEEE 802.11a 无线网络标准，该标准可实现的最大带宽为 54 Mb/s。虽然 802.11a 和 802.11b 标准几乎在同一时间发布，但由于 802.11b 和已有的 802.11 无线设备使用相同的 2.4 GHz 工作频带，大部分原有生产 802.11 无线设备的厂家很快生产了很多符合 802.11b 标准的 Wi-Fi 设备。由于 802.11b 设备和已有的 802.11 设备兼容，且具有较快的速度，802.11b Wi-Fi 设备很快就占领了办公室、家庭、宾馆、机场等众多场合。虽然，有一些厂家生产 802.11a 无线设备，但由于其不能与 802.11 及 802.11b 设备兼容，市场占有率并不高。

4．802.11g 无线局域网

802.11b 使 Wi-Fi 产品的市场普及率得到了极大的提高。同时，人们对无线网速的期待也越来越高，希望能够有较快的无线速率来满足人们网络视频的需求。虽然，已有的 802.11a 无线通信标准可提供 54.0 Mb/s 的带宽，但由于其不能与 802.11b 设备兼容，802.11a 产品的市场占有率一直比较低。为此，IEEE 成立了 802.11g 工作组并于 2003 年发布了 802.11g 无线通信标准。图 6-7 所示为一个可以使笔记本电脑具有无线通信功能的 802.11g 无线网卡。802.11g 可以使用正交频分复用（Orthogonal Frequency Division Multiplexing，OFDM）技术实现不同的数据传输速率，如 6 Mb/s、9 Mb/s、12 Mb/s、18 Mb/s、24 Mb/s、36 Mb/s、48 Mb/s 和 54 Mb/s。同时，802.11g 使用 DSSS 和补码键控（Complementary Code Keying，CCK）兼容 802.11b 和 802.11 Wi-Fi 设备。802.11g 的优点是可以兼容已经广泛应用的 802.11b 设备，另外一个优点是可以提供比 802.11b 更高的带宽。

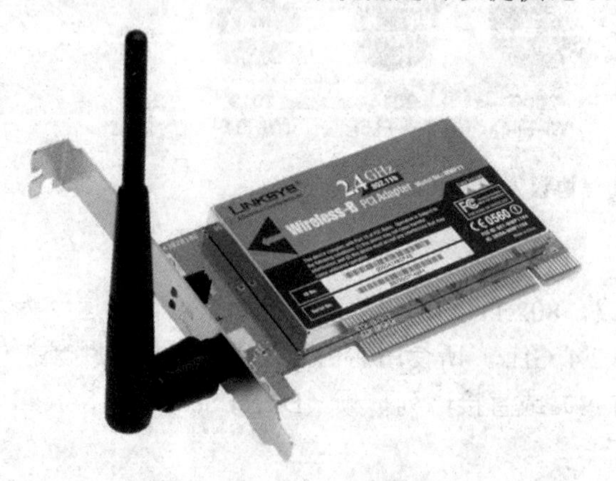

图 6-6　802.11b 无线网卡

图 6-7　802.11g 无线网卡

5．802.11n 无线局域网

802.11n 标准至 2009 年才得到 IEEE 的正式批准，在传输速率方面，802.11n 可以将 WLAN 的传输速率由目前 802.11a 及 802.11g 提供的 54 Mb/s，提高到 300 Mb/s 甚至高达

600 Mb/s。802.11n 可以使用 2.4 GHz 工作频带，并且兼容 802.11b 和 802.11g 产品。802.11n 使用物理层和媒体访问控制（Media Access Control，MAC）层各种优化技术来提高无线局域网的带宽，其所使用物理层优化技术主要包括多输入多输出（Multiple Input Multiple Output，MIMO）、MIMO-OFDM 和短保护间隔（Short Guard Interval，SGI）等技术来使物理层的数据传输速率达到 600 Mb/s。同时，802.11n 也对 MAC 层协议进行了创新，大大提高了 MAC 层的数据帧管理效率。目前，可以生产 802.11n 无线设备的厂商包括 D-link、Atheros、思科和英特尔等。

如图 6-8 所示，华为 E5151 移动 Wi-Fi 是高速分组接入的移动热点。它是一款面向 SOHO（小型办公室和家庭办公室）和商务人士的多模式无线终端。E5151 可以通过 3G/2G 网络或使用其以太网端口访问互联网。内置 1500 mA・h 电池的它在规格上除了支持最高 3G HSPA+ 21.6 Mb/s 上网功能外，还配备一个 Ethernet 插口，能够自动识别并切换 3G 与 Ethernet 上网模式，这意味着我们即使走到不一样的办公室环境，只要插上 Ethernet 线缆。

6．802.11ac 无线局域网

2014 年 IEEE 批准 802.11ac 用于消费者，理论上可以达到 1.3 Gb/s（162.5 MB/s）的最大传输速率，ac 路由器的吞吐量是普通 802.11n 的两倍多（见图 6-9）。目前，大多数路由器都支持 802.11n，在其峰值时可以传输 450 Mb/s 以上，或者 56 MB/s。

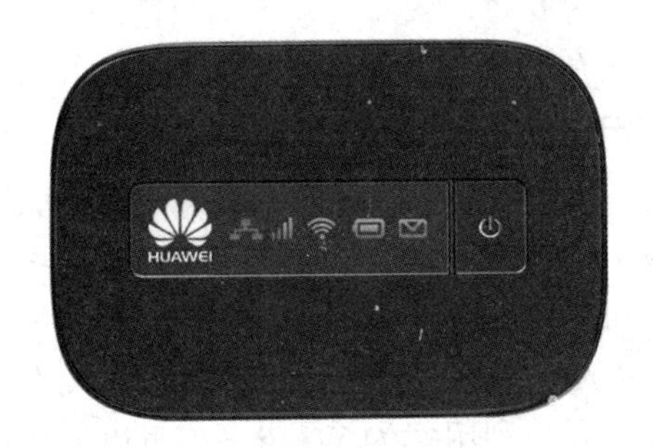

图 6-8　华为 E5151 3G-802.11n 路由器

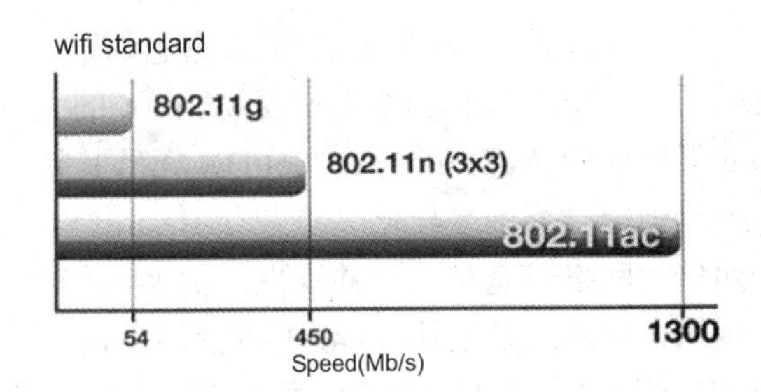

图 6-9　802.11ac 无线通信速率比较

如图 6-10 所示，华为 AR101W-S 路由器网络协议支持 802.11ac/b/g/n，传输速率 10 Mb/s/100 Mb/s/1000 Mb/s，其他端口 WAN 接口：1 个 GE，LAN 接口：4 个 GE（支持切换为 WAN 口），Wi-Fi：802.11b/g/n，2.4 GHz，2×2 MIMO 802.11ac，5 GHz，2×2 MIMO。适应于广域网互连接入、企业分支 VPN 组网、无线接入和管理和无线 AC 管理场景等企业用途上。

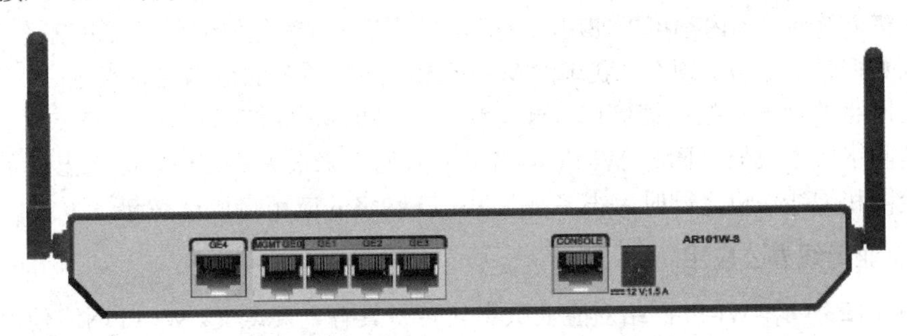

图 6-10　华为 AR101W-S 802.11ac 路由器

7. Wi-Fi 6（802.11ax）无线局域网

2018 年 10 月，为了更好地推广 Wi-Fi 技术，Wi-Fi 联盟进行更名事宜。802.11ax 变成 Wi-Fi 6，Wi-Fi 5 代表 802.11ac，Wi-Fi 4 代表 802.11n。2019 年，Wi-Fi 联盟宣布推出 Wi-Fi 6 认证计划。Wi-Fi 6 提高了最大数据传输速率信道宽度为 80 MHz 时 600 Mb/s 的单个空间流。此外，Wi-Fi 6 聚焦于更多关于增强用户体验。图 6-11 所示为华为 Wi-Fi AX3 802.11ax 无线路由器。AX3 理论速度可达到 3000 Mb/s（2.4 GHz 频带为 574 Mb/s，5 GHz 频带为 2402 Mb/s）。

图 6-11　华为 Wi-Fi AX3 802.11ax 无线路由器

华为一直处于 Wi-Fi 6 技术发展的前沿。2017 年，华为成为全球首个推出 Wi-Fi 6 接入点的厂商，2018 年华为率先实现 Wi-Fi 6 的大规模商用。在 2019 年东京 Interop 大会上，华为业界领先的 AirEngine AP7060DN 凭借其超大带宽、超高容量、超低延迟和灵活的物联网扩展能力等一系列差异化亮点荣获 Best of Show Award 2019 金奖。Wi-Fi 6 支持比 Wi-Fi 5 高四倍的网络带宽和用户并发性。例如，华为 AirEngine Wi-Fi 6 采用 5G 供电的天线和算法技术，将网络延迟从 30 ms 降低到 10 ms，消除 VR/AR 体验中的任何眩晕感，可实现无线 4K 高清会议，并在 AGV 漫游期间实现零数据包丢失。利用华为 Wi-Fi 6，可以加快企业跨行业数字化转型。

6.1.3　Wi-Fi 网络应用

在全世界，Wi-Fi 所使用的 2.4 GHz 频带不需要许可证就可以使用，这使得使用 Wi-Fi 的设备在整个世界范围内都可以使用，使得人们在任何时间任何地点都可以享受成本非常低的无线高数据带宽服务。现在，我国的 Wi-Fi 无线网络覆盖的范围也越来越广，安装 Wi-Fi 无线通信网络的地方包括高档酒店、豪华住宅、机场和咖啡店等。由于安装及使用 Wi-Fi 无线通信网络成本很低，同时 Wi-Fi 网络可为人们带来很大的方便，因而出现了越来越多的无线校园和无线城市。同时，很多基于 Wi-Fi 网络的应用也快速兴起。

1. 企业无线办公应用

如图 6-12 所示，Wi-Fi 网络对企业数字化转型具有重要意义。Wi-Fi 网络使信号能够随用户移动。在这种情况下，企业员工可以通过个人电脑、平板电脑和手机随时随地协作工作。目前，超过 70%的企业已经部署了无线办公网络，大大提高了工作效率。华为 AirEngine Wi-Fi 6 技术可提高办公效率，实现无处不在数字化办公。

图 6-12　Wi-Fi 无线办公应用

2．华为 Wi-Fi 6 工业应用

如图 6-13 所示，5G 可应用于工业物联网。华为 5G 客户终端设备（Customer Premise Equipment，CPE）还支持 5G 网络切片，方便行业用户定制专属宽带，同时，可以将高速 5G 网络转化为 Wi-Fi 供 128 台设备上网，可以适用于物联网及工业互联网场景。

图 6-13　Wi-Fi 无线工业物联网应用

3．Wi-Fi 智慧校园

教育发展到比以往任何时候都更加多样化的时代。从基于云和移动的远程教育、大规模开放在线课程（Massive Open Online Courses，MOOCs）到沉浸式 VR/AR 学习，学生们越来越倾向于数字化以获得他们的教育资源。为了跟上新的教育需求，大学需要重新改造校园网，以提供更高的带宽、更低的延迟、更高的可靠性，并支持更多类型终端的接入。

如图 6-14 所示，Wi-Fi 提供智慧校园服务。华为的 Wi-Fi 6 解决方案采用业界领先的 5G 技术。此解决方案与校园网的需求高度一致，并针对特定场景进行了定制。例如，智能天线和无线电校准技术确保 VR 教室、办公室和图书馆的高带宽和低延迟。为了适应高密度区域，如教室、会议室和演讲厅，独特的高密度天线技术与 Wi-Fi 6 AP 相结合，提供业界领先的无线电和空间流。这些创新使得教学变得更加灵活，提高了教师和学生的教育体验。

图 6-14 Wi-Fi 智慧校园

6.2 移动通信网络

6.2.1 移动通信网络简介

随着移动通信技术的发展和物联网应用在各个领域的进一步深入，由于许多实施物联网应用的领域没有建设传统的有线网络，这使得移动通信网络在物联网实时数据传输方面起到了极其重要的作用。移动通信指的是至少有一个或两个通信物体在移动并进行信息的传输和交换。移动通信包括移动的人之间的通信、移动的车辆之间的通信、移动船舶之间的通信、飞机和其他移动体之间的通信等。移动通信所使用的频带包括低频、高频、中频、VHF（甚高频）和 UHF 频段等。移动通信系统一般包括移动站、固定基站、移动交换局域网和通信个体组成。本节主要讨论的移动通信网络是现在使用的 2G、3G、4G、5G 或 6G 手机移动通信网络。

如图 6-15 所示，移动通信系统从 1980 年前后产生以来，已经经历了大致 5 代的发展过程。1G～5G 移动通信技术比较如图 6-16 所示。

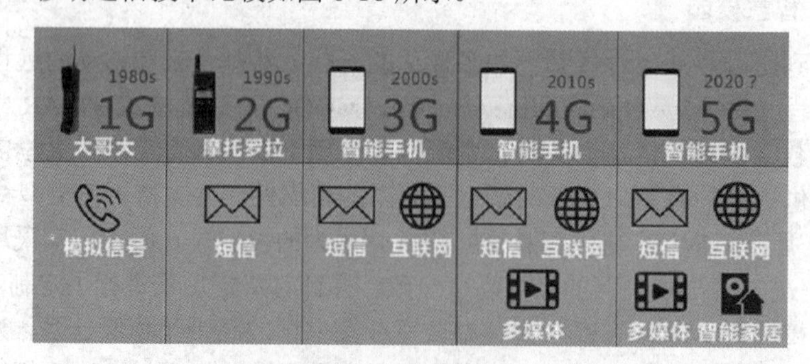

图 6-15 移动通信技术发展（1980—2020 年）

图 6-16　1G～5G 移动通信技术比较

移动通信 1G 是于 1981 年投入运行的，而且不同的国家使用不同的工作系统。移动通信系统的第一代是基于模拟语音传输，其特征是业务量小、语音质量差、语音数据没有加密和较低的语音数据传输速度（约 2.4 kb/s）。

采用数字信号通信的 2G 移动通信系统起源于 20 世纪 90 年代。GSM（全球移动通信技术）是第一个进行商业应用的 2G 移动网络通信系统，它采用 TDMA 技术。GSM 采用双频工作，使用了语音增强的全速率编解码技术，相比于 1G 移动网络，语音质量有了质的提升。GSM 系统的通话容量提高了近一倍。1990 年开发的 2G 数字蜂窝通信系统在全球使用了超过十年时间，使移动通信用户的数量快速提高，2G 全数字系统使用新技术使语音质量和系统容量得到了提升。虽然 2G 技术已经发展得比较完善，但随着用户规模和网络规模的不断扩大，2G 通信频率资源接近枯竭，语音质量不能达到顾客满意的标准，数据通信速率太低，无法达到真正意义上的移动多媒体服务的需求。

3G 也被称为 IMT 2000。3G 所具有的功能包括智能信号处理功能、语音和多媒体数据通信功能。同时，3G 还可以提供前两代产品所不能提供的各种宽带信息服务，如高速数据、图像和视频图像服务。3G 移动通信系统提供的服务还包括语音数据、传真数据、多媒体娱乐数据等服务。日本电信电话株式会社（Nippon Telegraphand Telephone Corporation，NTTC）和爱立信两家公司于 1996 年开发 3G，并于 1998 年推出 WCDMA 和 CDMA2000 两个商业标准。我国在 2000 年推出 TD-SCDMA 移动通信标准，并于 2001 年 3 月，被第三代合作伙伴计划（3rd Generation Partnership Project，3GPP）接受为全球移动通信标准之一。2001 年，在日本建立了第一个可以商业化的 3G 网络。使用 3G 标准技术，如 WCDMA，在一般运行速度下，可向用户提供 2 Mb/s 速率，在高速移动情况下，可向用户提供 144 kb/s 的速率。常见的第三代移动通信系统通信标准包括 WCDMA、CDMA2000 和 TD-SCDMA。

4G 作为长期演进（LTE）4G 标准于 2009 年首次在瑞典斯德哥尔摩和挪威奥斯陆部署。随后，它被引入全世界，并使高质量的视频流成为现实。4G 提供了快速的移动网络接入（对于固定用户，最高可达 1 Gb/s），方便了游戏服务、高清视频和总部视频会议。4G

数据传输速率可以达到 10 Mb/s 至 20 Mb/s，在某些特定情况下可以达到 100 Mb/s 的无线信息传输速度，这将相当于当前移动电话传输速度的 10000 倍。4G 高速移动通信系统支持真正的交互式多媒体服务，所提供的图像具有很高的质量，同时还可以观看实时三维动画界面。第四代移动通信技术是 3G 和 WLAN 的有效结合，一方面可以传输高质量的视频和图像，另一方面也可以传输高清晰度电视。

2017 年 2 月 9 日，国际通信标准组织 3GPP 宣布了“5G”的官方 Logo。2018 年 6 月 14 日，3GPP 全会（TSG#80）批准了第五代移动通信技术标准（5G NR）独立组网功能冻结。加之 2017 年 12 月完成的非独立组网 NR 标准，5G 已经完成第一阶段全功能标准化工作，进入了产业全面冲刺新阶段。2019 年 6 月 6 日，工信部正式向中国电信、中国移动、中国联通、中国广电发放 5G 商用牌照，中国正式进入 5G 商用元年。2019 年 9 月 10 日，中国华为公司在布达佩斯举行的国际电信联盟 2019 年世界电信展上发布《5G 应用立场白皮书》，展望了 5G 在多个领域的应用场景，并呼吁全球行业组织和监管机构积极推进标准协同、频谱到位，为 5G 商用部署和应用提供良好的资源保障与商业环境。

第六代移动通信标准 6G，也被称为第六代移动通信技术。主要促进的就是物联网的发展。截至 2019 年 11 月，6G 仍在开发阶段。6G 的传输能力可能比 5G 提升 100 倍，网络延迟也可能从毫秒降到微秒级。

2019 年 11 月 3 日，科技部会同发展改革委、教育部、工业和信息化部、中科院、自然科学基金委在北京组织召开 6G 技术研发工作启动会。如图 6-17 所示，6G 网络将是一个地面无线与卫星通信集成的全连接世界。2020 年 11 月，我国已经将一颗 6G 实验卫星送入轨道，这颗卫星是我国部署的 13 颗新卫星之一。这颗卫星重达 70 kg，是为了帮助在太赫兹波段进行远距离数据传输测试而制造的。这颗卫星有可能被用来监测农作物、森林火灾和其他环境数据。

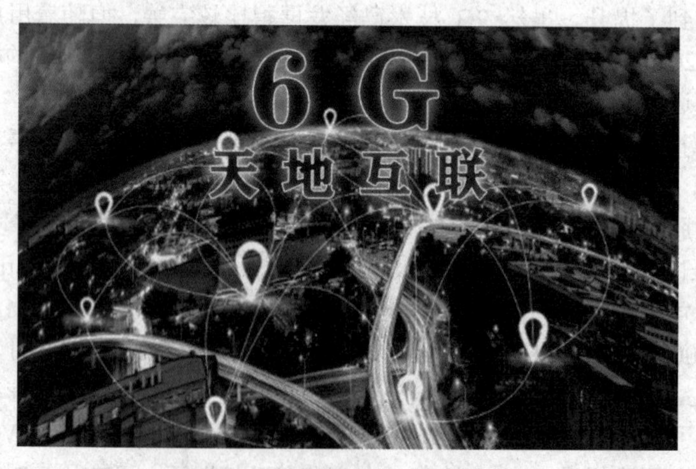

图 6-17　6G 移动通信技术展望

6.2.2　移动通信网络分类

移动通信的种类繁多，如图 6-18 所示，按业务类型可分为基于话音的网络和基于数据的网络。话音网络可进一步分为无绳和蜂窝网络；数据网络可分为宽带局域网和移动数据网。

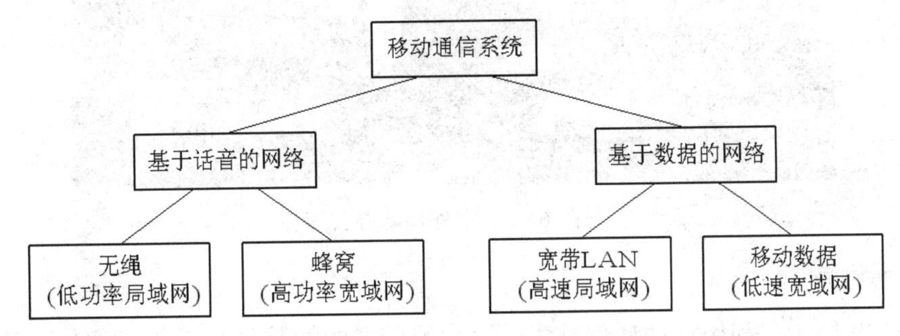

图 6-18　移动通信网络分类

蜂窝移动通信的特点是服务区的划分范围为很多单元，每个单元设置一个基站，这个基站和其他基站通过移动交换中心彼此进行连接通信，并连接到较大的电话服务中心。蜂窝移动通信利用超短波的传播距离有限的特点，离开一定距离的小区可以重复使用相同的频率，这使得频率资源得到充分的利用。每个小区的移动用户的数目可为 1000。

此外，移动通信根据不同的分类标准，可以把移动通信分为不同的通信形式。例如，依照使用的对象不同，可分为民用移动通信和军用移动通信。依照移动通信使用的环境不同，可将移动通信分为陆地通信、海上通信和空中通信等。按照移动通信工作频带多址方式，可分为频分多址接入（Frequency Division Multiple Access，FDMA）移动通信、TDMA 移动通信和 CDMA（码分多址）移动通信。按照移动通信覆盖范围大小不同，可分为广域网和局域网移动通信。根据信号的形式不同，可将移动通信分为基于模拟网络的移动通信和基于数字网络的移动通信。

6.2.3　移动通信网络应用

随着移动技术的发展和物联网应用的进一步深入，移动通信除了提供语音电话服务外，还提供其他服务，这包括物联网实时数据传输、移动办公、移动医疗及急救、移动商务、工作生活和娱乐、可视通信和救灾应用等。

1．移动办公

随着移动通信带宽的变大及相应安全技术的提高，移动通信使员工既可以在办公室工作，也可以在公司以外办公。例如，公司工作人员在建筑工地就可以随时访问公司内部网络来检索一个设计图或接收公司内部业务数据来完成施工现场的必要工作。基于 4G 或 5G 的移动办公可以使工作人员外出时不必要携带大量的文本资料。很多 3G 业务运营商在发展传统的移动通信业务外，还开发了互联网相关的业务，以适应时代的要求。同时，如图 6-19 所示，通过所开发的移动办公软件可以将 PC 端的 OA 系统部分功能延伸到手机，最终实现任何时间及任何地点的实时办公。

图 6-19　室外移动办公

2．智慧医疗

如图 6-20 所示，利用移动通信技术，可实现更多的智慧医疗服务。病人的健康状况数据可以从他配备的设备上自动发送到医院数据服务中心，医生可以随时检查病人的情况。在紧急情况下，可以及时对病人采取救护措施。

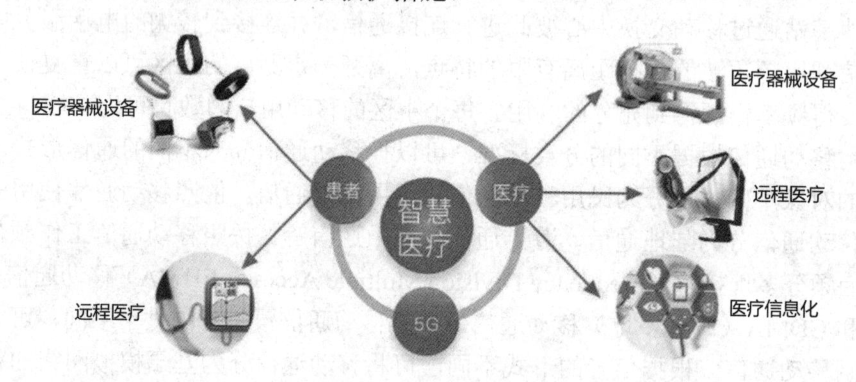

图 6-20　移动智慧医疗应用

在 2020 年年初武汉新冠肺炎防控中，利用 5G 通信技术，快速使雷神山医院实现千兆网络覆盖，稳定接受 5G 信号，无线网络可承载 2.5 万人的并发通信需求，可以满足远程指挥、远程会诊、远程手术和数据传输。例如，医院配备的 5G“远程会诊平台”，其拥有高清视频会议终端，支持 1080P 的高清画质，在远程医疗会诊的场景下，多地医疗专家可能需要通过辅助码流分享病患的 CT 片等医疗档案进行诊断。“5G+智慧医疗”等信息化应用，为打赢疫情防控阻击战做出了贡献。

3．移动电子商务

随着智能手机的普及率越来越高，而且人们对智能手机的依赖程度日益递增，在解决了手机购物存在的安全问题后，使用手机购物的用户越来越多。例如，通过安全的移动购物系统，只要把手机对准所喜欢的商品的一维码或二维码扫描，就可以顺利地进行订购和结算。如图 6-21 所示，主要的电子商务运营平台，如淘宝、京东、微信和微博等都开发了智能手机购物客户端。

图 6-21　移动电子商务

4．工作生活和娱乐

随着移动通信技术的进一步发展，各种移动服务层出不穷。人们利用智能手机可以完成各种功能，比如，把智能手机作为钱包、公交卡及钥匙等。同时，利用移动网络及智能手机还可以实现的服务包括在地铁站下载坐车需要的电子客票、在地铁运行过程中观看手机电视新闻、在中午吃饭时发送电子邮件、通过网络遥控家里的各种电器设备等。其他的应用还包括利用智能手机取代钱包买公共汽车票、火车票、演唱会门票和购物等。同时，移动系统可应用于网络游戏（见图 6-22）和音乐/视频下载等。

图 6-22　5G 虚拟与现实游戏

5．救灾应用

在发生灾难时，移动网络是一个帮助快速实施救灾的重要的基础信息设施。通过移动通信网络，可以把灾区的实时图像立即传输到各个地方。无论身处何处，通过移动通信网络，安抚灾区人员的紧张、恐惧心理。在灾难出现时，可以同外界保持沟通联系，将会使灾区人员的心理保持健康状态，使外界能够及时准确地了解灾区信息，并及时得到各种救助。图 6-23 所示为救灾现场的应急移动通信网络，它可以使现场的救灾人员及受灾人员之间进行电话通信，也可以通过卫星、微波和光缆等形式同灾区之外的地区进行通信。应急移动通信网络可以实现的服务包括专网语音、视频、短信和数据等。当前，随着 5G 技术的发展，也出现了如图 6-24 所示的 5G 救护车。

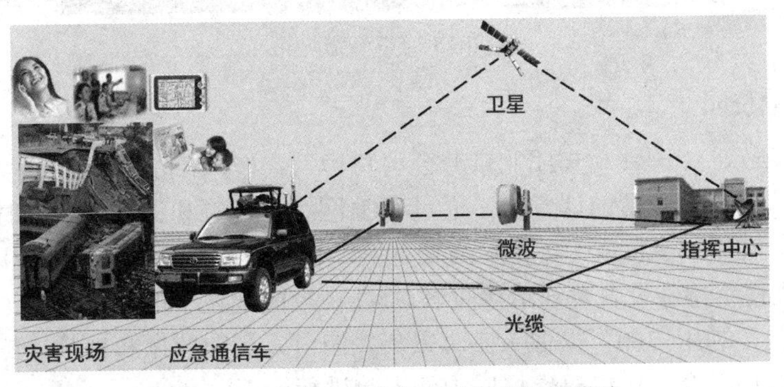

图 6-23　救灾现场应急移动通信网络搭建

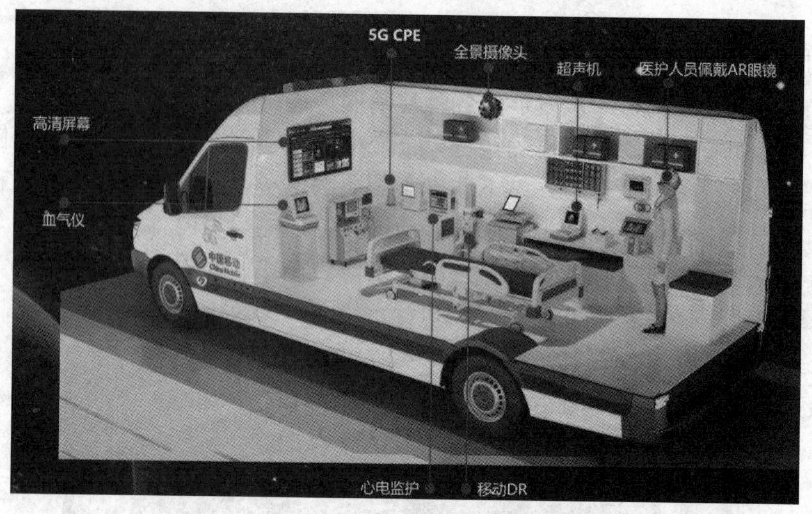

图 6-24　5G 救护车

6．5G 智慧城市

如图 6-25 所示，5G 为城市提供了巨大的无处不在的高速无线通信网络，一个城市会对周围的世界做出实时反应，从里面的人群中获取信息，从道路、车辆、建筑物等传感器获取数据，以改善所有人的生活质量。

图 6-25　5G 智慧城市

7．5G 智慧校园

如图 6-26 所示，中国移动集团北京分公司与华为合作，在北京师范大学校园内部署 5G 智慧校园系统。在联合授课的课堂上，通过 5G 网络将音频和课程材料同时传输到数英里外的远程教室。在采用 AR 或 VR 技术的教室里，4K 视频首先用高分辨率摄像头录制，然后通过 5G 网络使用特殊设备发送给接收者。5G 在校园巡逻中的应用有助于准确识别陌生人和访客。首先，利用 360° 摄像头实时采集校园内人员的图像和视频。然后，基于云的人脸识别技术会根据存储在授权数据库中的人脸进行检查。

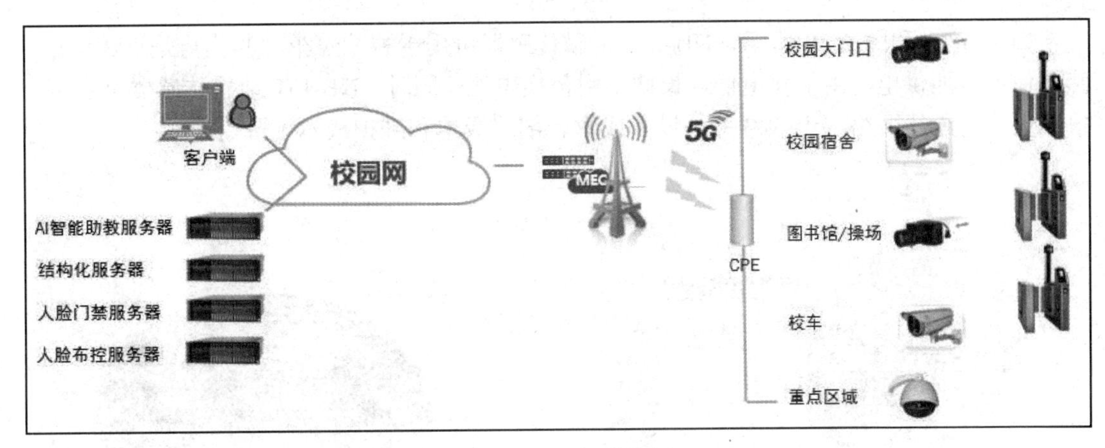

图 6-26　5G 智慧校园

6.3　NB-IoT

6.3.1　NB-IoT 简介

截至 2019 年年底，有 76 亿台物联网设备处于活跃状态，预计到 2030 年，这一数字将增长至 241 亿台。随着大量物联网设备的上线，人们需要一个安全可靠的网络来支持它们，窄带物联网（NB-IoT）就是这种可靠网络中的一种。如图 6-27 所示，NB-IoT 的无线传输模式分独立（Stand Alone）、保护频段（Guard Band）及频段内（Inband）3 种模式。

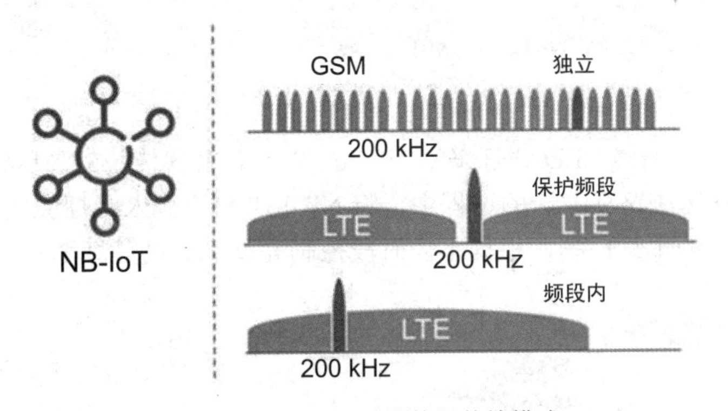

图 6-27　NB-IoT 无线数据传输模式

6.3.2　NB-IoT 应用

NB-IoT 物联网通信技术具有低功耗、广连接、深覆盖的优点，可应用于智能抄表、智慧停车、智能路灯和共享单车等领域。

NB-IoT 智慧抄表应用如图 6-28 所示，原来的人工抄表，被现在的智慧抄表替代，节省了大量人力物力，可及时发现管道漏水，并发出警报。

如图 6-29 和图 6-30 所示，NB-IoT 地磁传感器可用于智慧停车。其优势是 NB-IoT 传感器使用电池供电，由于耗电低，长期不用替换电池。同时，NB-IoT 地磁传感器可直接上报给运营商无线网络，无须网关，设备成本、部署成本和维护成本下降。

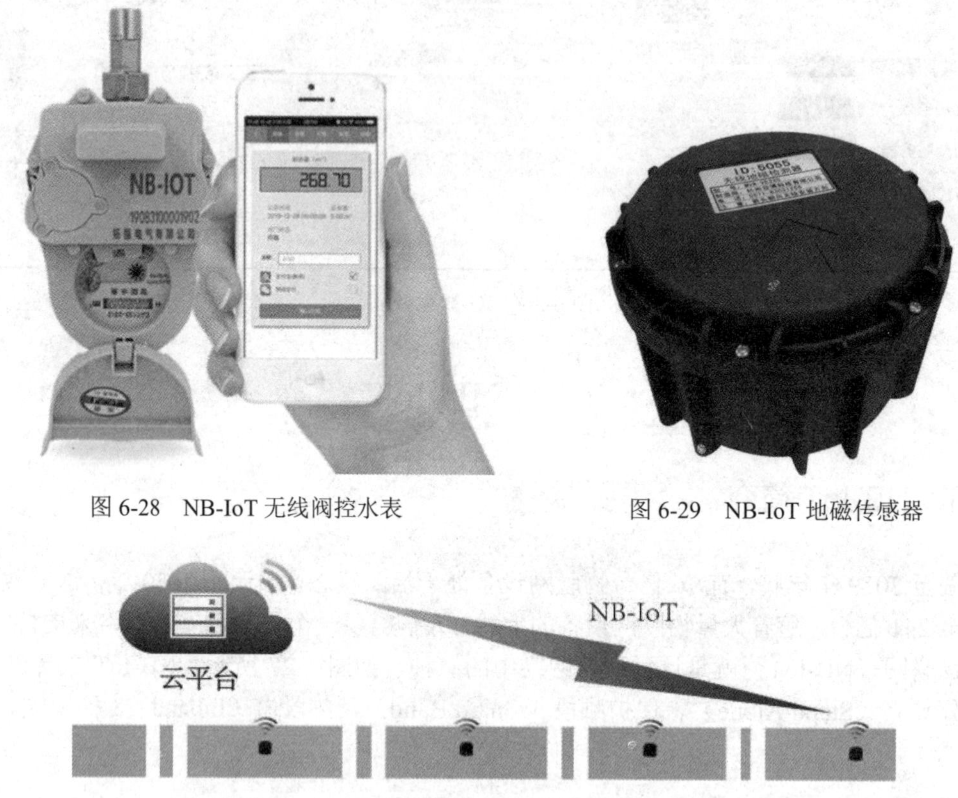

图 6-28　NB-IoT 无线阀控水表

图 6-29　NB-IoT 地磁传感器

图 6-30　基于 NB-IoT 地磁传感器的停车场管理系统

如图 6-31 所示，智慧 LED 路灯采用 NB-IoT 技术，替代传统的高压钠灯，功耗可以降低 50%～70%。在传统路灯改造的过程中，将 NB-IoT 模块嵌入路灯中实现远程数据交换，可以实现更加精准的单灯控制，根据不同时段控制亮度，提高亮灯率。

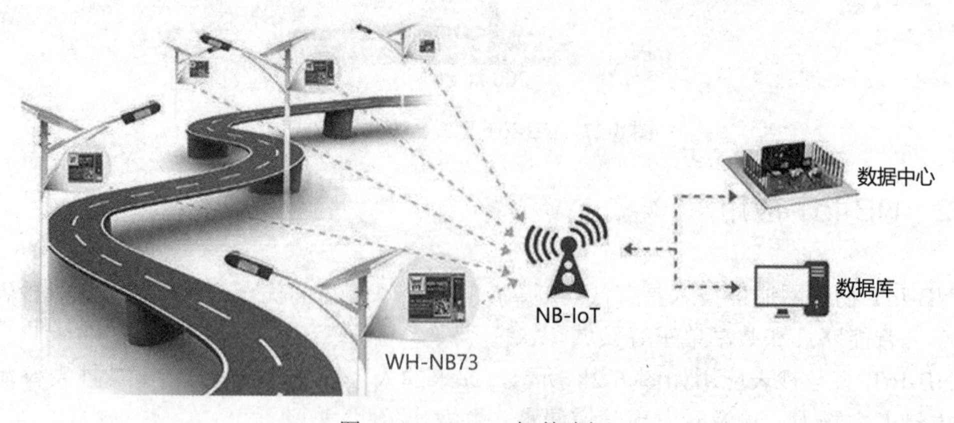

图 6-31　NB-IoT 智慧路灯

如图 6-32 和图 6-33 所示，使用 NB-IoT 智能锁可进行共享单车的高效管理。与 2G 车锁相比，NB-IoT 智能锁大幅度缩短结单时延，由之前的 25 s 以上降至当前的 5 s 以内，极大提升了用户体验。同时，因为 NB-IoT 的功耗低，相对于前期共享单车中只能使用 3 个月的电池，对于 NB-IoT 共享单车，在无须充电的情况下电池可以持续工作 2 年以上。

图 6-32　NB-IoT 共享单车管理系统

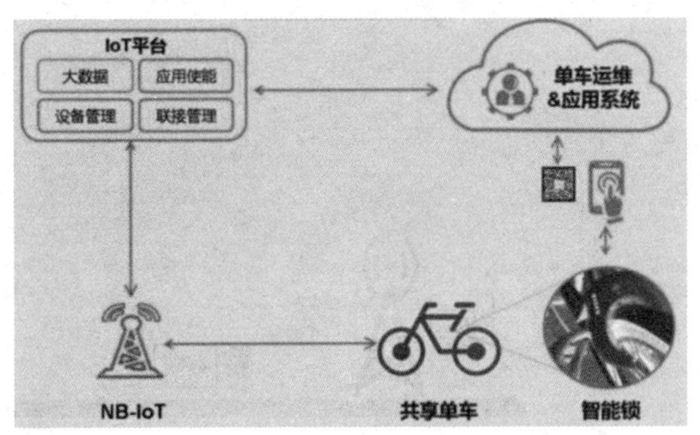

图 6-33　智能家电 NB-IoT 网关

6.4　卫星通信网

卫星通信是卫星技术在通信领域的应用。卫星通信提供的服务有语音和视频呼叫、互联网、传真、电视和无线电频道。卫星通信可以提供跨越远距离的通信能力，并可在其他通信形式无法操作的情况或条件下运行。

6.4.1　卫星通信网简介

通信卫星的作用是作为一个架空无线中继站，在两个地理位置遥远的站点之间提供微波通信链路。由于它的高海拔，卫星传输可以覆盖地球表面的广大区域。每颗卫星都配备有各种“转发器”，包括一个收发机和一个调谐到分配频谱的某一部分的天线。输入信号被放大，然后在不同的频率上重播。大多数卫星只是广播接收到的任何信号，通常被称为“弯管”。它们通常用于支持电视广播和语音电话等应用程序。近年来，卫星在分组数据传输中的应用呈上升趋势。它们通常用于广域网，为地理上分散的局域网与城域网互通提供主干链路。

如图 6-34 所示，通过卫星地面站及智能终端，可以使用卫星通信网络实现物联网数据的远距离实时交互。特别是在灾难发生时，卫星通信会很有帮助，因为卫星通信服务很少失败。

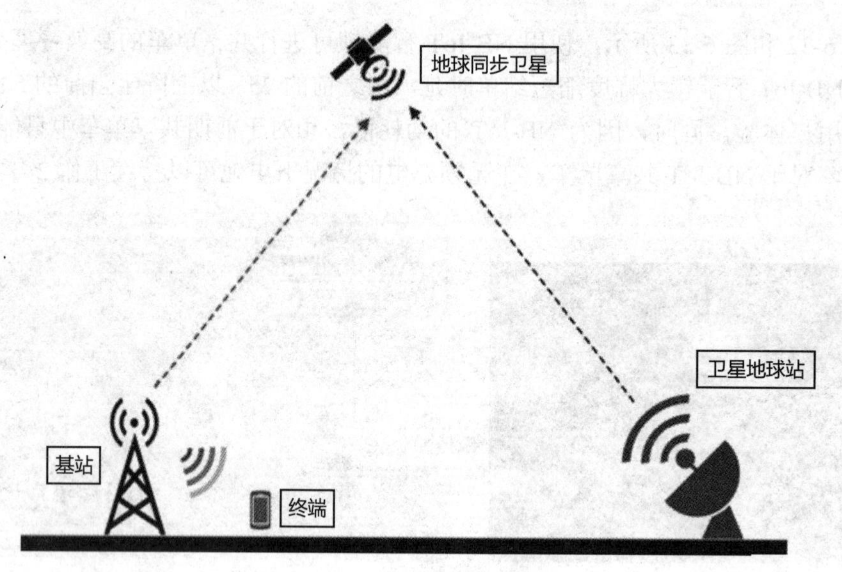

图 6-34　通信卫星应用场景

6.4.2　卫星通信网分类

1．基于轨道的分类

按卫星运行轨道的特征可将卫星分为地球静止轨道卫星、大椭圆轨道卫星、中轨道卫星和低轨道卫星；其他轨道卫星还包括给火星车、月球车进行数据中转的通信卫星。

2．基于服务区域的分类

按服务区域的不同可将通信卫星分为国际通信卫星、区域通信卫星和国内通信卫星，以及与其他星球设备通信的卫星。

3．基于用途的分类

按用途的不同可将通信卫星分为军用卫星、民用卫星和商用卫星，以及其他通信卫星。

4．基于业务的分类

按通信业务种类的不同可将通信卫星分为固定卫星、移动卫星、电视广播卫星、海事卫星、跟踪和数据中继卫星、专用卫星和多用卫星。

5．量子卫星

当前，卫星领域的热点为量子通信卫星，它是一种传输高效的通信卫星，杜绝间谍窃听及破解的保密通信技术，可抗衡网络攻击。量子信号从地面上发射并穿透大气层，卫星接收到量子信号并按需要将其转发到另一特定卫星，量子信号从该特定卫星上再次穿透大气层到达地球某个角落的指定接收地点。

如图 6-35 所示，我国潘建伟院士瞄准广域量子通信这一目标全面开展研究，取得了一批重要的创新成果。通过光纤实现城域量子通信网络、通过中继实现城际量子通信、通过卫星中转实现超远距离量子通信是国际上公认的构建广域量子通信网络的路线图。

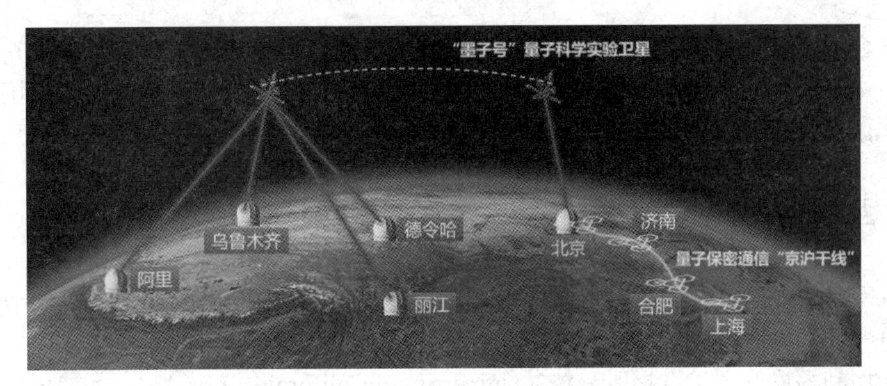

图 6-35　广域量子通信机理

6.4.3　卫星通信物联网应用

“行云工程”是我国正在建设的首个卫星物联网，将于 2023 年前后建设完成。该卫星物联网由百余颗卫星组成“物联网星座”。如图 6-36 所示，目前第一阶段建设任务已全面完成，行云工程两颗试验卫星目前已在轨验证了多项关键核心技术，特别是这两颗卫星首次实现了我国低轨卫星星间激光通信，打通了物联网卫星之间空间信息传输的瓶颈制约。

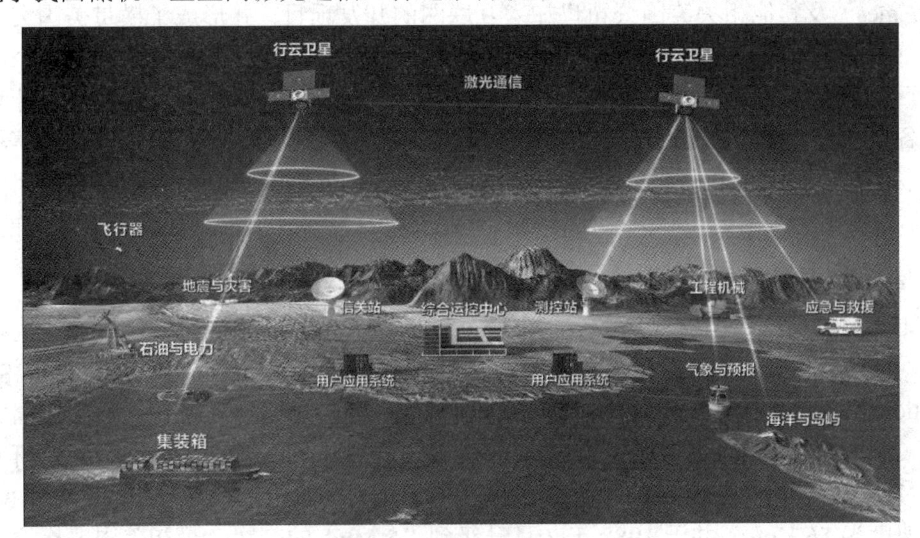

图 6-36　行云卫星物联网

6.5　互　联　网

互联网在人类信息化历史上起了非常重要的作用。目前，随着物联网在各个领域的应用，互联网对于物联网实时信息的传输及物联网服务的提供起着越来越重要的作用。一般而言，互联网是对广域网和局域网等基于交换机和路由器的网络的总称，它是按照一定的通信协议组成的国际计算机网络。使用互联网，无论距离的远近，都可以实现一台计算机与另外一台或多台计算机之间的通信，也可以实现计算机同专门服务器（Web 服务器、FTP 服务器、电子邮件服务器等）的通信。人们可以和千里之外的朋友发送消息，不但能帮助完成工作，而且还可以使人们共同娱乐。

6.5.1 互联网简介

互联网是 1969 年在美国开始研发的，当时也被称为阿帕网。互联网项目属于美国国防部高级研究计划署（Advanced Research Projects Agency，ARPA）管理，参与该项目研究的高校包括加利福尼亚大学洛杉矶分校（University of California，Los Angeles，UCLA）、斯坦福研究所（Stanford Research Institute）、圣塔芭芭拉加州大学（University of California，Santa Barbara，UCSB）和犹他大学（University of Utah）。1969 年 12 月，以上位于不同区域的高校的 4 台主要的计算机被连接起来进行数据通信。随后，互联网研究项目计划不断扩大，在 1970 年 6 月，麻省理工学院（Massachusetts Institute of Technology，MIT）、哈佛大学（Harvard）及相关美国公司也加入该计划，并将他们的计算机连接到已有的网络。1972 年，Stanford、Carnegie-Mellon、Case-Western Reserve University、University of Illinois、美国航天局艾姆斯研究中心（National Aeronautics and Space Administration Ames，NASA/Ames）及其他相关美国公司也加入互联网的开发项目，并形成了横贯美国大部分领土的计算机通信网络。1973 年，阿帕网在英格兰和挪威首次建立了美国之外的两个网络节点。之后，在军方的管理下，很多公司、政府部门和高校也不断加入互联网开发计划，并将他们各自的计算机连接到了这个大型的计算机通信网络。1983 年，为了保护军事机密及推进互联网技术的商业化进程，美国国防部将当时的计算机网络分为军事网和民用网两部分。其后，美国更多的公司和大学的计算机和民用网络相连，慢慢形成当今互联网的雏形。

1．互联网发展

从 1983 年开始起，实现域名系统（Domain Name System，DNS）制度，一些域名，如.com、.gov 和.edu 等被启用。1986 年 7 月，美国国家科学基金会（National Science Foundation，NSF）资助建设一个将政府、大学及企业的内部网络连接在一起形成国家科学基金网（National Science Foundation Network，NSFnet），同时允许高校和企业的研究人员对 NSFNet 进行访问，来实现信息的查询和机构研究成果的共享。刚开始的时候，NSFNet 的线路速度为 56 Kb/s，并于 1988 年 7 月升级到 1.5 Mb/s 的带宽。最初美国严格控制接入 NSFNet 的国家，在 1988 年连入 NSFNet 的国家包括加拿大、丹麦、芬兰、法国、冰岛、挪威和瑞典，我国于 1994 年接入这个网络。

从一开始，互联网是由美国政府花钱建设的，所以在互联网发展的初期，它仅限于学校、政府和研究部门使用。在 20 世纪 90 年代初的美国，很多公司建立了独立的商业通信网络，并开始提供计算机接入网络服务。自 1989 年起，美国的互联网服务公司开始给一般企业和家庭用户提供互联网上网服务，当时的量子计算机服务公司（American Online，AOL）就可以为一些品牌的苹果计算机提供网络接入服务。1991 年，AOL 公司已经拥有了 13 万名客户，该公司于 2000 年成为时代华纳公司的一个子公司。

在互联网的发展历史中，网站的建立是一个重要的转折点。1989年，在互联网普及的历史上发生了一个重要的事件，这就是Tim Berners-Lee和其他在欧洲核子研究中心的工作人员提出了一个互联网信息分类的协议。1991年后，这个协议被称为万维网（World Wide Web，WWW）协议。1993年，伊利诺伊大学的Marc Andreessen和他的同事开发了第一个图形浏览器Mosaic。1994年，Marc Andreessen和Mosaic团队创立了一个公司，他们开发了第一个商用浏览器Netscape。1995年，Amazon电子商务网站开张营业。1998年，基于互联网的搜索引擎公司谷歌（Google）成立。

我国互联网的发展也经历了较长的历史。在国际互联网通信方面，1987年9月，我国北京计算机应用技术研究所的科学家首次实现我国同德国卡尔斯鲁厄大学（Karlsruhe University）之间的电子邮件通信。1988年年初，我国建立了当时国内第一个X.25分组交换网，这个基于分组交换技术的网络当时可覆盖北京、上海、广州、沈阳、西安、武汉、成都、南京、深圳等城市。1992年12月，我国当时的中国科学院网（Chinese Academy of Sciences Network，CASNET）、清华大学校园网和北京大学校园网所组成的我国国家计算机与网络设施（National Computing and Networking Facility of China，NCFC）院校网全部完成建设。1994年4月20日在我国互联网历史上具有重要的意义，NCFC工程的网络交换中心和美国Sprint公司的网络交换中心间开通64 Kb/s的Internet国际专线，实现了我国网络与国际Internet的全功能连接。

我国企业及一般家庭网络服务的发展也经历了很长的历史。中国电信在我国网络的发展中起到了重要的作用。1995年5月，中国电信开始筹建我国公用计算机互联网，该网络也被称为ChinaNet，称为当时我国互联网公共通信的骨干网。在民用互联网服务方面，1995年，张树新创立了我国首家互联网服务供应商（瀛海威），该公司开始为一般家庭接入互联网提供各种服务。1996年1月，中国电信的ChinaNet全国骨干网建成并正式开通，当时中国电信通过该网络向各大企业、政府、机构及家庭用户提供各种互联网相关服务。1997年10月，ChinaNet实现了与中国科技网（China Science and Technology Network，CSTNET）、中国教育和科研计算机网（China Education and Research Network，CERNET）及中国金桥信息网（China Golden Bridge Network，CHINAGBN）的互联互通。2000年7月7日，我国正式启动“企业上网工程”。2000年7月19日，中国联通开通了该公司的互联网服务网络，该网络被称为UnicomNet，也被称为Uninet，该网络可为企业及个人提供上网服务。

Internet国际漫游一般是针对移动用户上网而言，拥有同一个账号，移动用户可以在不同的国家和地区都能够获取上网服务。2001年2月初，中国电信针对移动用户开通国际互联网服务漫游业务。2001年12月20日，当时的我国十大骨干互联网提供方签署了互联互通协议，使得当时我国网民可以方便、通畅地进行跨地区访问。2002年5月17日，中国移动推出GPRS移动数据业务。该公司并于11月18日，与美国AT&T Wireless公司一起开通两公司GPRS国际漫游业务。

近年来，我国互联网业务发展迅速，根据中国互联网络信息中心（China Internet Network Information Center，CNNIC）发布的数据，截至2012年12月底，我国网民规模达到5.64亿，互联网普及率为42.1%；截至2013年12月，中国网民规模达6.18亿，互联网普及率为45.8%。如图6-37所示，到2020年第一季度，中国互联网用户总数达到9.04亿。

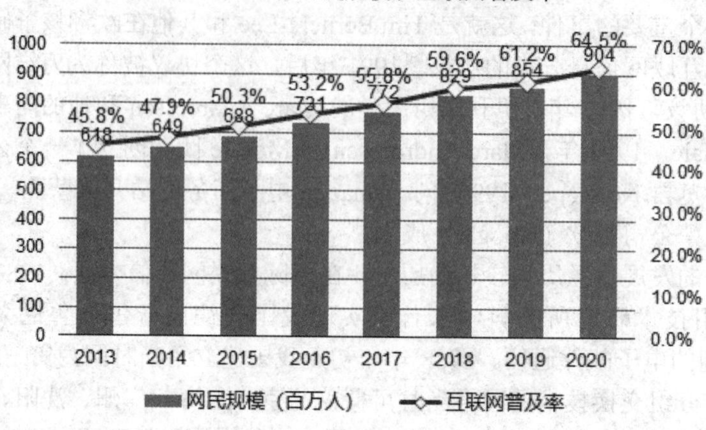

图 6-37　中国互联网网民数量变化

当前，全世界所使用的互联网主要为 IPv4 网络，它有 13 台 IPv4 根服务器，10 台在美国，而且美国还牢牢掌控着唯一的一台主根服务器。一个美国人可以拥有 6 个 IPv4 地址，分给中国人的却要 26 人共用一个 IPv4 地址；我国向美国人申请一台辅根服务器，也屡遭拒绝。IPv6 地址数量是 IPv4 地址数量的 2^{96} 倍，多到地球上每一粒沙子都能够分配到一个 IPv6 地址。我国已将发展 IPv6 纳入国家战略。目前，中国部署了 4 台 IPv6 根服务器，由一个主根、3 个辅根服务器组成，这样我们就不会再在地址分配上被别人“卡脖子”。《工业和信息化部关于开展 2020 年 IPv6 端到端贯通能力提升专项行动的通知》（工信部通信函〔2020〕57 号要求），各地需要提升 IPv6 网络接入能力、提升云服务平台 IPv6 业务承载能力、全面扩大数据中心 IPv6 覆盖范围。我国 IPv6 活跃用户数持续上升，截至 2020 年 7 月，我国 IPv6 活跃用户数为 3.62 亿。

2．互联网演变

如图 6-38 所示，早期的计算机网络是由多台计算机终端和一台大型的计算机主机形成的，终端和主机之间一般是通过串口线连接的。随着网络技术的发展，建立了以分组交换网为中心的计算机网络，各种计算机终端和主机都通过网线连接到分组交换网。终端和主机之间通过分组交换网进行数据交换。

在互联网发展的第二阶段，建立了大量可以提供网络服务的主干网、地区网和校园网或企业网。在互联网发展的第三阶段，形成了基于互联网服务提供商（Internet Service Provider，ISP）提供互联网服务的网络层次结构。如图 6-39 所示，一般家庭或企业用户可以通过不同的 ISP 来获取互联网上网服务。

如图 6-40 显示，ISP 可以根据其服务覆盖区域的大小分为不同的层次，如第一层 ISP 提供商、第二层 ISP 提供商及第三层 ISP 提供商等，不同层次的 ISP 提供商具有不同的 IP 地址数量。网络接入点（Network Access Point，NAP）是互联网的路由选择层次体系中的通信交换点。

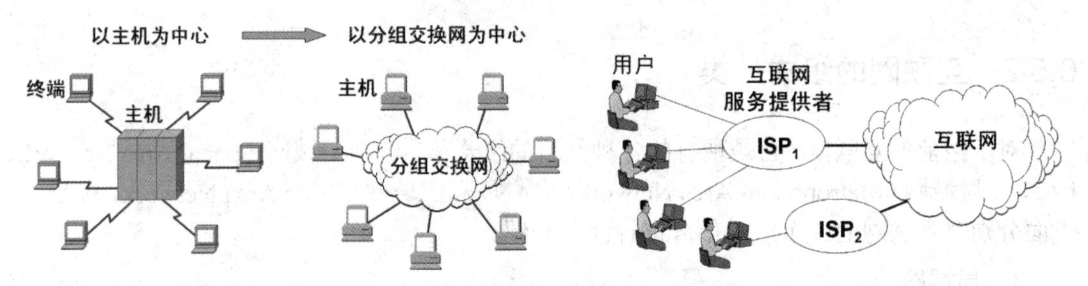

图 6-38　从以主机为中心到以网络为中心　　图 6-39　基于 ISP 的互联网架构

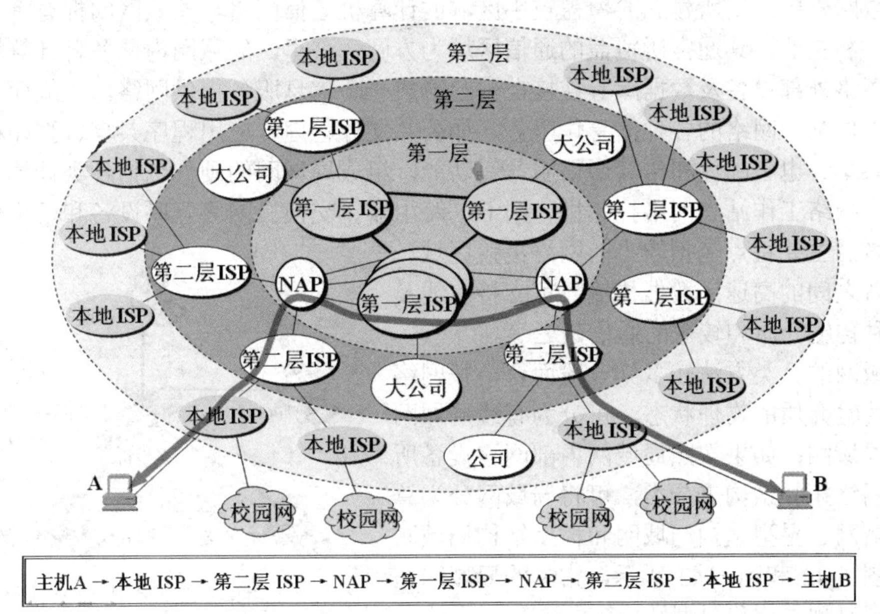

图 6-40　基于 ISP 的互联网层次结构

如图 6-41 所示，从互联网的工作方式，可进一步将互联网分为边缘网络部分和核心网络部分。一般而言，所有的计算机主机只连接到边缘网络部分，边缘网络直接同互联网用户的计算机相连，用于互联网通信，进行传输数据、音频或视频传输和资源共享。互联网的核心部分是由大量的局域网和路由器连接而成的，这一部分为边缘网络部分的用户来提供网络连接和数据交换服务。

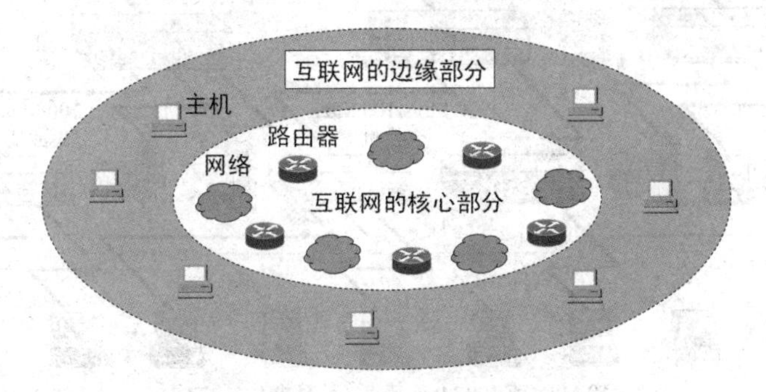

图 6-41　互联网的边缘部分与核心部分

6.5.2 互联网的组成分类

对于当前的互联网，它是现有的各种网络的组合体，包括局域网（Local Area Network，LAN）、城域网（Metropolitan Area Network，MAN）和广域网（Wide Area Network，WAN）。下面分别对互联网的3个组成部分进行简单介绍。

1. 局域网

局域网一般是指所建立的覆盖较小区域的计算机通信网络。局域网的拥有者一般为学校、工厂和企业，其通常所覆盖的通信区域为方圆数公里。局域网内，各种计算机、网络设备、网络外部设备及数据库等连接在一起形成一个信息服务提供网络。一般而言，局域网可以提供基于网络的各种信息化服务，如公共文件管理、应用程序共享、打印机共享、扫描仪共享、电子邮件和传真通信服务等功能。组成局域网的硬件包括各类计算机、网络服务器、网络工作站、网络打印机、网卡、路由器、交换机网络互联设备和网络传输介质等。局域网主要特点包括较小的网络覆盖区域、网络设备之间的高速率数据传输、可支持有线及无线多种传输介质和较短的通信延迟等。

局域网的分类方法较多。一般而言，按网络使用的传输介质的物理状态，可分为有线局域网和无线局域网；如果按照局域网内部网络设备所形成的网络拓扑结构来分类，可将局域网分为总线型局域网、星型结构局域网和树型结构局域网等。如图6-42和图6-43所示，常见的局域网拓扑结构有星型结构和树型结构。

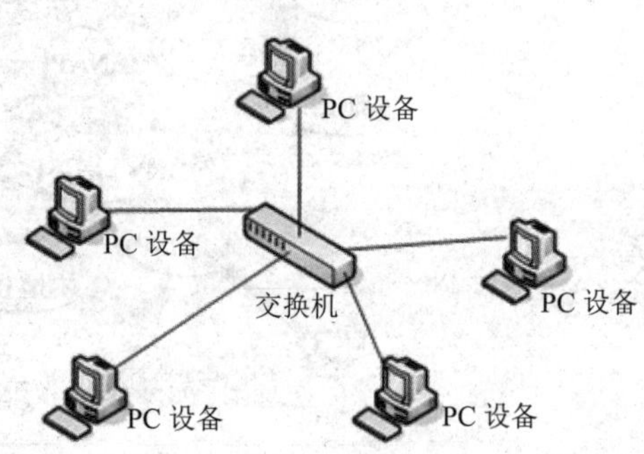

图 6-42 星型结构局域网

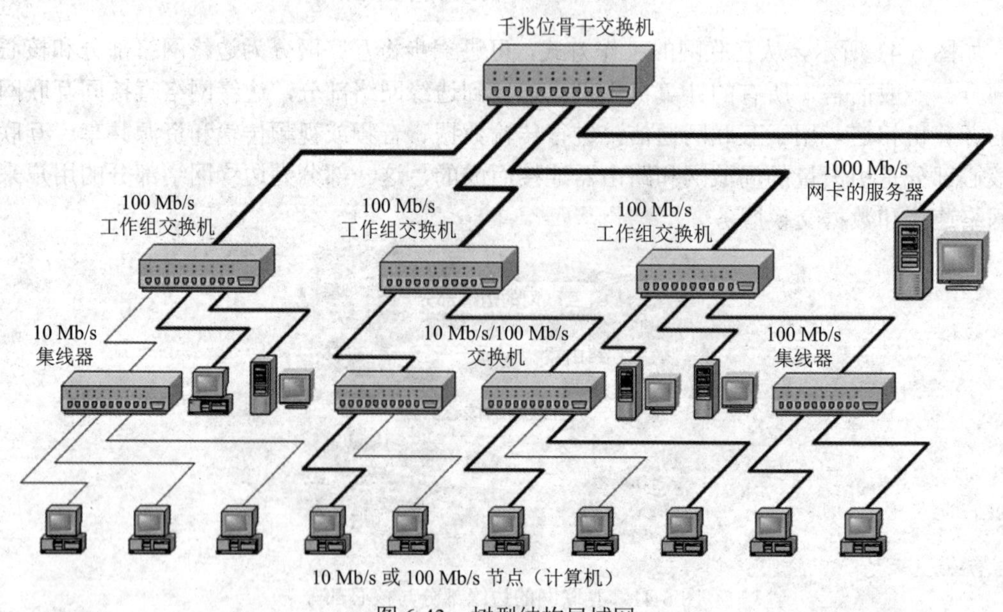

图 6-43 树型结构局域网

在星型结构的局域网中，每个工作站都连接在一个交换机设备上，工作站之间的数据通信都是通过中心的网络设备来完成的。由于在星型网络结构中，中央节点为控制中心，任意两个工作站之间的通信最多只有两个步骤，因此，能够拥有较快的传输速度。同时，星型结构的网络结构简单、使用方便，而且还易于实施网络控制和网络管理。星型网络结构的缺点是网络的可靠性及网络共享能力差，一旦中心节点出现故障，将会导致整个网络瘫痪。另外一个常见局域网树型结构的特点是局域网建设成本低、结构简单及可靠性较好。在树型网络中，网络广播信息循环不会在任何两个节点之间产生，每一个关键设备都支持双向数据传输。树型结构局域网的一个缺点是除了链接的叶节点和与叶节点相连的设备外，如果树型结构中的某一台设备出现故障，也会影响整个网络或局部网络的正常通信。

2．城域网

一般而言，城域网是一个网络通信可以覆盖一个城市范围大小的大型宽带局域网。MAN 所采用的传输介质主要为光缆，传输速率约为 1000 Mb/s。城域网的一个重要用途是作为骨干网络，通过它将同一城市中位于不同位置的各种网络通信设备连接起来，这些设备包括主机、服务器和局域网等。城域网所提供的各种信息服务主要集中在整个城市范围，主要承载的信息服务业务包括大数据快速传输、图像及多媒体数据快速传输、企业及居民 IP 接入和各种增值服务的智能化服务。随着物联网应用的深入，人们对高速传输网络的需求度越来越高，城域网仅是连接传统长途网和互联网的桥梁，也将为实现三网融合打下坚实的基础。城域网层次化的网络模型如图 6-44 所示。城域网的层次包括骨干层、汇聚层和接入层。城域网的骨干层为来自城域网各种服务需求的汇聚层提供高速的数据交换及传输服务。城域网的接入层是指需要各种高速信息传输服务的用户相关的网络，接入层将需求信息服务的用户的各种终端设备接入宽带城域网络。

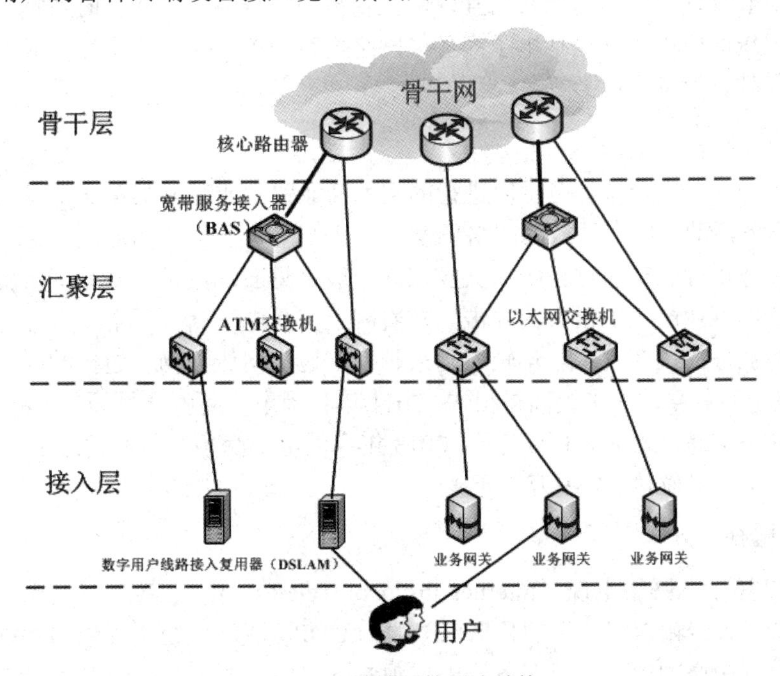

图 6-44　城域网的层次结构

3．广域网

广域网通常是指网络覆盖区域从几十千米到几千千米，并且可以连接多个城市、国家或跨洲并能提供远距离通信的网络，互联网可以被认为是世界上最大的广域网。广域网是互联网极其重要的组成部分。广域网的一个重要任务就是将用户的数据通过很多中间的路由器，通过较长的距离传输到另外一个网络设备。广域网的链路连接点一般为具有高速传输带宽的高性能路由器或交换机，设备之间一般通过高速光缆连接，光缆可以传输的距离一般为几千千米。如图 6-45 所示，广域网将很多局域网通过路由器连接在一起组成一个网络通信覆盖范围更大的互联网。一个局域网中的用户可以通过广域网与另一个远程局域网中的用户进行通信。

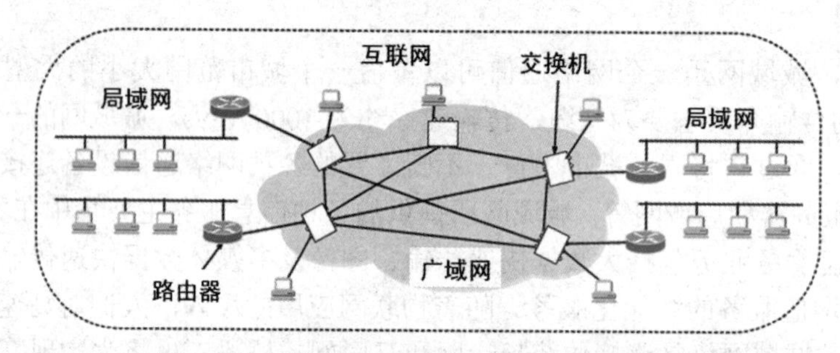

图 6-45　相距较远的局域网通过路由器与广域网相连

6.5.3　互联网应用

目前，随着物联网应用的深入，互联网大量被用来传输物联网实时数据。当然，互联网还有很多传统的应用，这包括电子商务、网络电视服务、实时语音、视频通信、网络游戏、网络远程教育和宽带电影等。

1．电子商务

电子商务通常是指全世界范围内进行的网上商业贸易或个人买卖交易活动。如图 6-46 所示，电子商务活动一般在开放的网络环境下，基于浏览器/服务器应用方式来完成交易活动。在电子商务进行的交易过程中，买卖双方一般不见面。电子商务是一个较新的商业模式，它对传统的商业产生了很大的冲击。随着网上交易电子商务平台安全性能的提高，以及移动互联网业务的快速发展，年轻人越来越喜欢边上网边购物、边玩游戏边购物。近年来，我国的电子商务整体水平提高得很快，2011 年我国电子商务交易额为 5.8 万亿元，2012 年我国电子商务交易规模为 8.1 万亿元，2013 年我国电子商务交易额超过 10 万亿元，2019 年全国电子商务交易额达 34.81 万亿元。

2．网络电视服务

如图 6-47 所示，网络电视（Internet Protocol Television，IPTV）是利用当前的互联网来传输电视节目，传输电视节目的数据包一般为 UDP。网络电视所提供的各种节目一般被存储于某个数据中心的电视节目服务器中。观看网络电视的客户端一般为电视机、智能手机、平板电脑及 PC 电脑等。客户端所使用的软件可以是浏览器，也可以是专门开发的桌面应用程序。现在的网络电视节目越来越丰富，它包括各种国内外电影、电视剧节目，也包括中央电视台及各地方卫视的相关节目，这些节目可以随时观看、随时分享。

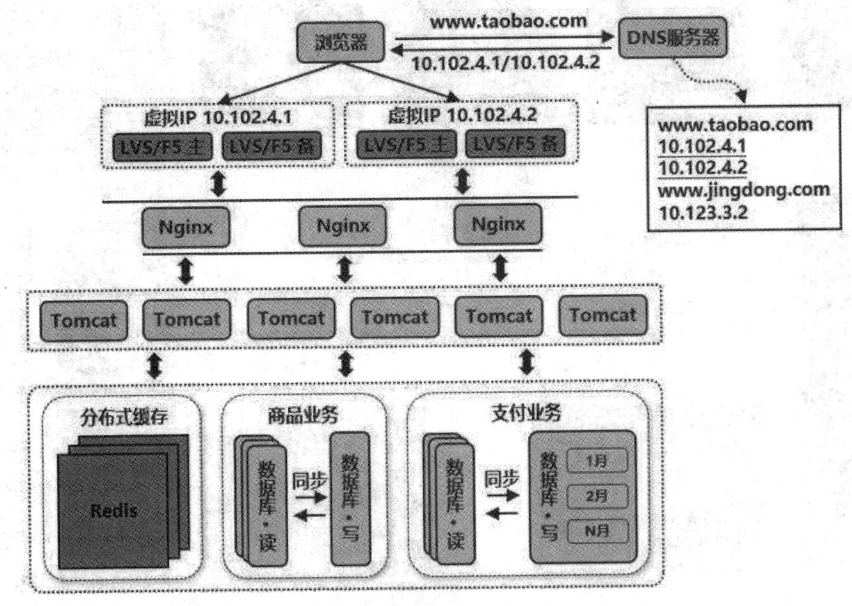

图 6-46　“双十一”电子商务网络保障

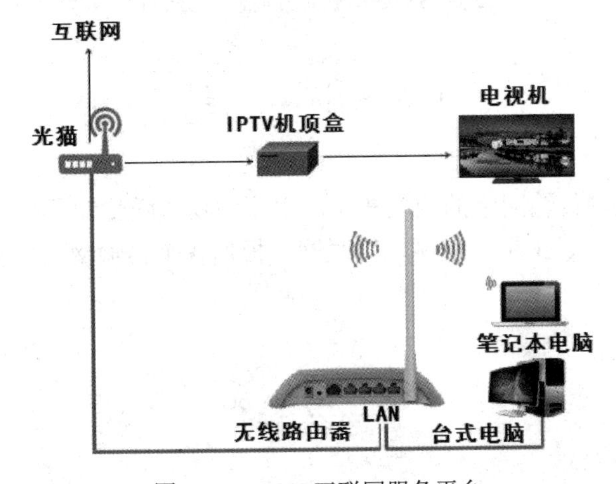

图 6-47　IPTV 互联网服务平台

3．网络远程教育

随着多媒体教学系统在高校教学中的广泛应用，多媒体网络教学系统将成为高校基于多媒体教学系统的主要发展。如图 6-48 所示，以其丰富的教学资源和多媒体教学网络课堂的手段，网络远程教育成为网友们学习的好地方。据业内人士介绍，在线的教学资源是网络信息资源的主要组成部分。基于网络的学习资源包罗万象，它包括计算机通信、程序设计、网页设计、三维动画、文学、艺术、哲学、科学和外语等，各种资源应有尽有。这为教育的公平化和大众化的实现打下了坚实的基础。只要你想学习，就有人提供好的学习材料，教会你希望学到的东西。

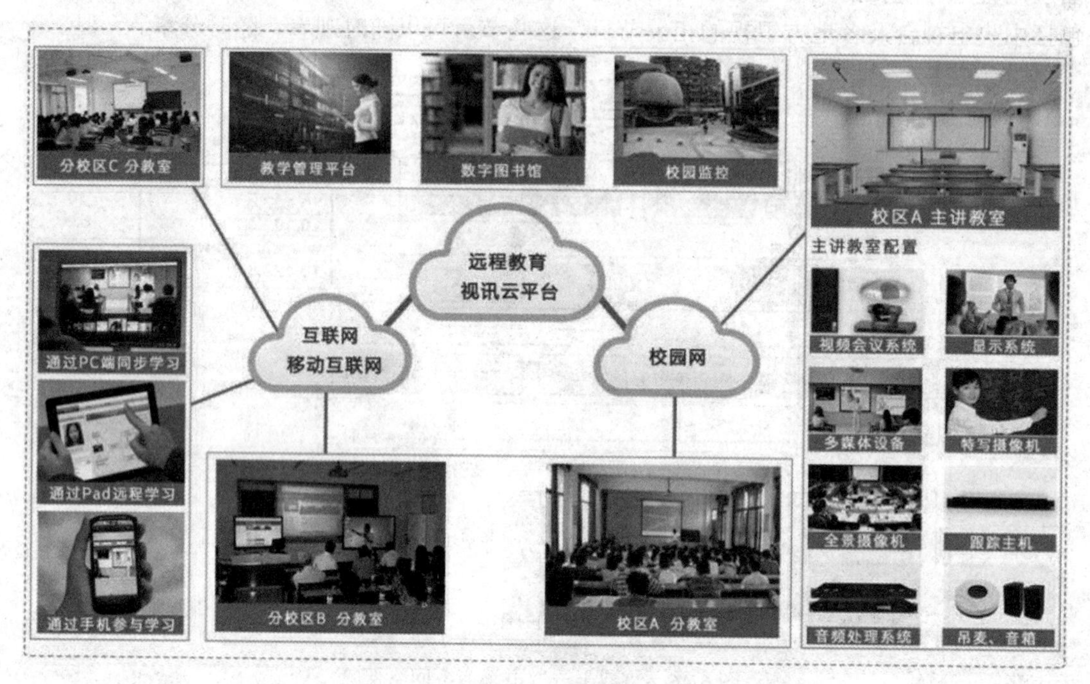

图 6-48　远程教育互联网服务平台

6.6　小　　结

本章介绍了物联网传输网络的相关知识，主流的物联网传输网络可分为 Wi-Fi 网络、移动通信网络、NB-IoT、卫星通信网、互联网。根据各个传输网络的特性，介绍了各自的应用领域与具体案例。

思　考　题

1．简介卫星通信网。
2．什么是移动通信网络？
3．除了 6.5 小节介绍的互联网应用，你知道的还有哪些互联网应用？请介绍一下。

案　　例

图 6-49 所示是中国移动公司推出的 NB-IoT 独立烟感探测器，针对传统的有线烟感，

NB-IoT 独立烟感探测器无须布线和取电，直接安装即可使用。该烟感探测器能够探测烟雾并提供准实时报警功能，报警信息利用 NB-IoT 技术发往云端平台，平台可通过手机 App、短信、电话等方式向用户告警。同时，该烟感探测器可对接消防管理平台，减少火警出警时间，保障用户生命安全与财产安全。

图 6-49　NB-IoT 独立烟感探测器

第 7 章　物联网数据服务中心

学习要点

- ❑ 了解物联网服务数据中心相关知识。
- ❑ 掌握物联网服务数据中心分类。
- ❑ 掌握云数据服务中心相关知识与应用。
- ❑ 了解多级数据服务中心与应用。

7.1　数据服务中心简介

一般情况下，对于较大规模的物联网应用，物联网数据服务中心与传统互联网服务的数据中心类似，它是指一个坚固安全的整体或部分建筑，在该建筑内安装各种网络及信息化设备，实现物联网信息的集中处理、存储、传输、交换和管理。组成物联网数据服务中心的硬件设备包括计算机、服务器、网络设备和存储设备等。数据服务中心负责存储来自一个或多个网关的实时数据，并对数据进行分析处理、显示及智能决策。有关人员及部门可通过各种手段（微信、短信、语音、电子邮件及浏览器等）随时随地从数据服务中心获得有用信息。数据服务中心还向网关发出各种指令来管理整个物联网网络。在物联网应用中，数据服务中心面临着存储、分析处理海量数据及做出智能决策的巨大任务。

根据物联网应用规模的不同，数据服务中心可以分为网关服务器融合型数据服务中心、局域网数据服务中心、云数据服务中心和多级数据服务中心。

物联网数据服务中心对海量的物联网数据进行存储、智能化处理，来形成各种有价值的物联网信息化服务，以达到服务于经济和社会发展的目的。典型的物联网信息化服务包括实时监测服务、定位跟踪服务、报警联动服务、自动化处理服务、反向控制服务、远程维护服务、统计决策服务和信息安全服务等。

7.2　简单数据服务中心

对于简单的物联网应用，如智能家居，数据的收集、处理及安全设备的控制都是通过家庭网关来进行的。家庭网关集成了物联网网关和物联网数据服务中心的数据处理、存储、交换和管理功能。如图 7-1 所示，将家庭网关定义为网关服务器融合型数据服务中心。依靠该数据服务中心，结合计算机技术、通信和先进的控制技术，可建立一个家庭安全监控系统。这个安全监控系统集网络服务和家庭自动化控制于一体，实现家庭住房全面安全保护，并提供方便的通信网络和舒适的生活环境。

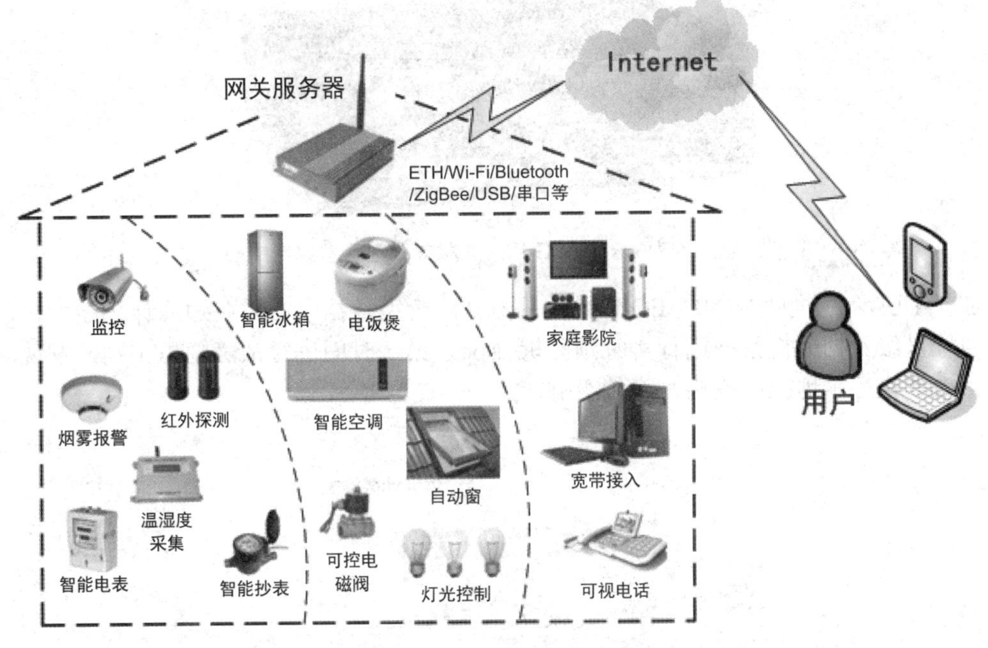

图 7-1　智能家居网关服务器融合型数据服务中心

如图 7-2 所示，对于网关数据中心融合型的物联网应用，网关本身同时要完成数据收集、数据处理、数据显示及设备控制的任务，形成简单的物联网应用。

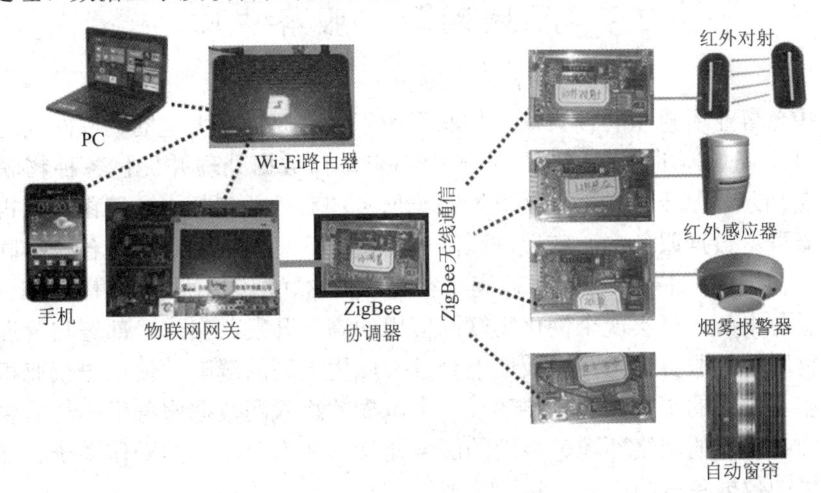

图 7-2　网关服务器融合型数据中心智能家居拓扑图

图 7-3 所示的华为 AR502 系列物联网网关可以广泛应用于各种物联网领域，如智能电网、智慧城市、智能楼宇等。华为 AR502 系列产品内置工业级 LTE 模块，提供大带宽、低时延的无线访问能力，并提供丰富的本地接口，包括千兆以太接口、RS-485/RS-422、RS-232、RF、ZigBee 等，可连接各种以太设备、串口设备和 RF 设备，采用工业级设计，满足恶劣的温度、湿度和电磁干扰环境下的网络通信需求。它支持双 SIM 卡和双天线，同时支持 IPSec VPN，保证关键数据的安全。

图 7-3　华为 AR502 EG-L 网关服务器融合型数据中心

图 7-4 所示的华为 AR502 EG-L 网关服务器融合型数据中心具备边缘计算能力，可灵活搭载轻量级数据分析模型进行实时预分析 App，第一时间进行故障隐患预判，发现潜在故障，或者执行本地控制策略，毫秒级响应。

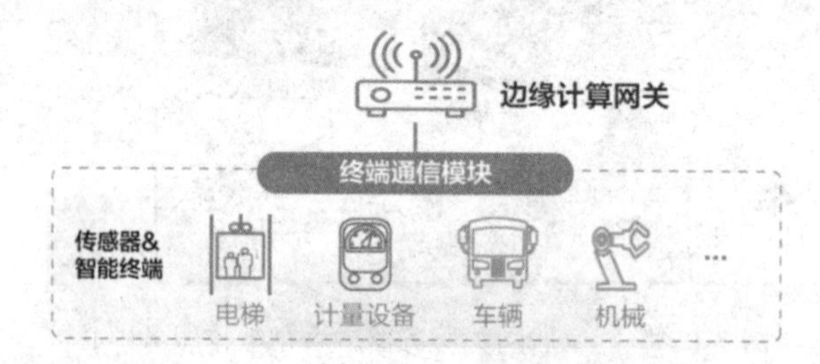

图 7-4　华为 AR502 EG-L 网关服务器融合型数据中心应用

7.3　局域网数据服务中心

对于一些企事业所建立的较大规模物联网应用，需要处理大量的物联网实时数据，一般需要建立基于局域网的物联网数据服务中心来进行数据处理并提供各种物联网信息服务。如图 7-5 所示，基于局域网的物联网数据服务中心一般包括中心路由交换机、接入交换机和服务器群。数据服务中心实现物联网应用实时信息的聚合，实现各种物联网应用系统的无缝接入和集成，并提供一个可以满足实现各种物联网应用服务的集成化环境。同时，物联网数据服务中心还可实现个性化物联网应用的高效开发、集成、部署与管理，并且能向用户展现物联网的服务信息，有效地整合各类应用之间的缝隙，使用户获取相互关联的数据，进行相互关联的事务处理。要建设安全可靠的物联网数据服务中心，需要特别注意以下几个方面：可靠的网络环境、合理的服务器架构、安全稳定的操作系统、强大的数据库系统、详尽的数据备份和恢复与建设法规。

物联网数据服务中心的空调系统建设对于保障物联网数据中心的正常运行是十分重要的，一般需要由多个空调设备集中制冷来保持温度和湿度的要求。空调设备系统通常使用 *N*+1 的待机模式，在 *N* 台空调工作时，提供额外的 1 台备用。数据服务中心空调系统的设计应保证一年 365 天，一周 7 天及一天 24 小时的连续运行模式。一般而言，每 3 或 4 套空调设备工作时，需要提供至少 1 台备用。在较重要的数据服务中心，还配备发电系统来满足没有工业用电情况下的各种重要设备的工作需求。数据服务中心的安全地点一般安装有储油罐，可满足额定条件下 24 小时发电机的运行需求。

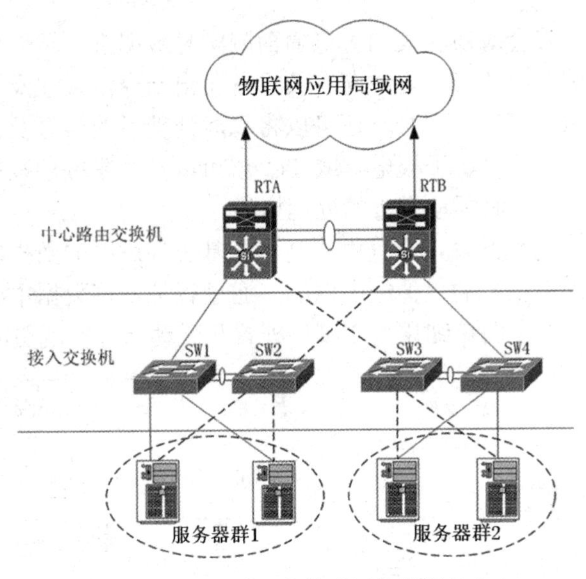

图 7-5　基于局域网的物联网数据服务中心

多数情况下，在常见的较大规模的物联网应用中，数据服务中心需要接受来自多个数据网关的数据。在大规模物联网应用中，每一个网关管理一个监控区域的各种监控节点，负责该区域数据的收集、传输和设备的控制。同时，多个网关向同一个数据服务中心发送数据。如图 7-6 所示，利用物联网技术对葡萄园进行监控，在较大范围内布置多个物联网网关，每一个网关管理多种传感器节点，组建无线传感网，采集葡萄生长中最为密切相关的光照、空气温度、空气湿度、土壤温湿度等环境参数；然后利用物联网网关，通过 3G 通信技术将葡萄园实时数据传输至远程数据服务中心。

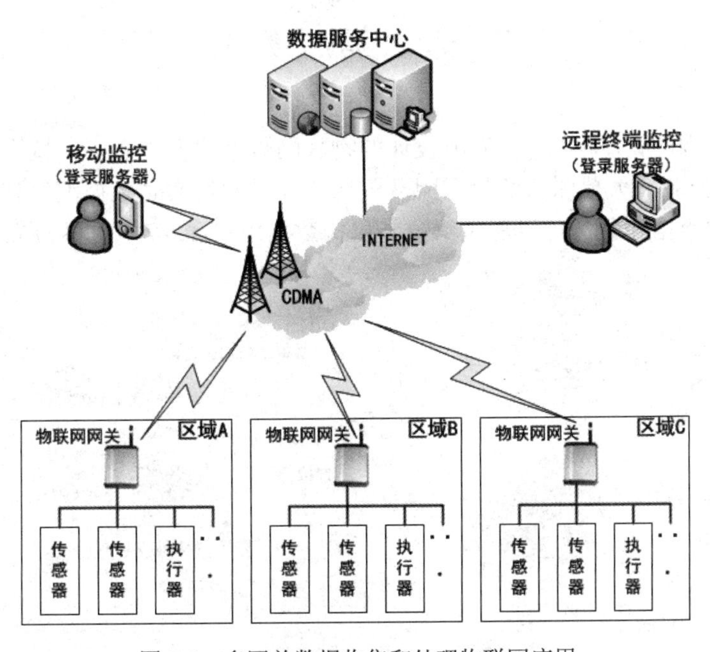

图 7-6　多网关数据收集和处理物联网应用

在数据服务中心，将会对所收集的大量葡萄园实时数据进行智能化处理。一方面，依靠智能化数据处理，服务中心可以自动向有关设备发出指令，采取及时的措施，如打开大棚侧面通风、打开喷灌系统等。同时，还可以将智能处理后的信息及警报发给葡萄园管理员、农业专家，他们通过手机、平板电脑或 PC 就可以及时掌握葡萄的生长情况，及时发现葡萄的生长病变情况，及时采取有效的处理措施。

如图 7-7 所示，华为智慧城市数据中心是一个基于局域网的数据中心。该数据中心高效汇聚海量数据，是未来城市的“神经中枢”。通过智慧城市数据中心，提高城市运营管理水平，将驱动城市管理走向精细化，使事件处置和联动指挥实现更高效、顺畅。

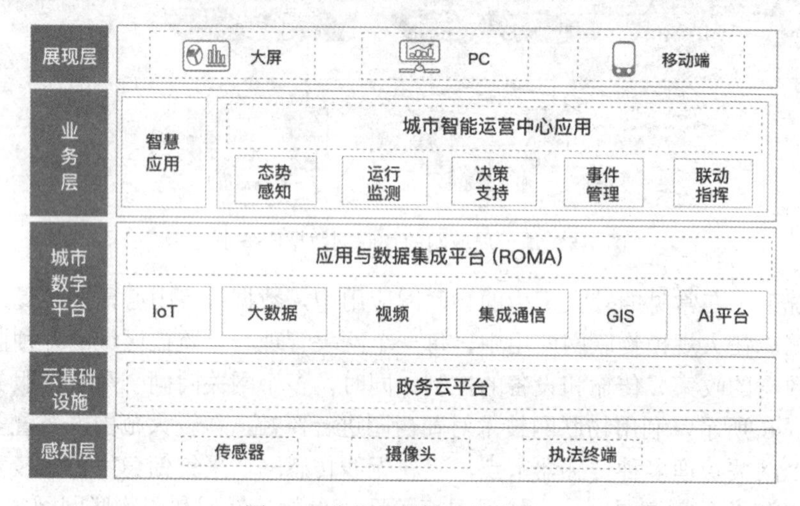

图 7-7　华为智慧城市数据中心

7.4　云数据服务中心

对于较大范围的物联网应用，其所设计的物联网数据服务中心为广域网数据服务中心。如图 7-8 所示，分布在大范围内的物联网网关通过广域网将实时数据汇集到数据服务中心。数据中心的各种数据和服务可以提供给分支机构数据用户和移动数据用户。

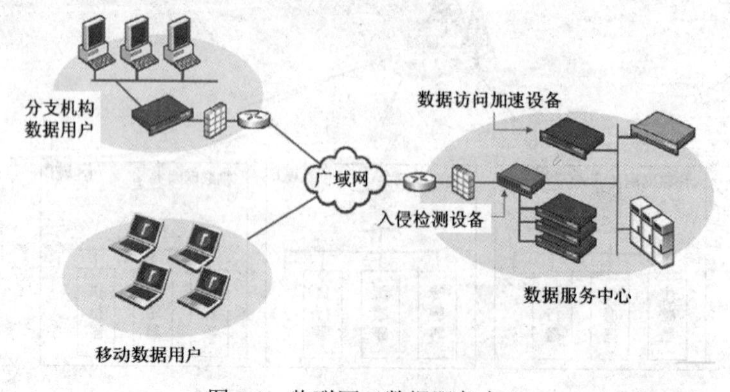

图 7-8　物联网云数据服务中心

一个典型的云数据服务中心案例如图 7-9 所示。数以万计的杭州古北智能家居硬件设备将居家监控数据实时发送到杭州古北云服务中心，进行数据存储及分析。同时，数以万计的家庭用户通过 App 客户端接入杭州古北云服务中心来获取居家温湿度查询及家电远程控制服务。

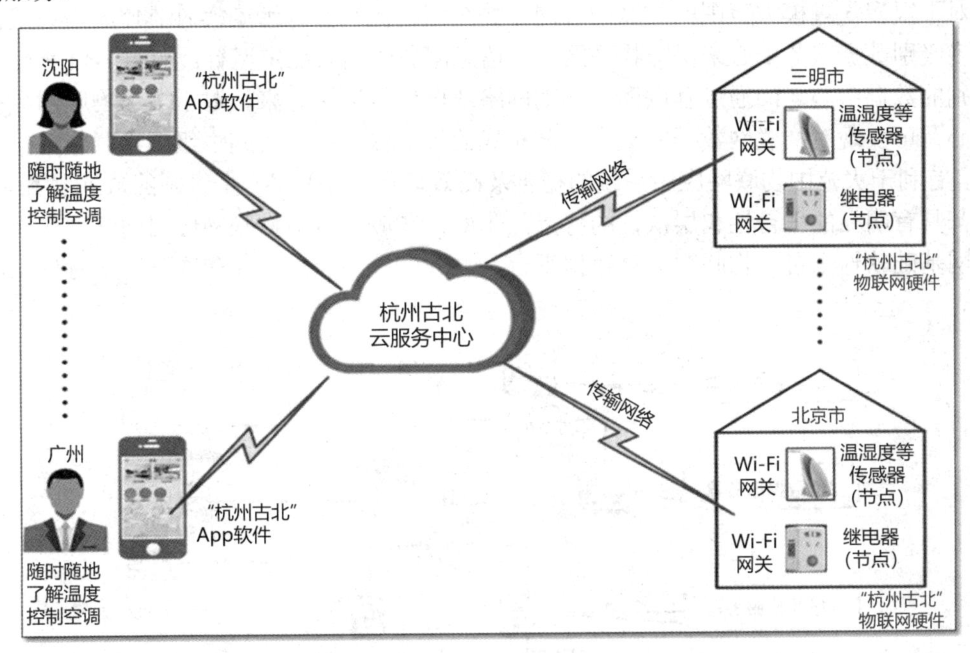

图 7-9　杭州古北云服务中心

如图 7-10 所示，OceanConnect 是华为云核心网推出的以 IoT 连接管理平台为核心的 IoT 生态圈。基于统一的 IoT 连接管理平台，通过开放 API 和系列化 Agent 实现与上下游产品能力的无缝连接，给客户提供端到端的高价值行业应用，如智慧家庭、车联网、智能抄表、智能停车、平安城市等。

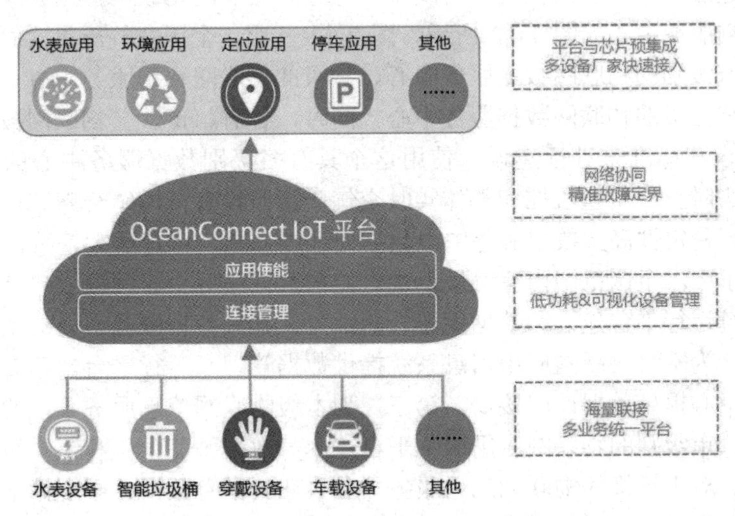

图 7-10　华为 OceanConnect 云数据服务中心

7.5 多级数据服务中心

对于很多大规模大范围的物联网应用，如全国河流水资源污染实时监控应用系统，可建立多级别数据服务中心来保障物联网实时信息服务的高效稳定运行。如图 7-11 所示，不同级别的数据中心之间通过互联网、移动网络或电信网连接起来。对于多级物联网数据服务中心，可实现对物联网数据的集中与分布式的标准化管理。实施多级别物联网数据服务中心，有利于大范围物联网应用系统的稳定及高效运行。对于每一个级别的数据服务中心，它们都具有明显的平台性和层次性的特点，比如，一般都包括物联网应用网络通信平台、物联网基础软件平台、物联网共享数据平台、物联网核心应用平台和物联网实时信息服务平台。

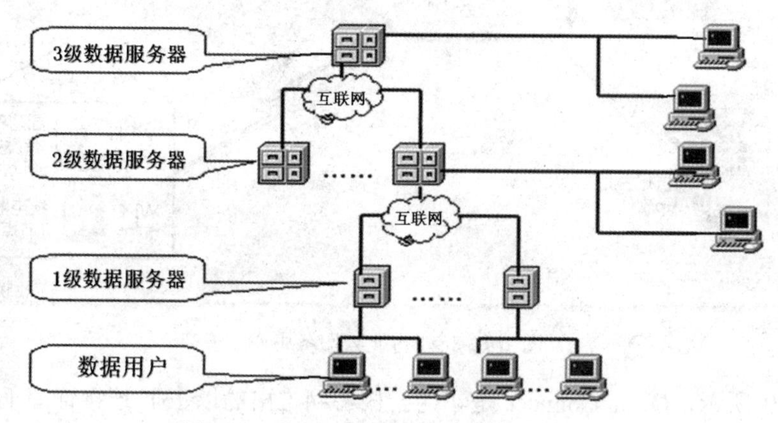

图 7-11 物联网应用多级别数据服务中心

我们这里举一个物联网应用的例子，在这个例子中，物联网数据服务中心为多级别数据服务中心。建立一个对全国范围空气质量进行实时监控的物联网应用系统时，所涉及的不同级别的数据服务中心如图 7-12 所示。图 7-12 表明，全国空气质量实时监控数据服务中心可包括国家级别的物联网数据服务中心、省级的物联网数据服务中心、市级的物联网数据服务中心和县级的物联网数据服务中心。同时，各省、市、县物联网数据服务中心都按照统一的要求和标准来进行建设。使用这个具有多级别数据服务中心的物联网应用系统，可将局部实时空气质量监控和整体实时空气质量监控有机地结合起来，而且该系统可保证数据库运行稳定性高、数据服务中心数据处理能力强、可管理大量数据等。

在这个例子中，全国范围内空气质量实时监控数据服务中心的建设包括各级别区域空气质量监控系统运行平台建设和数据库建设两部分。各级数据服务中心的主要作用包括 3 个方面。第一，为本级物联网应用信息系统提供数据管理及运行平台。第二，为上一个级别的数据服务中心提供数据调用接口。第三，为本级物联网信息服务系统的信息提取提供数据支持。省、市级别的物联网应用服务平台在本身数据服务中心和下一级数据服务中心的支撑下运行。对于县级的物联网应用服务平台只在其本身数据中心支撑下运行。一般而言，对于大型物联网应用系统的多级别数据服务中心，各级数据服务中心分别存放该中心管理范围内的物联网实时数据，上一级的数据服务中心存放其所管理的所有下一级别数据服务中心所提供的各种统计汇总数据及本级区域内的其他管理数据。

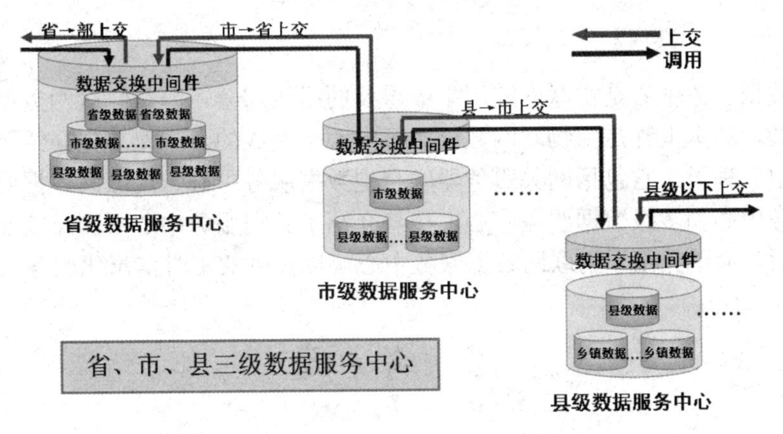

图 7-12 空气质量实时监控多级别数据服务中心

如图 7-13 所示，在多级别物联网数据服务主中心体系中，最高级别的数据服务中心可以成为主中心，而其他较低级别的物联网数据服务中心可成为分中心。主中心和分中心之间通过互联网或专用网连接，按照要求，分中心不断将自己的数据发送到主中心或上一个级别的分中心。在主中心和分中心中，所使用的主要硬件设备及相关软件系统包括数据交换服务器、实时数据接收处理系统、监控系统和交互分析系统等。在主中心中，相关软件系统接收及处理来自较低级别各个分中心的经过处理的物联网相关数据。主中心的监控系统依照来自各个分中心的数据，进行智能决策、警报和显示，来对所监控的对象进行宏观管理和预警。各个分中心，一方面依据自己所管辖区域内的较详尽的数据，对自己的区域实施细致的监控及采取相关的措施。同时，分中心将其处理后的具有统计意义的数据发往主中心。

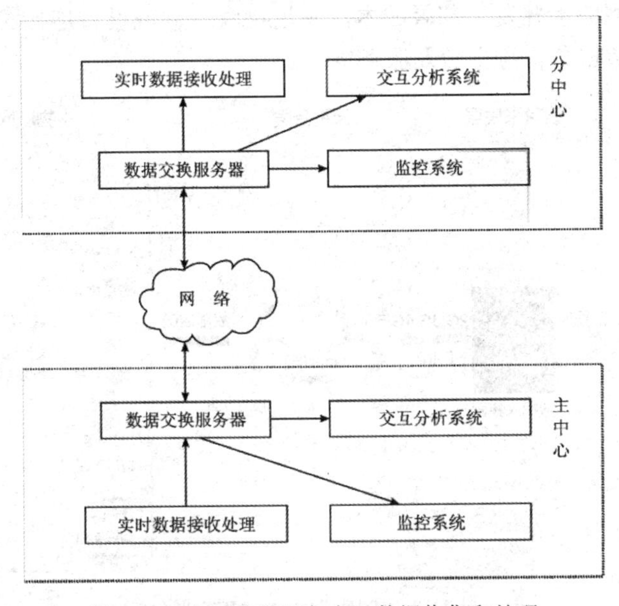

图 7-13 多级数据服务中心数据收集和处理

7.6 小　结

物联网数据服务中心是物联网应用中最重要的组成部分。海量物联网数据的存储及智能化数据处理，基本上都是由物联网数据服务中心来完成的。本章首先介绍了常见的物联网数据服务中心种类，它包括网关服务器融合型数据服务中心、局域网数据服务中心、广域网数据服务中心和多级数据服务中心。接着介绍了数据服务中心所涉及的实时数据接收及处理。最后，简单介绍了物联网数据服务中心可以提供的实时信息化服务。

思　考　题

1．简述数据服务中心。
2．智能家居数据服务中心的功能有哪些？请介绍一下。
3．相比于传统数据服务中心，云数据服务中心的优点在哪里？

案　例

如图 7-14 所示，OneNET 平台是中移物联网有限公司基于物联网技术和产业特点打造的开放平台和生态环境，适配各种网络环境和协议类型，支持各类传感器和智能硬件的快速接入和大数据服务，提供丰富的 API 和应用模板以支持各类行业应用和智能硬件的开发，能够有效降低物联网应用开发和部署成本，满足物联网领域设备连接、协议适配、数据存储、数据安全、大数据分析等平台及服务需求。

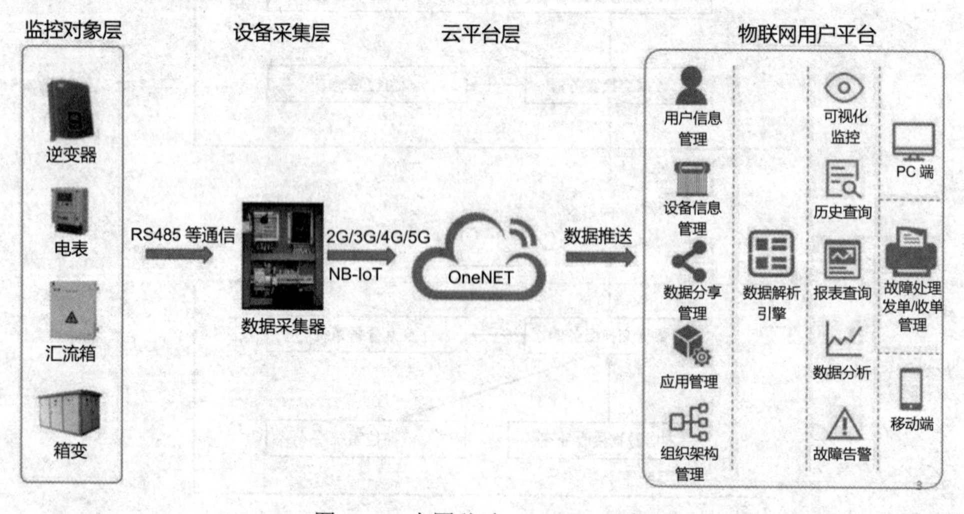

图 7-14　中国移动 OneNET 平台

第 8 章　物联网服务接入网

学习要点

- 了解物联网服务接入网的相关知识。
- 掌握汇聚层设计方法。
- 掌握核心层设计方法。
- 了解接入层相关知识。

8.1　数据服务中心网络设计

物联网数据服务中心主要为大量的物联网客户端提供物联网服务，这也要求数据中心网络具有较好的稳定性与安全性。如图 8-1 所示，物联网数据中心网络主要由客户端接入核心路由器、客户端接入汇聚层、服务器接入层及数据中心服务器组成。客户端接入汇聚层具有高可靠性、冗余性设计、高可扩展性、大容量、路由收敛及快速的数据交换等优势。客户端接入核心路由器汇聚来自接入层的流量，执行策略，路由汇聚及路由负载均衡，快速收敛；网络智能服务包括安全控制、应用优化、负载分担、SSL 卸载等智能功能。服务器接入层包括服务器、主机、存储设施接入，实现网络智能服务初始分类，如 QOS、访问控制列表（Access Control List，ACL）等。

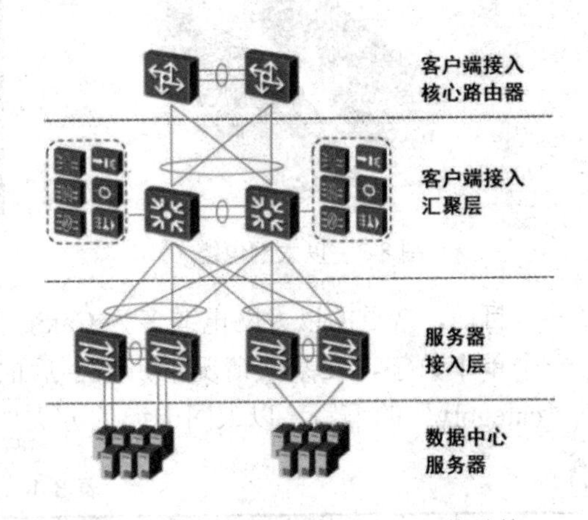

图 8-1　物联网数据服务中心网络结构

8.2　客户端接入核心路由器

8.2.1　核心路由器简介

在数据中心中，由于需要接入广域网、城域网或数据中心互联平面，所使用的客户端接入核心路由器需要支持多种接口类型，灵活接入，为不同用户提供带宽支持能力，提供复杂的路由服务和策略控制。该路由器应实现业务安全功能、链路负载平衡及高可用性。图 8-2 所示为华为 NetEngine 8000 新一代路由器，该路由器具有高品质的业务承载能力，可以作为物联网数据中心的客户端接入核心路由器，来提供高质量实时数据交换服务。

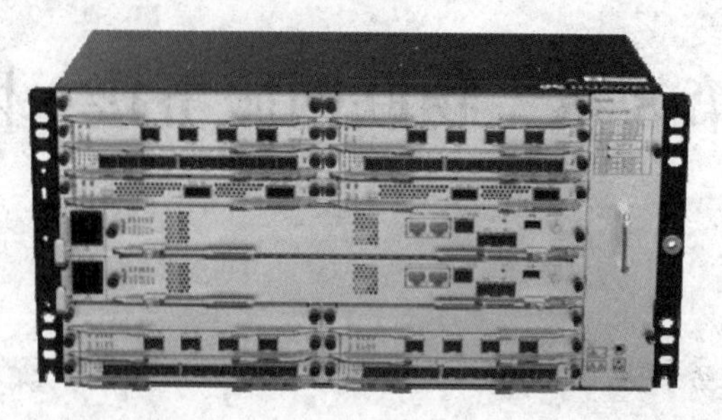

图 8-2　NetEngine 8000 路由器

8.2.2　核心路由器以太网接口

核心路由器最常见的接口为以太网接口。如图 8-3 和图 8-4 所示，通过将以太网电缆接入路由器的以太网接口，可以实现数据传输。

图 8-3　以太网电缆

图 8-4　网线接入核心路由器以太网接口

目前，常见的以太网电缆多为 Cat5e 和 Cat6 电缆。电缆类型都被归类为“Cat”，后跟一个单个数字，在某些情况下，数字后面还有一个小写字母。术语“Cat”实际上是英文“category”的缩写。以太网电缆的分类如表 8-1 所示。

表 8-1　以太网电缆分类

序　号	类　型	屏 蔽 类 型	速率/Mb/s	频率/MHz
1	Cat3	非屏蔽	10	16
2	Cat5	非屏蔽	10～100	100
3	Cat5e	非屏蔽	1000	100
4	Cat6	屏蔽或非屏蔽	1000	250
5	Cat6a	屏蔽	10000	500
6	Cat7	屏蔽	10000	600
7	Cat7a	屏蔽	10000	1000
8	Cat8	屏蔽	25000～40000	2000

8.2.3　核心路由器光纤接口

对于大流量的物联网数据中心，其所使用的核心路由器往往具有光纤接口。如图 8-5

所示，华为 2240C-S 企业级千兆路由器具有 4 个千兆光纤接口，其转发能力可达到 10 Mb/s。

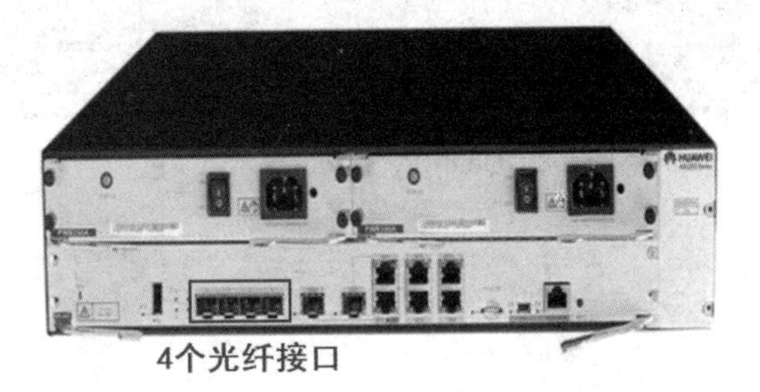

图 8-5　华为 2240C-S 企业级千兆路由器

如图 8-6 和图 8-7 所示，光接入网采用光纤作为主要传输介质，取代传统的双绞线，实现接入网的信息传输功能。

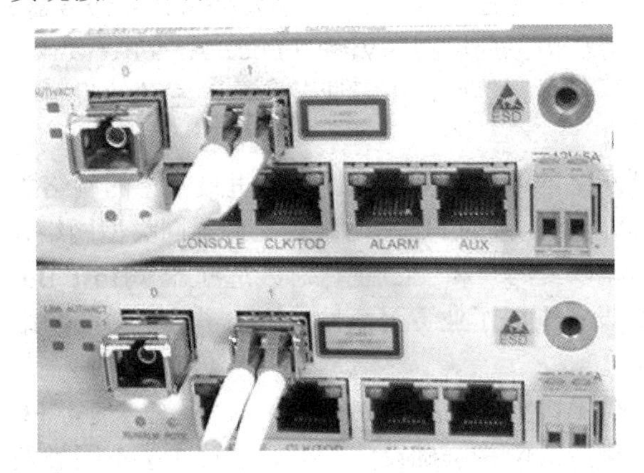

图 8-6　光纤入网接口

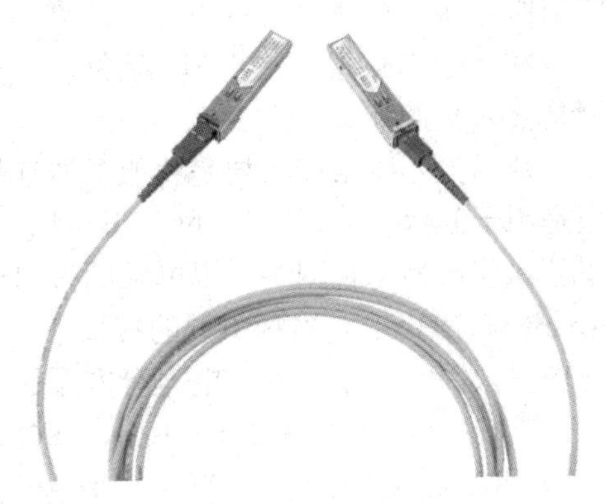

图 8-7　光纤线

8.3　客户端接入汇聚层

客户端接入汇聚层为数据中心内部总线，提供多个数据中心聚合模块互联。聚合层作为一个业务网关，即业务和安全策略的控制点，转发服务器之间的分区流量，还转发服务器到数据中心以外的流量。汇聚层所使用的设备具有大流量、高密度 GE/10GE[①] 端口，可提供互联和更多插槽。汇聚层设备一般采用可管理的三层交换机或堆叠式交换机，以达到带宽和传输性能的要求。汇聚层设备之间以及汇聚层设备与核心层设备之间多采用光纤互联，以提高系统的传输性能和吞吐量。如图 8-8 所示，华为 Quidway S5700 系列全千兆企业网交换机可以作为数据中心的汇聚层通信设备，它具备大容量、高密度千兆端口，可提供万兆上行，充分满足客户对高密度千兆和万兆上行设备的需求。

---

① GE 为 Gigabit Ethernet，表示千兆以太网（接口）；10GE 表示万兆以太网。

图 8-8　Quidway S5700 系列交换机

8.4　服务器接入层

数据中心网络接入层是将服务器连接到网络的第一层基础设施，这里最常见的网络类型是用于局域网连接的以太网，以及用于存储区域网络（Storage Area Network，SAN）连接的光纤通道（Fibre Channel，FC）网络。为支持不同类型网络，服务器需要为每种网络配置单独的接口卡，即以太网卡和光纤通道主机总线适配器。接入层需要提供计算服务器、应用服务器、存储等设备的接入，需要重点解决虚拟局域网（Virtual Local Area Network，VLAN）网络隔离、双层环路避免、安全性等问题。然而，由于业务简单，主要的设备类型是接入交换机。

数据中心网络接入层是将服务器连接到网络的第一层基础设施，这里最常见的网络类型是用于 LAN 连接的以太网，以及用于存储网络连接的 FC 网络。为支持不同类型网络，服务器需要为每种网络配置单独的接口卡，即以太网卡和 FC 主机总线适配器（Host Bus Adapter，HBA）。多种类型的接口卡和网络设备削弱了业务灵活性，增加了数据中心网络管理复杂性、设备成本、电力等方面的开销。

FCOE（FC SAN + Ether LAN = FCOE）技术，实现了用以太网承载 FC 报文，使得 FC SAN 和以太网 LAN 可共享同一个单一的、集成的网络基础设施，很好地解决了不同类型网络共存所带来的问题。如图 8-9 所示，为整网端到端（接入—汇聚—核心）的 FCOE 部署。FCOE 技术的应用范围扩大到整网，除接入层交换机外，汇聚核心层交换机也支持 FCOE 功能；除服务器外，存储设备也逐渐支持 FCOE 接口。由此实现了 LAN 与 SAN 的融合，简化了整网基础设施。

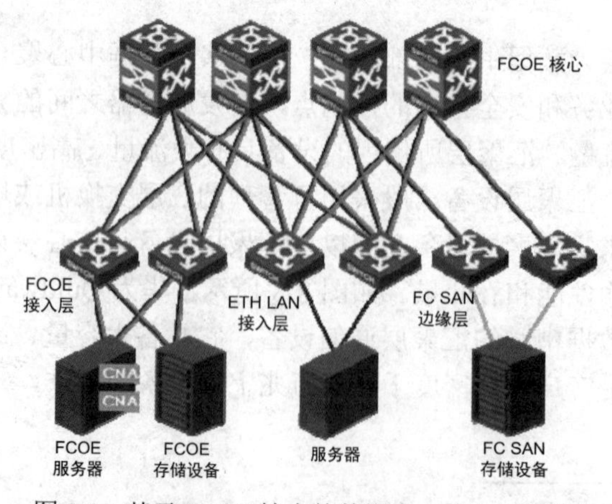

图 8-9　基于 FCOE 技术的数据中心接入层部署

8.5 小　　结

本章首先介绍了数据服务中心网络设计模式，具体可分为汇聚层、核心层、接入层。随后，介绍了核心路由器的作用，介绍了华为 NetEngine 8000 系列路由器。还介绍了客户端接入核心路由器、客户端接入汇聚层、服务器接入层的系统结构与具体实施方式。

思　考　题

1．物联网服务接入网的作用是什么？
2．核心路由器有哪几种类型？各种类型的功能有何不同？
3．接入层设计思路有哪些？

案　　例

如图 8-10 所示，华为 NetEngine 5G AR 系列路由器是华为面向云化时代推出的首款企业级 5G AR 路由器，基于创新的 CPU+NP 转发结构，内置五大硬件加速引擎，支持多业务并发无阻塞。具备 3 倍业界转发性能，5G 超宽上行，设备即插即用，同时融合 SD-WAN、云管理、VPN、MPLS（多协议标签交换）、安全、语音等多种功能，帮助全球客户轻松应对企业上行流量激增和未来业务多元化发展。

图 8-10　华为 NetEngine 5G AR 系列路由器

第 9 章　物联网客户端

学习要点

- ❑ 了解物联网客户端相关知识。
- ❑ 掌握 App 客户端主要设计方法。
- ❑ 掌握微信小程序设计与制作方法。
- ❑ 了解智能手表、智能眼镜客户端。

9.1　PC 客户端

9.1.1　C/S 应用程序客户端

对于很多安全性要求较高的物联网应用，访问数据服务中心的人及所在地点是受限制的，而且还要经过严格的验证程序。往往只有特定的计算机及特定的人员才能实时访问这些物联网数据。如图 9-1 所示，这些特定的计算机上面一般安装特定的应用程序，这些应用程序被称为客户端（Client），客户端可以访问数据中心的服务器（Server）。这种在计算机（Personal Computer，PC）上运行的应用程序被称为 C/S 应用程序客户端。

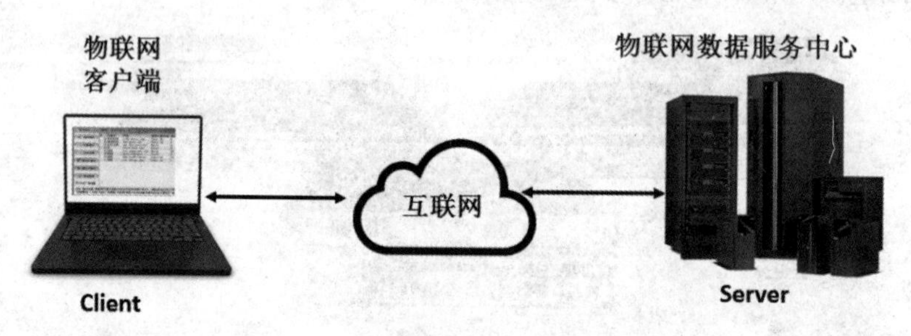

图 9-1　C/S 应用程序客户端数据通信

9.1.2　浏览器

如图 9-2 所示，对于绝大多数物联网实时信息系统所提供的“实时了解、实时控制”服务，用户可以通过使用计算机上面运行的浏览器（Browser）打开特定开发的“网页”来获取这些服务。第一个能够打开网页的浏览器是由蒂姆·伯纳斯·李爵士于 1990 年发明的。

目前，主流的能够用来打开“网页”的浏览器有 Firefox、Internet Explorer、Google Chrome、QQ 浏览器等。

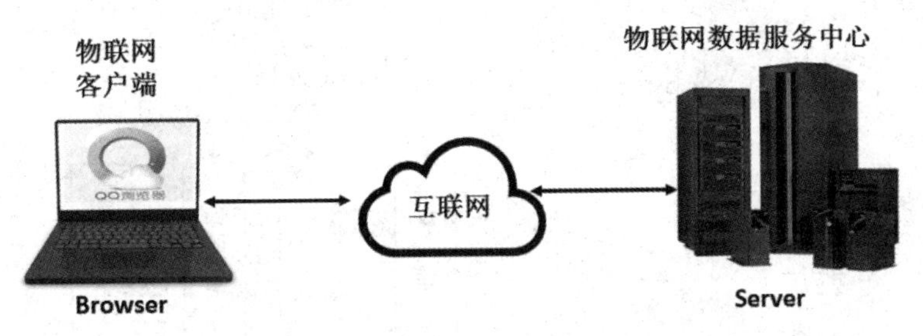

图 9-2　浏览器“网页”访问物联网数据服务中心

9.2　App 客户端

9.2.1　App 客户端简介

如图 9-3 所示，App 客户端为运行在智能手机上面的应用程序。当前大多数用户通过 App 客户端来从物联网数据服务中心获取服务。App 可为用户提供与在 PC 上访问的应用程序相似的服务。应用程序通常是小型的、功能有限的独立软件单元。

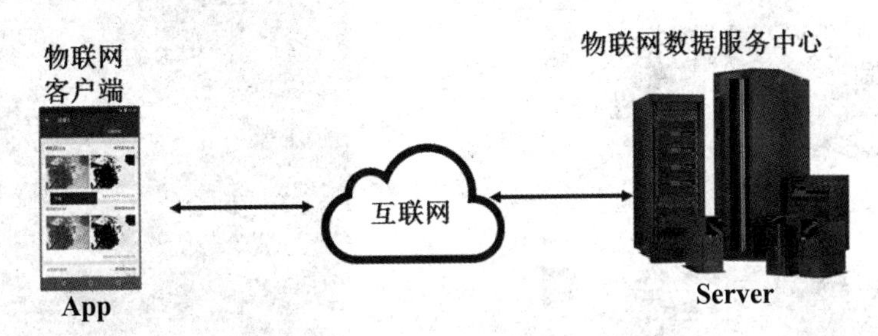

图 9-3　App 访问物联网数据服务中心

9.2.2　App 客户端案例

如图 9-4 所示，针对当前森林郁闭度监测存在的人力物力耗费过大、测定方法粗放、测量精度不准等问题，开发了一款基于树莓派的新型森林郁闭度监测设备。同时，为这款郁闭度设备开发了 App 客户端。

利用所开发的 App 客户端及郁闭度监测设备，用户可以快速准确地获取森林郁闭度值。同时，使用 App 客户端，用户可随时随地查看森林温湿度、烟雾等环境信息，也可以实时获取森林照片（见图 9-5）、实施图像识别及计算郁闭度（见图 9-6）。

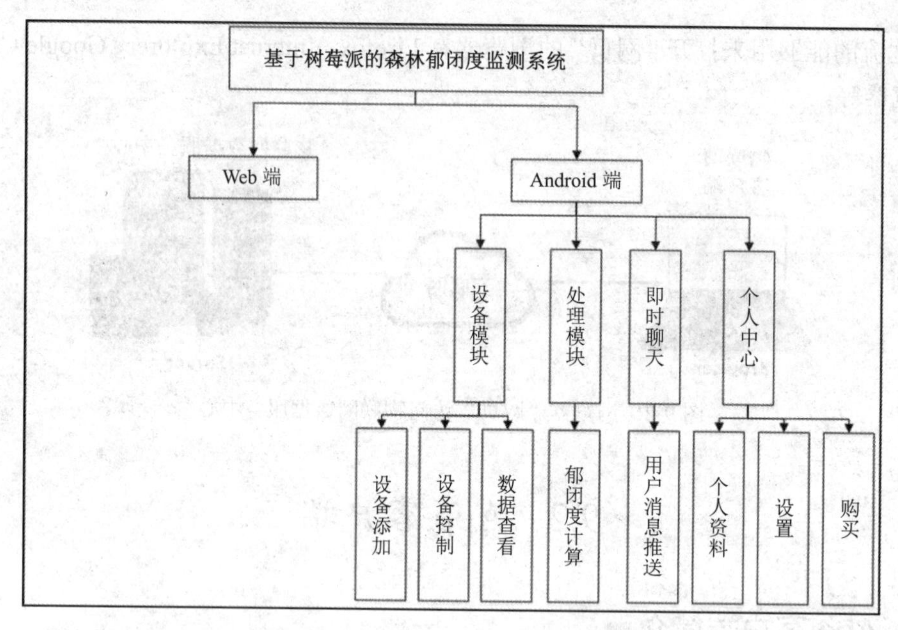

图 9-4　App 功能框图

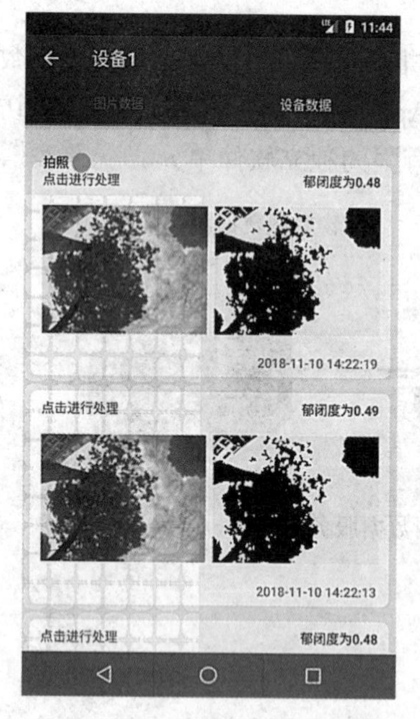

图 9-5　郁闭度及图片

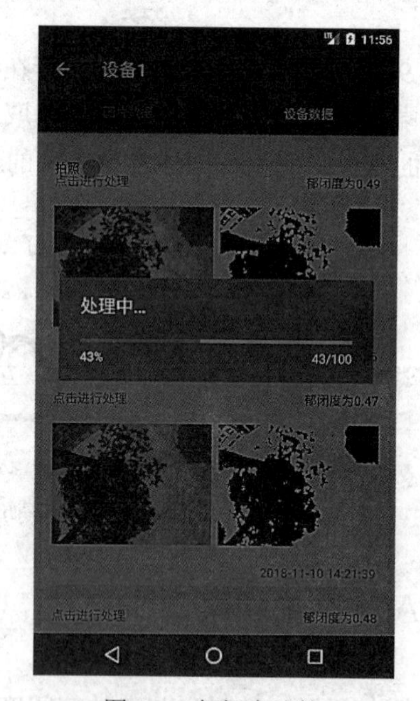

图 9-6　郁闭度计算

9.3　微信客户端

9.3.1　微信客户端简介

如图 9-7 所示，可以通过微信小程序来获取“实时了解、实时控制”物联网服务。同

App 相比，微信小程序（WeChat Mini Program）的优势是不需要下载安装，也不需要另外注册账号及设置密码，这避免了很多麻烦。微信小程序实现了应用“触手可及”的梦想，用户扫一扫或搜一下即可打开应用。

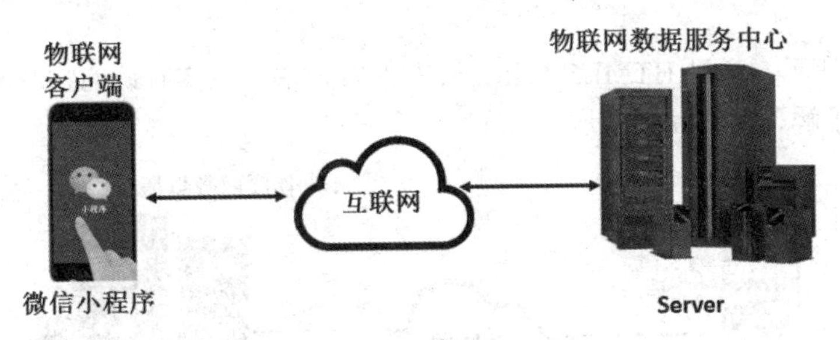

图 9-7　微信小程序客户端

9.3.2　微信客户端案例

针对目前森林康养产业缺乏实时数据跟踪等问题，开发了一个基于微信小程序的森林康养智慧管理系统。该系统所涉及的硬件包括树莓派、蓝牙传输模块、GPS 模块、$PM_{2.5}$ 传感器、氧气浓度传感器、温湿度传感器、蜂鸣器、心率传感器、温度传感器等。通过树莓派网关，将收集到的森林实时环境数据发送到数据服务中心，通过微信小程序调用数据接口，将数据显示在微信小程序页面中。利用所开发的微信小程序，游客可及时了解自身身体状况以及森林中各个方位的环境情况，对森林康养产业的发展具有较大的推动作用。

如图 9-8 所示，点击首页心率值框，进入心率变化折线图页面（见图 9-9），可以实时了解心率变化情况，心率数据每 3 秒更新一次，方便用户随时了解当前心率值。

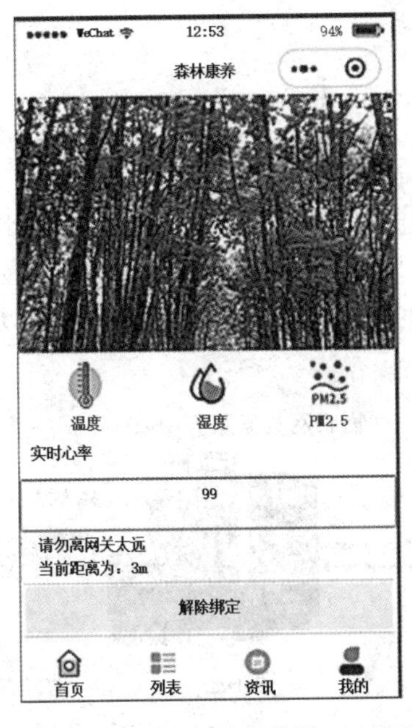

图 9-8　小程序首页

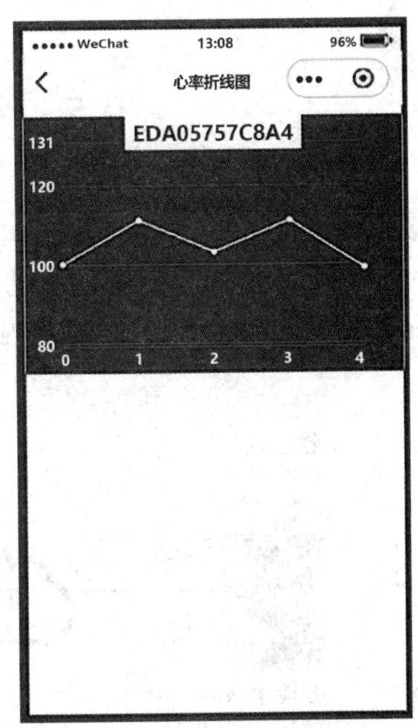

图 9-9　心率变化折线图

9.4 H5客户端

如图9-10所示，通过HTML5（H5）开发的客户端可以实时访问物联网数据服务中心来获取“实时了解、实时控制”服务。

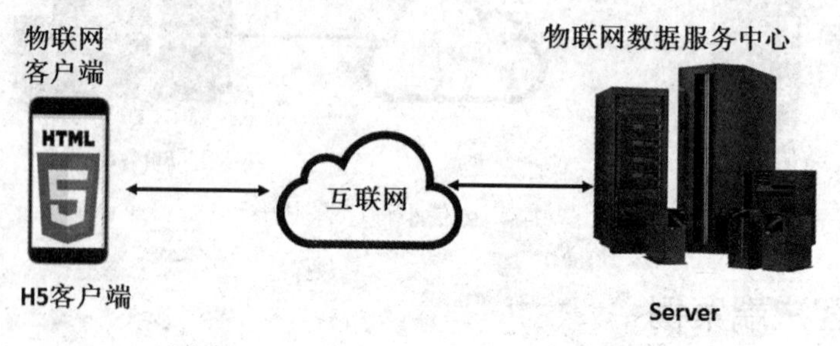

图9-10　H5物联网客户端访问数据中心

在物联网数据中心运行WebSocket服务，它为物联网环境提供了一个合适的协议，在物联网环境中，数据束在多个设备中连续传输。WebSocket使服务器和设备之间的通信变得容易。服务器需要安装WebSocket库，在H5客户端上安装WebSocket客户端。WebSocket是最近随着HTML5的引入而出现的一种双向通信协议。WebSocket通过TCP作为标准HTTP（超文本传输协议）连接的升级进行操作。这使客户机和服务器之间能够使用单个套接字进行基于消息的全双工通信，并使用HTML5的JavaScript接口公开。这个协议不仅仅是对当前HTTP协议的一个增强；它是非常先进的，特别是对于实时的、事件驱动的通信。

9.5 智能手表

随着移动技术的发展，许多传统的电子产品也开始增加移动应用的功能，比如过去只能用来看时间的手表，现今也可以通过智能手机或家庭网络与互联网相连，显示来电信息、Twitter和新闻Feeds、天气信息等内容。如图9-11所示，通过智能手表可以获取物联网服务。

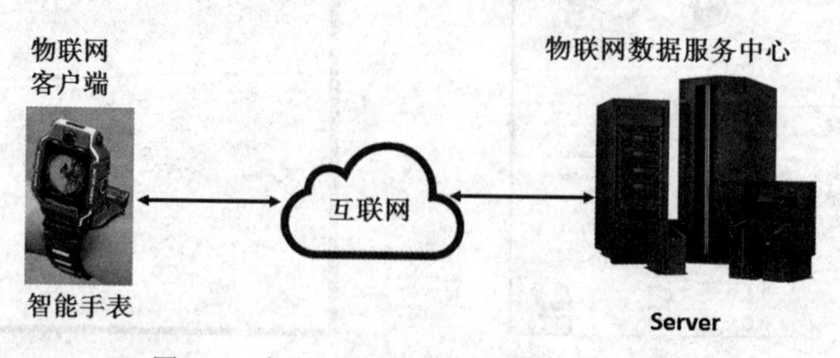

图9-11　智能手表访问物联网数据服务中心

智器公司于2013年9月正式推出Zwatch智能手表，它是中国最早的一批智能可穿戴设备。1.54英寸钢化玻璃多点触控屏幕，搭载Android 4.3操作系统，配备Wi-Fi模块和蓝牙4.0模块，既可作为手机配件，也可作为独立电子产品单独使用。2021年比较流行的国产3G/4G智能手表有小天才XTC Z6、TicWatch Pro 4G、华为儿童手表3S、小米MI学习手表米4、乐玛通（LOKMAT）等。

9.6 智能眼镜

智能眼镜，也称智能镜，是指“像智能手机一样，具有独立的操作系统，智能眼镜可以由用户安装软件、游戏等软件服务商提供的程序。智能眼镜可通过语音或动作操控完成添加日程、地图导航、与好友互动、拍摄照片和视频、与朋友展开视频通话等功能，并可以通过移动通信网络来实现无线网络接入。如图9-12所示，通过智能眼镜可以同物联网数据服务中心进行实时数据交互。

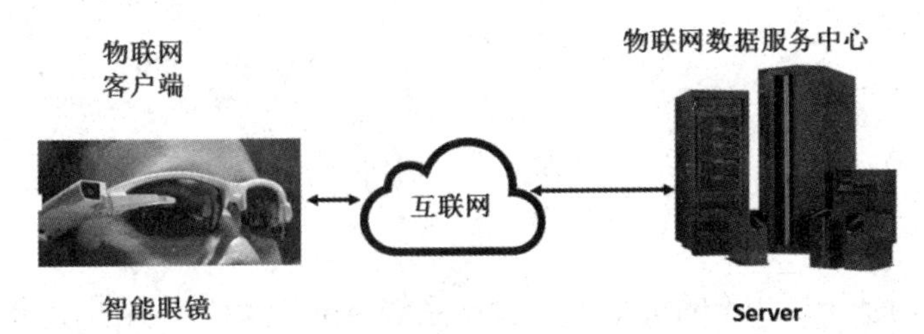

图9-12　智能眼镜与物联网数据服务中心进行数据交互

当前，我国常见的智能眼镜品牌包括中科启航公司的SFG-100/400 AR智能眼镜（见图9-13）、广州耀中的智能警卫4G眼镜（见图9-14）、深醒科技4G防疫智能预警眼镜SX-MG301-22（见图9-15）等。

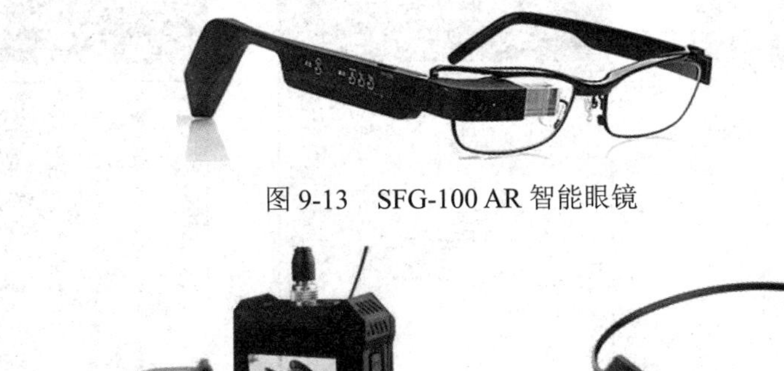

图9-13　SFG-100 AR智能眼镜

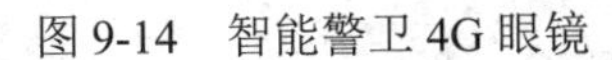

图9-14　智能警卫4G眼镜

图9-15　4G防疫智能预警眼镜

9.7 小　结

本章主要对物联网客户端进行介绍，物联网客户端可分为 PC 客户端、App 客户端、微信客户端、H5 客户端、智能手表、智能眼镜。同时，还介绍了具体案例。针对实际需求来说，不同的客户端适用于不同的场景，读者应根据实际需求制订可行的客户端方案。

思考题

1．物联网客户端共有几种类型？

2．App 客户端与微信客户端的区别有哪些？

3．现在需要设计一个农业物联网系统，你觉得应设计哪种类型的客户端？请说明理由。

案　例

图 9-16 所示为基于 ARM 的黄瓜大棚管理系统 App 客户端，用户打开 App，输入账号密码即可进入管理页面，可查看当前获取的最新数据、历史数据与各网关数据。如图 9-16 所示，点击“最新数据”按钮即可查看当前网关的网关号、节点号、类型、数据与采集时间。在“最新数据”页面上点击“刷新”按钮，即可刷新当前页面，获取最新的采集数据；点击“返回”按钮即可返回主页面，选择其他功能或退出 App。

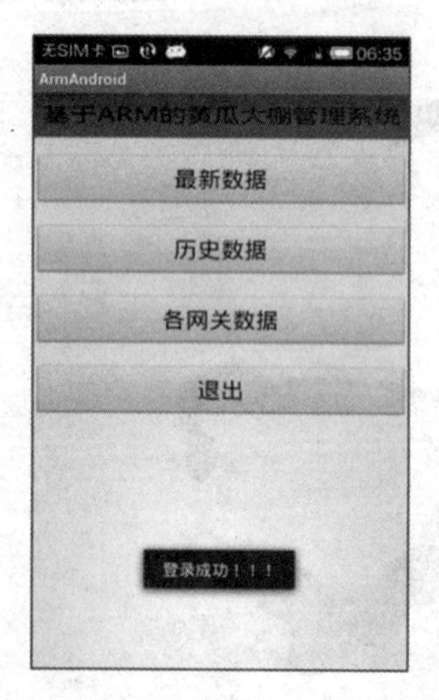

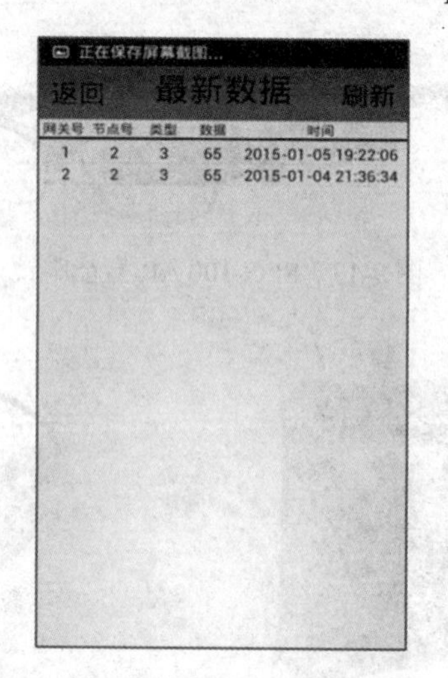

无SIM卡 06:35

返回　历史数据　刷新

网关号	节点号	类型	数据	时间
2	2	3	35	2015-01-01 16:38:29
2	2	3	34	2015-01-01 16:38:29
2	2	3	33	2015-01-01 16:38:30
2	2	3	32	2015-01-01 16:38:32
2	2	3	31	2015-01-01 16:38:33
2	2	3	30	2015-01-01 16:38:34
2	2	3	28	2015-01-01 16:38:35
2	2	3	27	2015-01-01 16:38:36
2	2	3	26	2015-01-01 16:38:37
2	2	3	25	2015-01-01 16:38:38
2	2	3	24	2015-01-01 16:38:39
2	2	3	22	2015-01-01 16:38:40
2	2	3	21	2015-01-01 16:38:41
2	2	3	52	2015-01-01 16:43:28
2	2	3	52	2015-01-01 16:43:31
2	2	3	53	2015-01-01 16:43:53
2	2	3	53	2015-01-01 16:43:54
2	2	3	53	2015-01-01 16:43:55
2	2	3	53	2015-01-01 16:43:56
2	2	3	53	2015-01-01 16:43:57
2	2	3	65	2015-01-04 21:36:30
2	2	3	65	2015-01-04 21:36:31
2	2	3	65	2015-01-04 21:36:32

图 9-16　基于 ARM 的黄瓜大棚管理系统

第 10 章　物联网技术体系

学习要点

- ❑ 了解物联网节点相关知识。
- ❑ 掌握物联网网关设计与实现技术。
- ❑ 掌握物联网数据服务中心相关技术。
- ❑ 了解物联网客户端相关实现技术。

10.1　简　　介

对于应用型大学而言，物联网工程专业的主要任务是培养学生具有建立、部署及维护物联网实时信息系统的能力。在本书第 3 章中，描述了物联网实时信息系统的 6 个部分：节点、网关、传输网络、数据服务中心、物联网服务接入网络和物联网服务客户端。物联网工程专业课程设置主要围绕节点、网关、传输网络和数据服务中心来进行，其专业类课程主要包括如图 10-1 所示的 6 个模块。

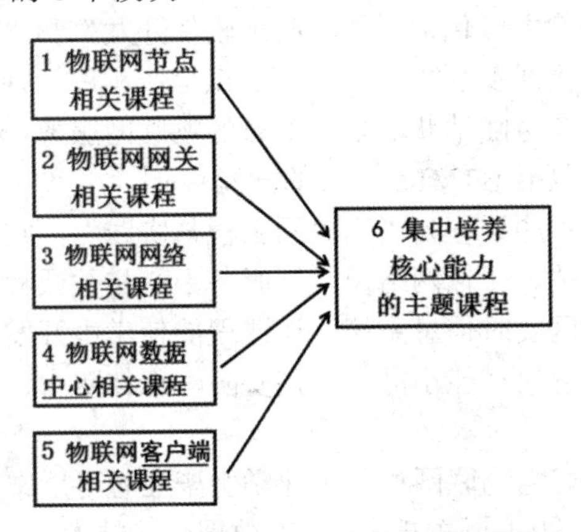

图 10-1　物联网工程人才培养专业课程模块

物联网节点相关课程主要包括“RFID（射频识别）技术”“传感器技术”“电子技术基础”“传感网技术”。“RFID（射频识别）技术”主要讲授 RFID 读写器、LF/HF/UHF 等有源及无源 RFID 标签、RFID 编码及 RFID 应用等相关知识。“传感器技术”主要讲解各种传感器的原理及应用方法。“电子技术基础”主要讲解和传感器及 RFID 标签设计所涉及的模拟及数字电路知识。“传感网技术”包括有线传感网技术和无线传感网技术，其涵盖 Wi-Fi、ZigBee 与蓝牙技术。

物联网网关相关课程主要包括“嵌入式技术基础”“物联网网关设计”“C 语言程序

设计”。“嵌入式技术基础”所讲述内容包括 Linux 基础、Shell 编程基础、Linux 下的 C 编程基础、嵌入式系统开发基础、系统移植、串口通信、网络编程和 GUI 程序开发等。“物联网网关设计”是物联网工程专业的一个重要课程；物联网应用场景丰富多彩，但不存在可以满足所有物联网应用的网关；本课程讲述针对不同物联网应用的物联网网关开发，包括网关硬件及软件的设计及开发。“C 语言程序设计”可满足物联网嵌入式产品开发的需要；在物联网智能设备的开发中，出于对低价产品的需求，系统的计算能力和存储容量都非常有限，由于其优越的特性，C 语言成为物联网设备的主要编程语言。

物联网网络相关课程主要包括“数据通信与网络技术”“网络信息安全技术”“M2M 技术”。“数据通信与网络技术”讲授各种有线网络及无线网络技术，并详细讲述包括 TCP/IP 在内的各种网络数据通信协议。“网络信息安全技术”围绕着物联网实时信息系统的安全性及稳定性进行展开，涉及信息收集安全、信息传输与存储安全等。“M2M 技术”涉及各行各业自动化方面的物联网应用；该课程讲述的内容围绕如何让机器、设备、应用处理过程与后台信息系统之间实现信息交互与共享来展开。

物联网数据中心相关课程主要包括“LINUX 应用技术”“面向对象程序设计（Java）”“Web 应用系统开发”“数据库原理及应用”。“LINUX 应用技术”讲述搭建各种物联网应用服务器所需要的知识与技能。“面向对象程序设计（Java）”是物联网应用领域的一门重要语言，它是物联网实时信息系统所涉及的 Web 服务器开发及智能手机 App 开发的基础语言。“Web 应用系统开发”讲述如何搭建物联网应用 Web 服务器，使用户易于获取丰富多彩的物联网服务。“数据库原理及应用”讲述搭建物联网数据服务中心所需要的相关数据库知识及技能。

物联网客户端相关课程主要包括“移动应用软件开发”和“网页制作基础”等。“移动应用软件开发”讲述如何开发智能手机 App、微信小程序，使其同物联网数据服务中心进行数据交互，方便用户随时随地获取丰富多彩的物联网服务。“网页制作基础”讲述如何开发浏览器动态网页，包括 HTML5 网页的开发。

集中培养核心能力的主题课程为“物联网工程与实践”，它讲述如何使学生利用前面所学的与物联网节点、网关、传输网络及数据服务中心相关课程的知识，设计、开发、部署及管理不同领域的物联网实时信息系统；该课程能使学生开发一个完整的物联网实时信息系统，利用物联网技术解决智能小区、学校安防、森林防火、水库监控、独居老人关怀等领域的实际问题。

通过上述课程的学习，当物联网相关专业学生毕业时可以掌握开发物联网实时信息系统所需要的 IoT 节点技术、IoT 网关技术、IoT 数据传输技术、IoT 数据中心技术及 IoT 客户端技术。这些技术将在下述各章节进行初步阐述。

10.2 IoT 节点技术

10.2.1 节点技术简介

物联网实时信息系统所提供的“实时了解、实时控制”服务，分别由物联网数据节点

（仪表、传感器、RFID、摄像头、BDS 设备等）及物联网控制节点（执行器、继电器、遥控器等）来实现。物联网节点技术主要包括节点数据接口技术及节点制作技术。

10.2.2　节点数据接口技术

1．USB 数据接口

图 10-2 所示为一个含有 USB 数据接口的温度传感器节点，节点通过 USB 接口将信号传输给网关设备，或者从网关设备接收信号。

图 10-2　USB 数据接口温度传感器

2．RS-232 数据接口

如图 10-3 所示为一个具有 RS-232 接口的温湿度传感器。该传感器利用 RS-232 数字输出的优点，使其适合通过网络或互联网进行数据传输。节点通过 RS-232 接口与网关之间进行信号交互。

3．RS-485 数据接口

图 10-4 所示为 RS-485 接口的温度传感器，该传感器自己进行数字输出，采用 Modbus-RTU 协议，精度为±0.5 ℃，节点通过 RS-485 接口与网关之间进行信号交互。

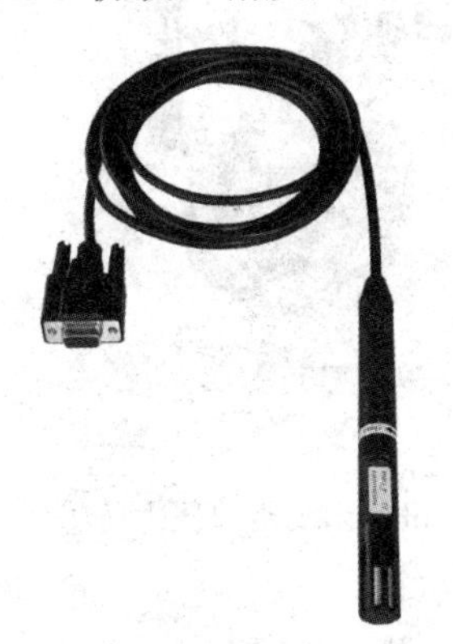

图 10-3　RS-232 数据接口

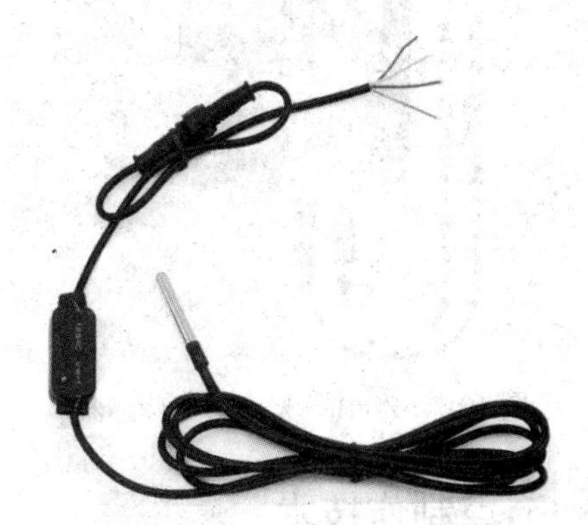

图 10-4　RS-485 数据接口

4．CAN 数据接口

图 10-5 所示为具有控制器区域网络（Controller Area Network，CAN）接口的自动导引

车（Automatic Guided Vehicle，AGV）磁导航传感器，它有16通道CAN接口输出。节点通过CAN接口的CANH及CANL引脚与网关之间进行信号交互。

5．蓝牙无线接口

图10-6所示为无线蓝牙轮胎压力传感器，通过该传感器可监测轮胎的压力和温度，并通过无线传输将轮胎的实时信息发送给监护仪。监视器接收到的数据并显示后时间轮胎压力和温度。节点通过蓝牙无线接口与网关之间进行信号交互。

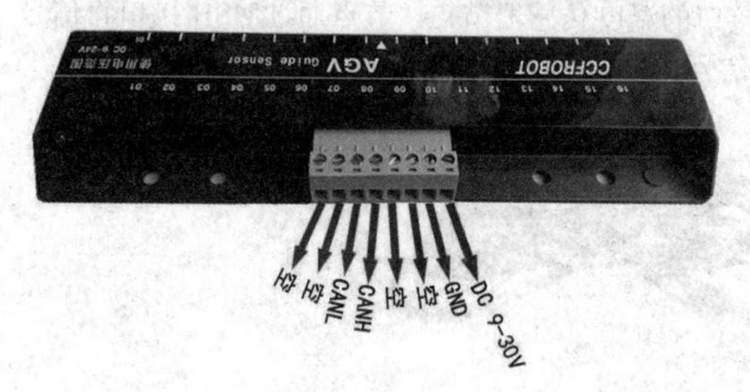

图10-5　CAN数据接口AGV磁导航传感器

图10-6　无线蓝牙轮胎压力传感器

6．ZigBee无线接口

图10-7所示为一个ZigBee无线温度传感器，其数据传输采用ZigBee无线方式，更稳定，抗干扰。该传感器通过ZigBee无线接口同网关进行数据交互。

7．LoRa无线接口

图10-8所示为具有LoRa无线接口的压力传感器，可用于测量液体、气体压力，测量范围为0.1～1000 bar。节点通过LoRa无线接口与网关之间进行信号交互。

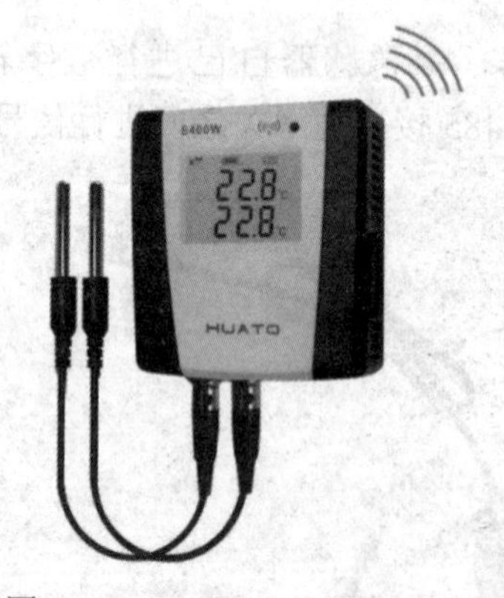

图10-7　ZigBee无线温度传感器

图10-8　LoRa无线接口压力传感器

10.2.3　节点制作技术

对于很多物联网应用，一般通过购买市场上现有的物联网节点来满足建立物联网实时信息系统的需要。但在特殊情况下，也可以通过自制物联网节点来满足特定的物联网服务需求。物联网节点的制作一般包括节点电路设计、制作 PCB 板、电子元器件焊接、驱动编程等过程。这里就智能防丢器的制作来说明节点制作技术。

这里制作的智能防丢器是一个可以发出蜂鸣声音及提供温度信息的无线蓝牙节点。该物联网节点嵌入人们所感兴趣的物体上，可以实时提供该物体所处环境温度及距离蓝牙智能手机的距离信息。所制作的智能防遗忘挂件体积足够小，能够方便地佩戴在钥匙和钱包等随身物品上。通过智能手机网关 App 管理软件，实现物品的定位及物品所处环境温度的监测，且当挂件离开一定范围时及时向用户发出警报。

1. 智能防遗忘挂件的组成

智能防遗忘挂件是指在普通物品挂件上搭载单片机系统、通信模块和各类传感器，让挂件能够借助网络通信采集数据或进行远程控制。所制作的智能防遗忘挂件除了能够远程控制警报外，还支持一些额外的功能，例如温度检测功能。同时，该智能防遗忘挂件能够接收并响应从手机 App（网关）发来的命令，完成相应的寻物功能；而且，当智能防遗忘挂件测到的温度数据不在设定的范围内时，能够通过声音或闪光等方式发出警报。其次，该智能挂件还有物品防盗功能，当处理器检测到与用户终端的无线通信异常中断时，即判定为物品不在安全范围内，自动发出警报。如图 10-9 所示，所制作的智能防遗忘挂件外形为一个 3 cm×3 cm 的正方形电子设备，它主要由微型处理器、低功耗蓝牙通信模块、锂电池充电电路、模块供电电路等组成。此外，智能防遗忘挂件还具有按键、LED、蜂鸣器、温度传感器等一些外部元器件。

图 10-9　智能防遗忘挂件模型图

智能防遗忘挂件上搭载了一颗 ATMEL 公司的 ATMega328P-AU 微处理器，该处理器是低功耗 8 bit RISC 指令集可编程控制器，最大支持时钟频率为 20 MHz。芯片内置了 32 KB 可编程 Flash、1 KB 可擦写存储器以及 2 KB 易失性存储器；其中，可编程 Flash 擦写寿命为 1000 次，EEPROM 擦写寿命为 100000 次。芯片内置 2 个 8 bit 定时器/计数器和一个 16 bit 定时器/计数器，支持 8 通道 10 bit ADC 和 6 通道 PWM。芯片在硬件上配备了 1 个可编程 UART 串行接口、1 个主/从 SPI 串行接口、1 个 I2C 串行接口。芯片的工作电压为 1.8～5.5V，工作电流为 0.2 mA，在关机模式下电流为 0.1 μA，节电模式下电流为 0.75 μA。

同时，智能防遗忘挂件集成了一块支持 BLE 连接的型号为 RF-BM-S02 的蓝牙 4.0 模块。该模块板载了一颗 TI 公司的 CC2540 芯片以及 PCB 蓝牙天线，提供了一个 UART 串行接口、4 个可编程双向 IO 口、2 个可编程定时单次/循环翻转输出口、1 路 14 bit ADC 输入口以及 3 路可编程 PWM 输出口，模块工作电压为 2～3.6 V。通过 UART 串口，可以让微处理器与蓝牙模块之间进行传输数据。模块在接收串口数据时，将以“TTM”开头的字符串作为 AT 指令处理，其余的数据作为透传数据。一般情况下，微处理器与蓝牙模块通信时需要与 BRTS 和 BCTS 这两个引脚相配合。BRTS 引脚用于微处理器通知蓝牙模块串口开始接收来自微处理器的串口数据，而 BCTS 用于蓝牙模块通知微处理器准备接收来自蓝牙模块的数据，这两个引脚皆为低电平有效。

智能防遗忘挂件还板载了一颗 Dallas 公司的 DS18B20 温度计芯片，该芯片的可测量温度范围为-55～+125 ℃；当测量温度在-10～+85 ℃之间时，测量精度为±0.5 ℃。该芯片使用单总线（1-Wire）接口，通常情况下芯片使用时无须外部元器件，且支持通过总线寄生供电。芯片支持温度警报功能，对芯片内部的 EEPROM 写入预设的报警值，当温度转换时会自动进行对比并设置寄存器的警报位。

2．智能防遗忘挂件的设计与制作

前文中介绍了智能防遗忘挂件的主要模块和元器件，这部分将介绍智能挂件的电路设计及设备制作。智能设备电路图的设计使用了 Altium Designer 14，其制作过程主要包括 5 个部分，分别叙述如下。

1）ATMega328P-AU 处理器电路

ATMega328P-AU 可选用多种时钟晶振，最大工作时钟频率为 20 MHz。其中，时钟频率在 4 MHz 以下时的工作电压为 1.8～5.5 V，在 10 MHz 以下时的工作电压为 2.7～5.5 V，在 20 MHz 以下时的工作电压为 4.5～5.5 V。考虑到智能防遗忘挂件上的微处理器并不需要大量数据计算，且运行功耗越低越好，本章选择了 8 MHz 的时钟晶振。为了方便 Arduino 编程，在电路设计时，直接将 ATMega328P-AU 芯片的 PCINT16～PCINT23 和 PCINT0～PCINT5 这两组接口标注为 Arduino Pro Mini 的 0～13 端口，其中 0 号端口为 RX，1 号端口为 TX。

2）蓝牙通信模块电路

蓝牙通信模块的 TX 和 RX 分别与单片机的 RX 和 TX 相连，这里需要注意的是数据发送引脚（TX）需要与另一方的数据接收引脚（RX）相连，这是 UART 接线时容易疏忽的地方。蓝牙模块的复位引脚（RESET）与单片机的 I/O 口相连，以便单片机能够通过编程的方式发出复位信号来控制模块复位。通过查询 RF-BM-S02 数据手册，将 BRTS 引脚下拉用于唤醒模块，以便接收 UART 传来的透传数据。由于长期将 BRTS 引脚下拉会导致模块长期处于等待数据模式，会导致功耗增加，所以该设计将 BRTS 引脚与单片机 I/O 口相连，通过编程的方式（见图 10-10）正确切换该引脚的状态，以节省功耗。所设计的 RF-BM-S02 蓝牙模块电路如图 10-11 所示。

```
//将 BRTS引脚下拉
digitalWrite(_brtsPin, LOW);
// 延时250 µs
delayMicroseconds(250);
//串口写入数据
_stream. print(str);
// 延时250 µs
delayMicroseconds(250);
//将 BRTS恢复高电平
digitalWrite(_brtsPin,HIGH);
```

图 10-10　编程控制 BRTS 引脚状态

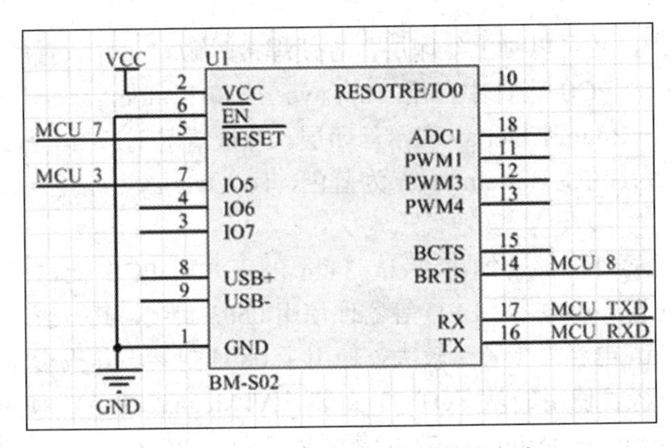

图 10-11　RF-BM-S02 蓝牙模块电路

3）蜂鸣器电路

智能防遗忘挂件上配备了一个无源蜂鸣器，用于发出提示声。考虑到智能防遗忘挂件体积小的特性，本章采用了型号为 8530 的微型贴片蜂鸣器，其电路如图 10-12 所示。

考虑到蜂鸣器工作时的电流可能达到 10 mA，所以使用 Q_1 作为电流放大来驱动蜂鸣器。此蜂鸣器为无源蜂鸣器，本章充分利用了单片机的 PWM 功能，将驱动信号与 Arduino Pro Mini 的 9 号端口相连，编程时可使用 setPwmFrequency 函数设置 9 号端口的 PWM 信号频率来产生不同的音调。

4）温度传感器电路

智能防遗忘挂件上装载了一颗 Dallas 公司的 DS18B20 温度计芯片，其电路如图 10-13 所示。图 10-13 中 U4 为 DS18B20 芯片，R4 为单总线（1-Wire）的上拉电阻。单总线协议中，闲置状态为高电平，为了让总线默认情况下保持高电平状态，使用了 4.7 kΩ 的上拉电阻。

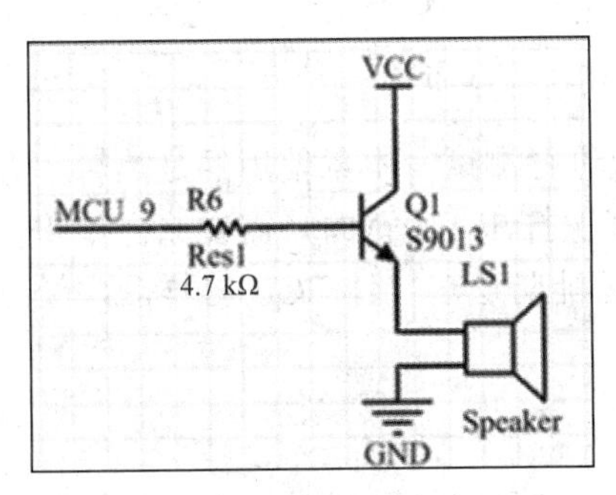

图 10-12　蜂鸣器电路

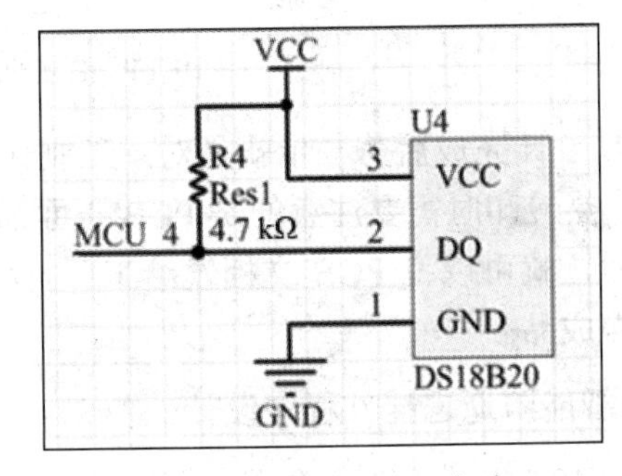

图 10-13　DS18B20 电路

5）智能防遗忘挂件 PCB 线路图制作

原理图设计完成，接下来就可以使用 Altium Designer 的 PCB 工具进行 PCB 线路图设计。Altium Designer 会根据原理图判断 PCB 布线的正确性。由于 PCB 设计最终将直接影响到电子设备成品的外观及电子产品的稳定性，这就需要在设计时特别注意各个组件的外观尺寸和其特有的电气特性的匹配。

元件封装是指元件要焊接在电路板上所需要的焊接点的铜皮形状。设计元件封装时，除了定义铜皮形状外，还可以画上丝印层，方便焊接时确定元件放置的方向，避免焊错。在 Altium Designer 的 PCB 设计中，用 TopLayer 层和 BottomLayer 层表示焊接的铜皮区域；用 TopOverlay 和 BottomOverlay 表示丝印层。默认情况下，Altium Designer 的 PCB 设计视图中 TopLayer 为红色，BottomLayer 为蓝色，TopOverlay 为黄色，BottomOverlay 为棕黄色。

为了保证所有元器件能够容纳在 3 cm×3 cm 的正方形 PCB 上，所有元件规格都尽量使用较小的尺寸。电阻、小电容、LED 等器件使用 0603 封装，其投影轮廓是一个 1.6 mm×0.8 mm 的矩形。10 μF 电容由于容量较大，使用了 0805 封装，其投影轮廓是一个 2.0 mm×1.2 mm 的矩形。三极管使用的是 SOT-23 封装。ATMega328P-AU 使用的是 TQFP-32 封装，可以通过下载 Altium Designer 官方的集成库获取该 PCB 封装。温度计芯片 DS18B20 使用的是 TO-92 封装。HT7333-A 芯片使用的是 SOT-89。元件封装准备好后，在原理图中为各个元件绑定封装，在 PCB 文档中导入原理图文档的数据，就可以开始布线了，所获得的完整 PCB 如图 10-14 所示。

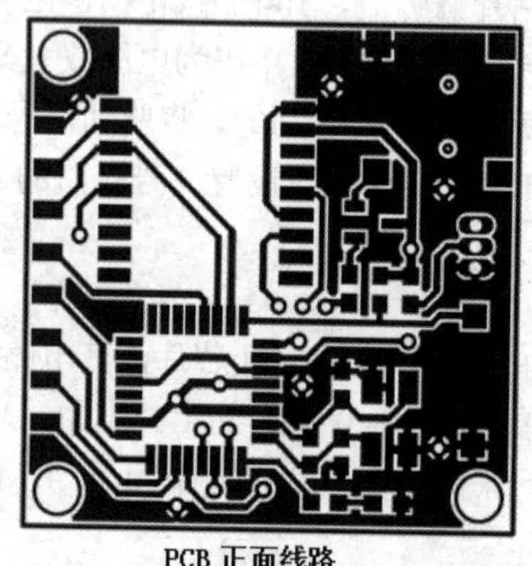

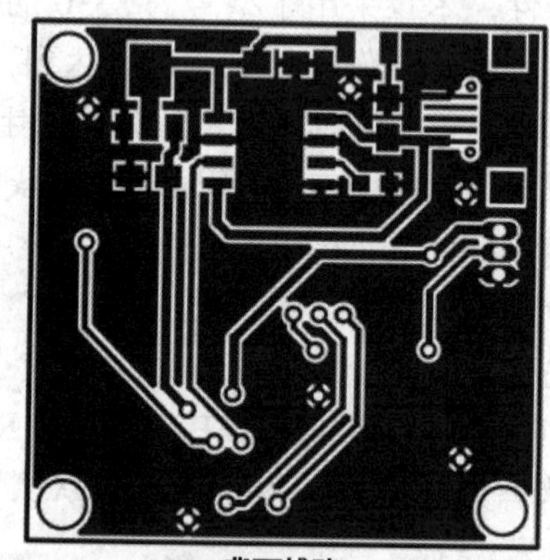

图 10-14　智能防遗忘挂件 PCB 布局

PCB 设计完成后第一步就是对手工制作样板进行测试。本章使用的是热转印方式制作电路板，热转印时需要注意的是 PCB 正面需要镜像打印，而背面只需要原样打印。PCB 测试完成后，就可以将 PCB 文档发给工厂打样。智能防遗忘挂件 PCB 打样后，经过焊接就可以获得成品。

3．智能防遗忘挂件程序设计

本章 10.2.3 节第 2 条介绍了智能防遗忘挂件的硬件设计和成品制作，但所获得的挂件仅仅是一个外壳，并没有任何功能；要让挂件变得智能，就必须为它写入程序。本部分首先描述了 ATMega328P-AU 硬件代码烧写之前的一些准备工作，然后讨论了如何利用 Arduino 开源软硬件平台进行程序设计。

1）FT232R 串口 USB 转换器

本章使用了带有 ISP 下载接口的 FT232R 转换器。FT232R 的 Pin6、Pin9、Pin10 和 Pin11 分别对应 ISP 接口的 RESET、SCK、MOSI 和 MISO。将 ISP 接口和智能挂件调试端

口的 RESET、SCK、MOSI、MISO 和 GND 用杜邦线相连接，就可使用 AVRDUDE 进行 BootLoader 烧写。

2）Arduino IDE

Arduino IDE 是 Arduino 官方提供的一个能够运行在 Windows、Mac OS 及 Linux 上的编程和程序写入工具，它可以从 Arduino 官网上下载到（https://www.arduino.cc/）。下载 Arduino IDE Windows 免安装 ZIP 包，将其解压到任意目录下，运行 arduino.exe 即可打开 Arduino IDE 程序开发平台。Arduino IDE 使用非常方便，代码编写完成后，通过工具菜单选择串口端口号和 Arduino 的型号，点击下载即可进行代码的烧写。

3）OneWire 库和 DallasTemperature 库的安装

DS18B20 使用的是单总线（1-Wire）协议，OneWire 库是一套完整的单总线协议库。DallasTemperature 是一套用于操作 DS18B20 的库，它内部是基于 OneWire 库编写；它下载后分别提取两个压缩包中的 OneWire.h、OneWire.cpp、DallasTemperature.h 和 DallasTemperature.cpp 4 个文件，放到如图 10-15 所示的项目源代码目录中。

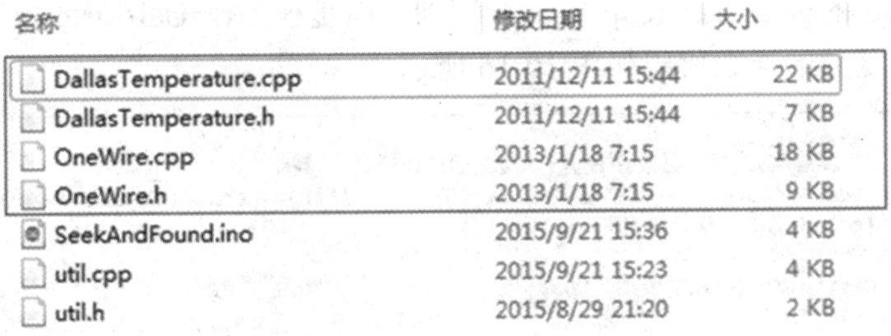

名称	修改日期	大小
DallasTemperature.cpp	2011/12/11 15:44	22 KB
DallasTemperature.h	2011/12/11 15:44	7 KB
OneWire.cpp	2013/1/18 7:15	18 KB
OneWire.h	2013/1/18 7:15	9 KB
SeekAndFound.ino	2015/9/21 15:36	4 KB
util.cpp	2015/9/21 15:23	4 KB
util.h	2015/8/29 21:20	2 KB

图 10-15　OneWire 库和 DallasTemperature 库源代码目录

4）BootLoader 烧写

AVR 单片机除了使用 ISP 下载程序外，还可以通过 BootLoader 方式下载程序。BootLoader 类似于 PC 机主板上的 BIOS，它在单片机启动时检测串口数据。如果收到了程序下载的命令，BootLoader 则将串口收到的程序数据写入芯片内部特定的存储区域；如果没有收到数据，则直接从该特定的区域运行代码。Arduino 代码下载就无须额外配备 AVR ISP 下载线，只需一个串口即可完成代码的反复烧写，使用更加方便。

4．智能防遗忘挂件程序编写

上文中已经介绍了智能防遗忘挂件程序烧写所需的准备工作和空白 ATmega328P-AU 芯片的 BootLoader 烧写。下面将开始用 Arduino IDE 进行挂件的硬件代码编写。代码编写将主要涉及工具类和工具函数的编写，以及 INO 文件的编写。智能防遗忘挂件的源代码主要有两部分。第一部分为 Arduino 主文件，该文件扩展名为.ino，这是 Arduino 程序的标准源代码文件，实质为 C++源代码文件。第二部分为公用代码的头文件（.h）和源文件（.cpp），这是标准的 C++代码。如图 10-15 所示，这两部分的代码文件将放置在同一个目录下。Arduino IDE 在打开项目时能够自动检测到所有项目文件，并同时编译最终生成.hex 文件，它可被烧录到所开发的硬件设备。在公用代码（util.h 和 util.cpp）中，主要包含了以下方法和类：用于管理 LED 状态的 LedManager 类、用于监听串口数据的 UartListener 类、用于设置 PWM 通道方波频率的 setPwmFrequency 函数、用于设置保存在 EEPROM 中的配对码的 setPairCode 函数和用来验证配对码的 matchPairCode 函数。

LedManager 类主要用于管理 LED 状态，该类封装了 LED 闪烁控制代码，主要采用了 Arduino 库中的 millis 函数来实现非阻塞方式控制 LED 的闪烁时序。另外，LedManager 类通过 updateMode 函数来实现 LED 状态的更新，可用参数有 LED_MODE_OFF（关闭）、LED_MODE_ON（常亮）、LED_MODE_BLINK_TYPE_1（快速双闪）、LED_MODE_BLINK_TYPE_2（慢速单闪）。

UartListener 类主要实现了基于指定串口数据的事件监听功能，主要包括 on、readString、sendString、loop 等函数。on 函数用于绑定事件，让串口在收到指定文本时触发回调函数。readString 函数用于从串口接收指定数量的字符，执行该方法时会持续阻塞，直到收集到指定数量的字符或等待超过指定时间，该函数会返回读取到的字符数，返回“-1”表示读取超时。sendString 函数用于向串口发送字符串。loop 函数用于开启串口监听功能，在空闲时间循环执行空闲函数。由于在 setup 函数最后启动了串口监视函数，该函数为阻塞执行，所以实际上 Arduino 的标准函数 loop 并未执行到，而是被当作 UartListener 构造方法的空闲函数传入，loop 函数的详细代码如图 10-16 所示。

```
void loop() {
  // 如果连接后超过5秒未授权,自动复位蓝牙模块断开连接
  if (connectState == STATE_CONNECTED && millis() - connectTime > 5000) {
    testSerial.println("Auto reset");

    digitalWrite(RST_PIN, LOW);
    delay(10);
    digitalWrite(RST_PIN, HIGH);

    connectState = STATE_DISCONNECTED;
  }

  // 如果LED提醒状态被激活,LED开始快闪
  if (notify) {
    ledManager.updateMode(LED_MODE_BLINK_TYPE_1);
  }
  // 否则如果处于充电状态,LED慢闪
  else if (digitalRead(CHRG_PIN) == LOW) {
    ledManager.updateMode(LED_MODE_BLINK_TYPE_2);
  }
  // 否则LED关闭
  else {
    ledManager.updateMode(LED_MODE_OFF);
  }
}
```

图 10-16　loop 函数详细代码

5．智能手机网关 App 管理软件设计

基于所开发的智能挂件硬件，携带物品管理 App 界面的设计如图 10-17 所示。用户在打开 App 时就可快速查看携带物品信息，它包括物品备注名称、物品与用户的距离、是否在安全距离内；其中，当物品在安全区域内时显示绿色的小圆点，不在安全区域内时显示红色的小圆点。当用户携带的智能手机与物品的距离在设定的安全距离内，用户可以在手机客户端上搜寻物品的具体位置。用户可以按下“呼叫”按钮来寻找该物品，当靠近物品

时，智能挂件会发出声音警报和闪烁 LED 灯，提醒用户被寻找物体就在附近，这样就能像打电话一样“呼叫”自己的物品。

图 10-17　物品管理及寻物 App 界面

10.3　IoT 网关技术

10.3.1　网关技术简介

物联网网关在物联网实时信息系统中扮演着非常重要的角色。网关可以实现节点数据与传输网之间的协议转换，既可以实现广域互联，也可以实现局域互联。网关可提供传输网络接入功能，将所收集到的数据可靠地发送到数据服务中心。网关设计主要包括 3 个部分：网关-节点数据通信接口设计、网关-接入网接口设计和网关数据处理及管理设计。

网关-节点数据通信接口设计主要解决网关同物联网节点之间的数据交换问题。

网关-接入网接口设计要保障网关将所收集的实时数据及时可靠地传输到物联网数据服务中心。网关可以通过有线接入、移动无线接入、Wi-Fi 接入等方式连接到数据传输网络。有线接入主要通过 RJ-45 网络接口来实现，一般可直接接入以太网；移动无线接入可通过 TD-SCDMA、CDMA2000、WCDMA 等 3G 移动通信网卡来实现；Wi-Fi 无线接入可以通过 IEEE 802.11a/b/g/n 网卡及无线接入点（Access Point，AP）来实现。

网关数据处理及管理设计实现节点的管理，如获取节点的标识、状态、属性和能量等；也可以对节点实施远程唤醒、控制、诊断、升级和维护等。由于网关所管理的节点的技术标准不同，协议的复杂性不同，所以需要设计不同的网关来管理不同的物联网节点，实现不同的物联网应用。同时，物联网网关可以将数据服务中心下发的数据包解析成节点可以识别的信令和控制指令，来实现对被监控设备的控制。

10.3.2　网关制作技术

当前，物联网网关的制作主要包括基于PCB电路板的网关制作、基于商用Arduino单片机的网关制作、基于商用嵌入式电脑树莓派的网关制作、基于商用工控机的网关制作等，分别叙述如下。

1．基于PCB电路板的网关制作

当市场现有的硬件设备无法满足特定物联网网关的制作需求时，人们从“0”开始制作物联网网关。这里以STM32私家车安全监测物联网网关制作为例，来说明基于PCB电路板的网关制作制作过程。

私家车安全监测物联网网关主要由STM32微处理器、温湿度传感器、烟雾传感器、红外感应传感器、通用无线分组业务（General Packet Radio Service，GPRS）传输模块等组成。使用该网关，收集车内各种环境数据后，通过GPRS模块将数据传送到云服务器上。

STM32车辆安全监测网关采用Altium desinger软件进行原理图和PCB设计，该软件主要运行在Windows操作系统。在进行布线和PCB布局过程中要注意遵循PCB设计规则的同时兼顾系统实际需求。

PCB设计过程包括以下几个步骤：新建PCB文件、原理图导出PCB、PCB相关设置、布局、布线、设计规则检查等。为使所制作的设备PCB具备良好的稳定性及抗干扰能力，要注意在PCB设计过程中以核心元器件、单元电路为中心进行布局。依据原理图设计所导出的PCB电路板如图10-18所示。

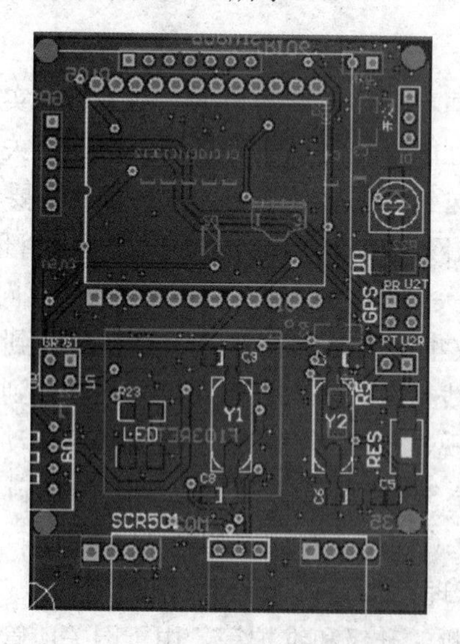

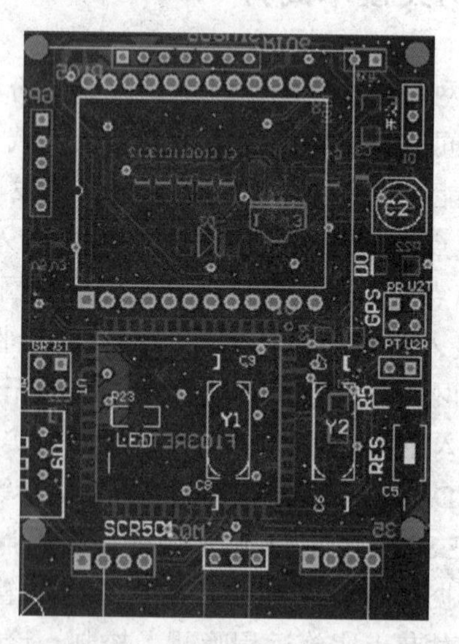

图10-18　硬件PCB设计图

将设计好的私家车安全监测的PCB图进行打包，并联系正规厂家，将打包好的文件发送给厂家，制成PCB电路板（见图10-19）。利用电表测试电路板是否出现短路的现象，若一切正常，则将STM32F103RET6芯片、MQ2气体传感器、人体红外感应传感器、

MQ135 传感器、蜂鸣器、DHT11 数字温湿度传感器等电子元器件焊到电路板上，制成设备成品（见图 10-20）。

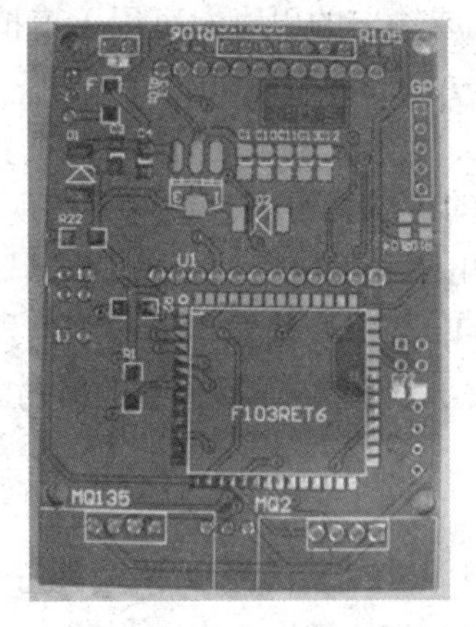

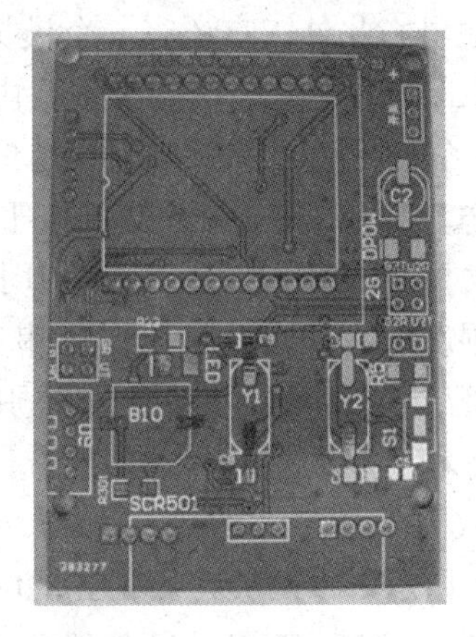

图 10-19　网关 PCB 成品正面（左）与反面（右）

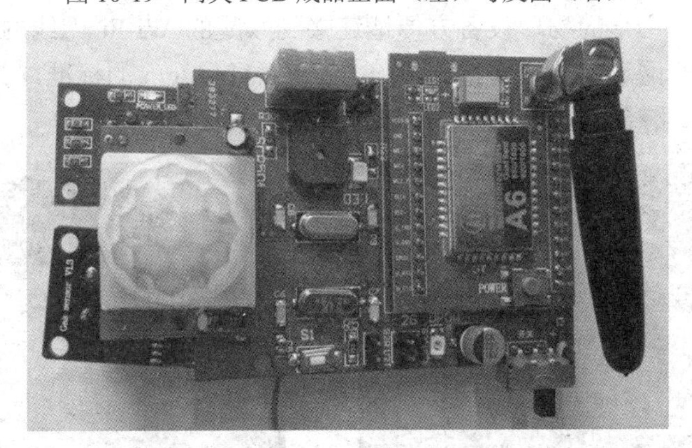

图 10-20　焊接后的私家车安全网关

MQ2 气体传感器主要检测私家车安全监测设备所处的空间是否有可燃气体。HC-SR501 人体红外感应传感器模块，对人体温度的敏感较高，且价格适中，适合用于私家车安全监测设备中。MQ135 传感器的电路图有 4 个引脚，其中 3 脚接地，4 脚接电源。使用蜂鸣器模块，在成功接通电源后，通过使电磁线圈产生磁场的方式，可让蜂鸣器能够进行周期性地振动发声。DHT11 数字温湿度传感器主要有 4 个引脚，第一个引脚是接电源的正极；第二个引脚为数据端，控制芯片的 I/O 口；第三个引脚为空脚，此管脚悬空不用；第四个引脚接电源地端。STM32F103RET6 芯片由 54 个引脚组成，根据私家车安全监测设备的需求，每个引脚的功能不同，根据元器件的性质来设计与之连接的引脚。

2．基于商用 Arduino 单片机的网关制作

当前，Arduino 是一个较好的用于开发一般用途的物联网网关的商用单片机。这里以开发“家庭智能照明网关”为例，来说明基于商用 Arduino 单片机的网关制作过程。

1）Arduino UNO R3 单片机

如图 10-21 所示，智能照明网关使用 Arduino UNO R3 单片机。Arduino 板上集成了单片机芯片，免去了用户焊接芯片的麻烦。Arduino 是提供开放源代码的商用单片机，具有价格便宜、编程简单、跨平台等优点。Arduino UNO R3 可以在程序中自定义设置 14 个数字引脚的输入或输出。此外，它还有 6 个模拟输入或输出的引脚，可用于模拟信号读写。

所制作的 Arduino 智能照明网关主要由 1 个 Arduino UNO R3 单片机、1 个 DHT11 温湿度传感器、1 个 ESP8266 串口 Wi-Fi 通信模块、1 个光敏电阻传感器、1 个照明灯模块、1 个 12 V 的 CPU 小风扇和 2 个 5 V 低电平触发的继电器组成。该网关实现 3 个主要功能：收集数据、转发数据、接收控制命令。利用光敏电阻和 DHT11 温湿度传感器采集光线照射值、温度值、湿度值，并通过 ESP8266 串口 Wi-Fi 通信模块发送给物联网数据服务中心。同时，Arduino 智能光照网关可以根据不同的指令来分别控制两个继电器的断开和闭合，以此来控制照明灯和风扇的打开和关闭。

2）ESP8266 串口 Wi-Fi 通信

如图 10-22 所示，本网关使用 ESP8266 串口 Wi-Fi 通信模块与 Arduino 单片机共同完成数据通信任务。ESP8266 是一款耗能非常低的 Wi-Fi 模块，专门为移动设备和物联网的应用而设计，可以使用户的物理设备方便地连接到家庭的 Wi-Fi 无线网络上，实现互联网络的功能，进行互联网通信。它支持无线 IEEE 802.11a/b/g/n 的标准，其内置的 TCP/IP 协议栈支持 Socket AT 指令，支持 UART/GPIO 数据通信接口，通信稳定，小巧便利。

图 10-21　Arduino UNO R3 单片机实物图

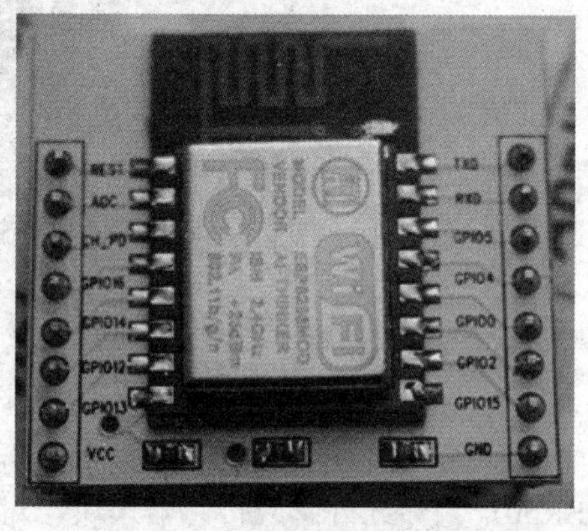

图 10-22　ESP8266 串口 Wi-Fi 模块的实物图（正面）

3）Arduino 智能光照网关产品

如图 10-23 所示，通过使用杜邦线及局部焊接，可将 Arduino UNO R3 单片机、1 个 DHT11 温湿度传感器、1 个 ESP8266 串口 Wi-Fi 通信模块、1 个光敏电阻传感器、1 个照明灯模块、1 个 12 V 的 CPU 小风扇和 2 个 5 V 低电平触发的继电器集成为一个智能光照物联网网关。

3．基于商用嵌入式电脑树莓派的网关制作

如图 10-24 所示，为了制作功能强大可进行图像处理的物联网网关，可选用商用嵌入式电脑树莓派。这里描述的是利用 Raspberry 公司最新推出的新产品 Raspberry Pi 4B 嵌入式电脑来开发一个森林郁闭度及环境参数监测物联网网关。

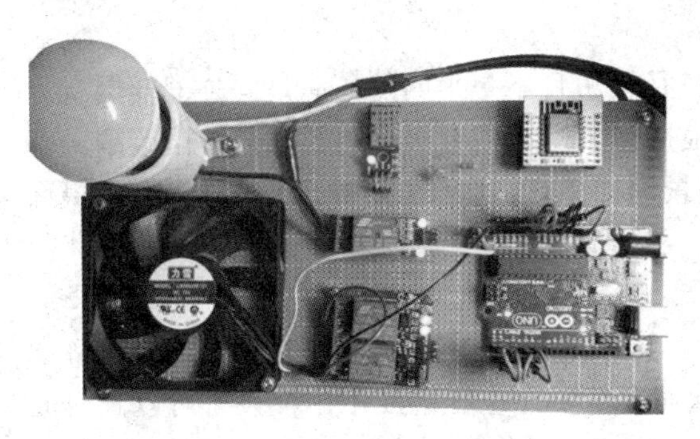

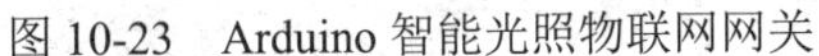

图 10-23　Arduino 智能光照物联网网关

图 10-24　树莓派 4B 实物图

树莓派 4B 具有 4 GB 内存及 32 GB 扩展存储，可以运行 Linux 操作系统。树莓派 4B 配置了性能强劲的基于 ARM Cortex A72 的中央处理器，支持 USB 3.0、蓝牙 5.0、Wi-Fi 4.0，配置有千兆以太网口和两个 HDMI 高清信号输出口，树莓派 4B 的尺寸仅有一张身份证的大小，是一款可运行 Linux 系统的嵌入式电脑。

1）新型森林郁闭度及环境参数监测网关设计

如图 10-25 所示，针对当前森林郁闭度监测方法太烦琐、浪费大量物力人力、数据不准等问题，开发了一个基于树莓派的新型森林郁闭度及环境参数监测网关。该网关由树莓派、鱼眼摄像头、传感器、4G 无线路由器、太阳能板、移动电源和支架组成。该网关可对拍摄的图片进行灰度化、二值化处理，进一步计算出所拍图片代表的森林郁闭度。同时，网关还可以收集温湿度传感器数据、光照传感器数据及烟雾传感器数据。将网关定点放置在森林中，由太阳能板以及移动电源进行供电，通过鱼眼摄像头进行实时拍照并使用 4G 移动通信将拍摄的图片、郁闭度及森林环境数据上传到云端 Web 服务器。

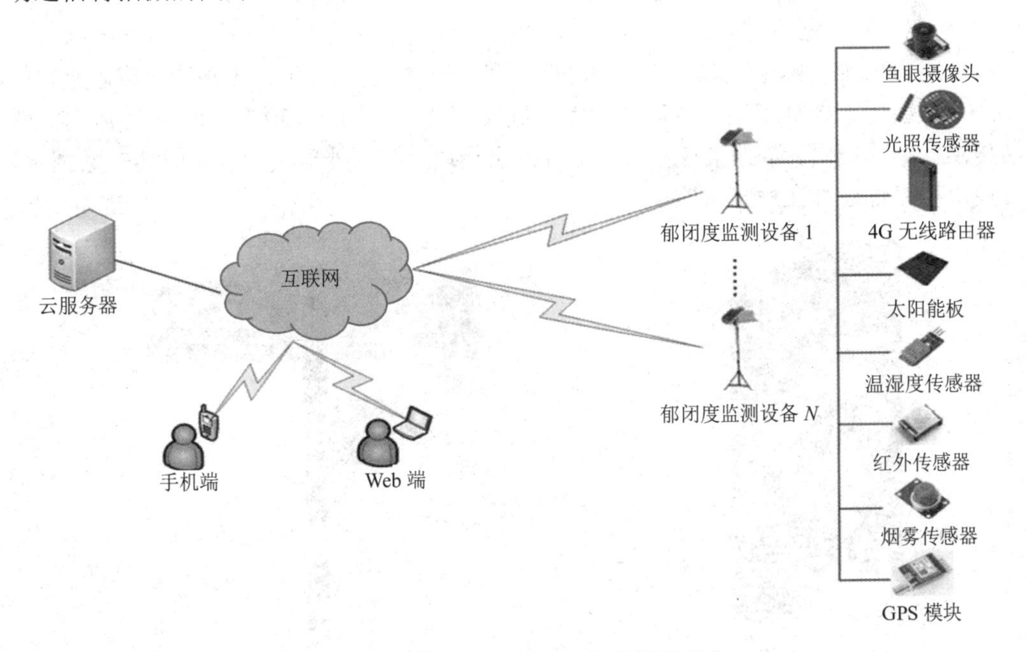

图 10-25　基于树莓派的郁闭度监测设备

2）鱼眼摄像头模块

如图 10-26 所示，鱼眼摄像头表层镜片直径较短且不是平面的，而是向外部伸展有一个弧度，和鱼的眼睛很像，因此而得名。鱼眼摄像头模块拥有极端的超广角拍摄范围、垂直视角可以接近或超过 180°、可以对周围场景进行 360° 无死角监控，可被称为全景摄像机等。

3）太阳能充电板模块

所选用的太阳能充电板如图 10-27 所示，太阳能充电板在阳光充足的时候给设备和 4G 无线路由器供电。同时，还将多余的电量储存在可充电锂电池中，使设备可以长时间工作。

图 10-26　鱼眼摄像头

图 10-27　太阳能充电板模块

4）移动 4G 路由器模块

如图 10-28 所示，所制作的物联网网关使用移动紫米 4G 路由器来实现数据的传输。该 4G 路由器插上 SIM 卡后即可为树莓派提供 Wi-Fi 网络服务。

5）树莓派物联网网关软件设计

将上述树莓派、4G 路由器、鱼眼摄像头、太阳能充电板及各种传感器集成起来，得到如图 10-29 所示的森林郁闭度监测树莓派物联网网关。如图 10-30 所示，树莓派网关软件包括传感器驱动模块、数据采集模块、定时拍照模块、图像处理模块及定时传输数据模块。所有模块程序都运行在树莓派网关中。

图 10-28　紫米无线路由器

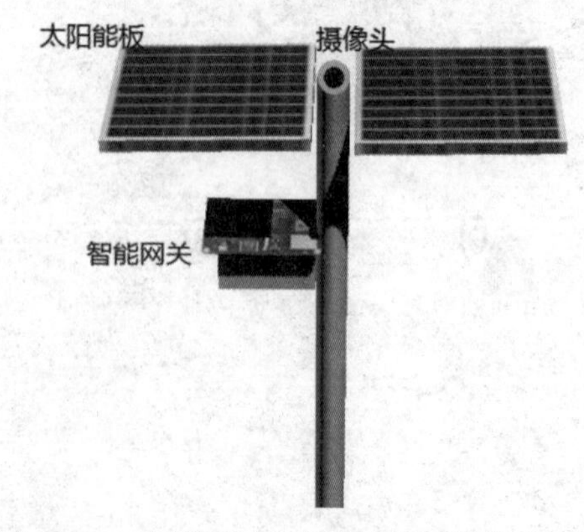

图 10-29　森林郁闭度监测树莓派物联网网关

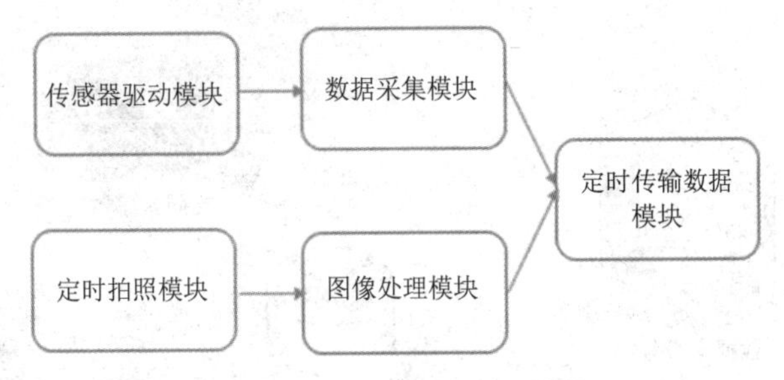

图 10-30　树莓派物联网网关软件设计

图像处理模块是人工幼林生长智能监控设备的一个重要功能，也是本设备最大的亮点。鱼眼摄像头拍摄的照片需要进行处理才能得到剔除树干和树枝的冠盖度数据。效果图如图 10-31 和图 10-32 所示。可以看出经过图像处理后，原本的人工林中的天空填充为白色，树干填充为灰色，剩下黑色部分即为树冠部分，只要计算黑色占整个天空的比例即可得到林冠覆盖度，也就是森林郁闭度数据。

图 10-31　人工林原图

图 10-32　处理后的图片

4．基于商用工控机的网关制作

如图 10-33 所示，对于特殊的物联网应用，可以利用商用工控机来制作物联网网关。这里利用 ARMmini2440 工控机来制作一个智能大棚管理网关。如图 10-34 所示，网关将采集到的实时数据进行处理后，利用 C 语言的多线程技术将数据存入网关的 Sqlite3 数据库，并将实时数据发送至数据服务中心。

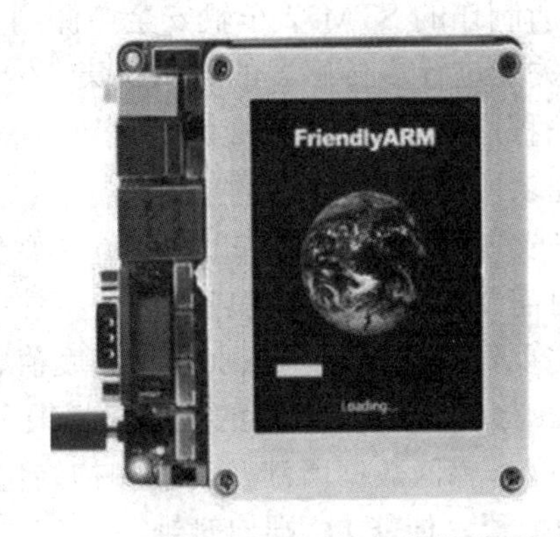

图 10-33　基于 ARM 工控机的物联网网关

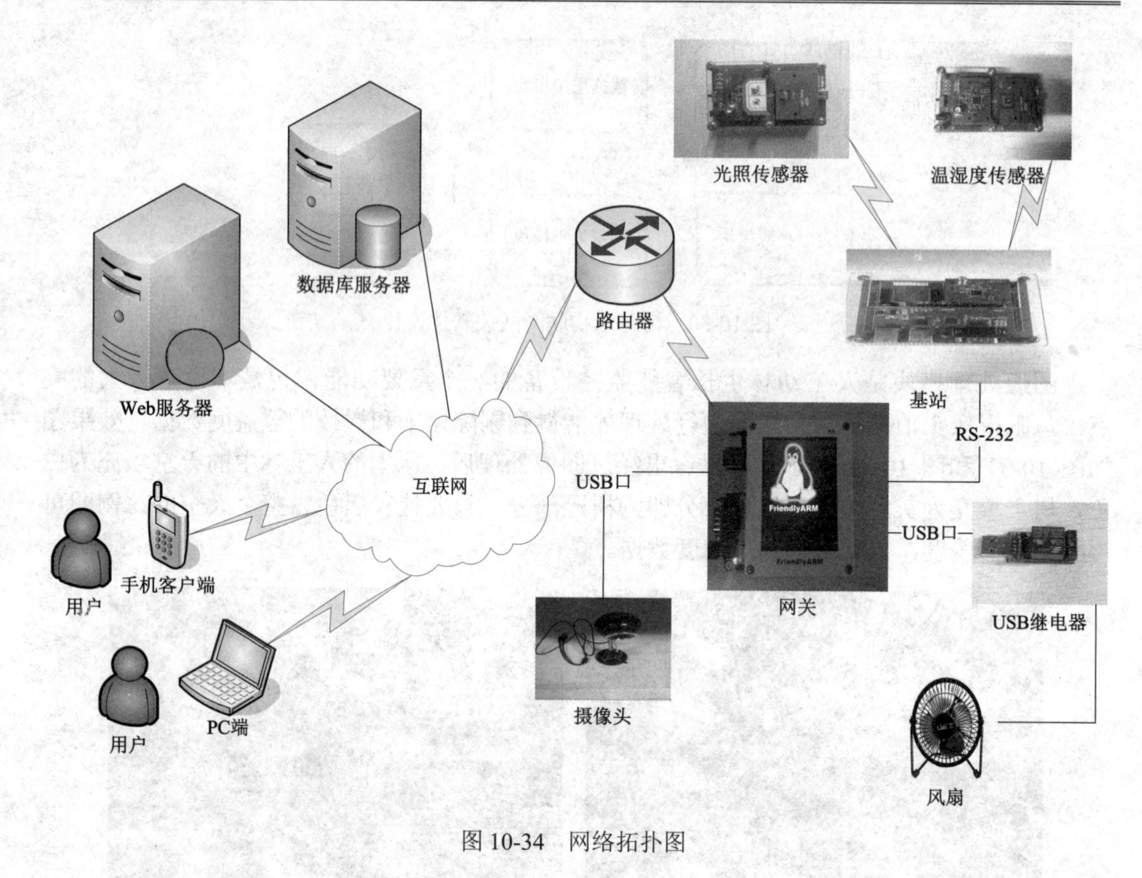

图 10-34　网络拓扑图

所制作的智能大棚管理网关将摄像头、光照传感器、温湿度传感器、风扇、浇水设备及继电器集成起来，用户可通过视频画面实时观察黄瓜长势及病虫害，当大棚环境出现异常时会发生报警，管理员可通过控制继电器的闭合来控制风扇、灯、水阀等的开关。

10.3.3　网关编程技术

1. PCB 电路板网关编程技术

这里以基于 PCB 电路板所制作的 STM32 车辆安全监测网关为例，来说明相关的网关编程技术。为了使 STM32 网关能进行多传感器的数据收集、传输以及连接服务器，需要为网关编写程序，并将编译后的程序烧录到 STM32 网关。对于 STM32 网关，主要使用 Keil uVision4 进行代码的编写，烧录使用 FlyMcu 软件。

如图 10-35 所示，安装完成之后即可打开 Keil uVision4 软件。要进行网关程序编写，首先使用 Keil uVision4 启用需要的头文件或者自定义头文件库，这样更加有利于编写程序。从网关发送到服务器的主要数据包括设备识别码、温度值、湿度值、是否有人、烟雾值、有毒气体值、经度、纬度。为 STM32 所编写的程序包括很多函数，这里不再详细阐述。图 10-36 为获取 DHT11 温湿度传感器数据所涉及的引脚初始化函数，这个函数对 DHT11 进行复位，进行 PG11 端口的配置，使能 PC 端口时钟。

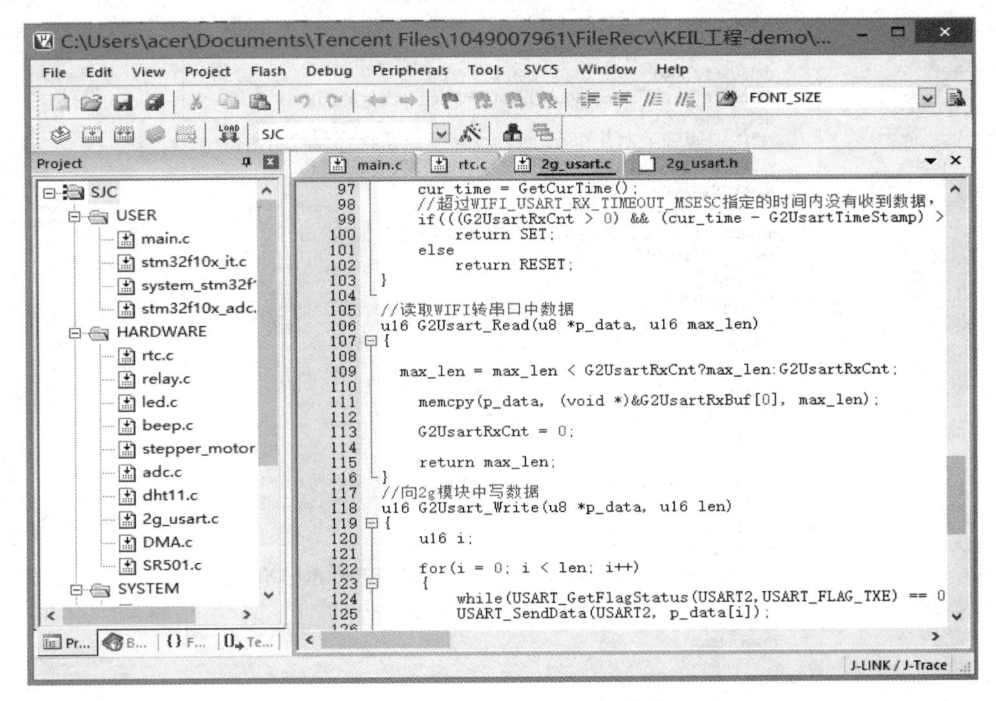

图 10-35　Keil uVision4 主界面

```
u8 DHT11_Init(void)
{
  GPIO_InitTypeDef  GPIO_InitStructure;

  RCC_APB2PeriphClockCmd(RCC_APB2Periph_GPIOA, ENABLE);  //使能PC端口时钟

  GPIO_InitStructure.GPIO_Pin = GPIO_Pin_0;          //PG11端口配置
  GPIO_InitStructure.GPIO_Mode = GPIO_Mode_Out_PP;    //推挽输出
  GPIO_InitStructure.GPIO_Speed = GPIO_Speed_50MHz;
  GPIO_Init(GPIOA, &GPIO_InitStructure);           //初始化IO口
  GPIO_SetBits(GPIOA,GPIO_Pin_0);                //PG11 输出高

  DHT11_Rst();  //复位DHT11
  return DHT11_Check();//等待DHT11的回应
}

void DHT11_PortIN(void)
{
  GPIO_InitTypeDef  GPIO_InitStructure;

  //Configure pin as input
  GPIO_InitStructure.GPIO_Pin = GPIO_Pin_0 ;
  GPIO_InitStructure.GPIO_Speed = GPIO_Speed_50MHz;
  GPIO_InitStructure.GPIO_Mode = GPIO_Mode_IN_FLOATING;   //浮动输入
  GPIO_Init(GPIOA,&GPIO_InitStructure);
}
```

图 10-36　DHT11_Init 函数

STM32 网关 GPRS 2G 模块数据发送相关函数如图 10-37 所示。

如图 10-38 所示，FlyMcu 是一款仿真软件，它是 STM32 在线烧录程序的工具，开发者使用该软件可以快速入门，使用方法简单。下载软件可直接点开使用，连接好硬件后，就可以将 Keil uVision4 程序编译生成的.hex 文件导入硬件，这个过程也称为代码烧录。

```
void G2_Init()
{
    delay_ms(500);
    G2Usart_Write("at+cipclose\r\n", strlen("at+cipclose\r\n"));
    delay_ms(300);
    G2Usart_Write("AT+CIPSTART=\"TCP\",\"39.108.75.178\",20173\r\n",
    strlen("AT+CIPSTART=\"TCP\",\"39.108.75.178\",20173\r\n"));
    delay_ms(1000);
    G2Usart_Write("AT+CIPSTART=\"TCP\",\"39.108.75.178\",20173\r\n",
    strlen("AT+CIPSTART=\"TCP\",\"39.108.75.178\",20173\r\n"));
    delay_ms(1000);
}
void G2_Sent(u8 *str){
    char at_order[20];
    u8 len;
    len=strlen(str);
    delay_ms(100);
    G2Usart_Write(str, len);
    delay_ms(100);
}
u16 G2Usart_Write(u8 *p_data, u16 len)//向 2G 模块中写数据
{
    u16 i;
    for(i = 0; i < len; i++){
        while(USART_GetFlagStatus(USART2,USART_FLAG_TXE)== 0);
        USART_SendData(USART2, p_data[i]);
    }
    return len;
}
```

图 10-37　STM32 网关 GPRS 2G 模块数据发送相关函数

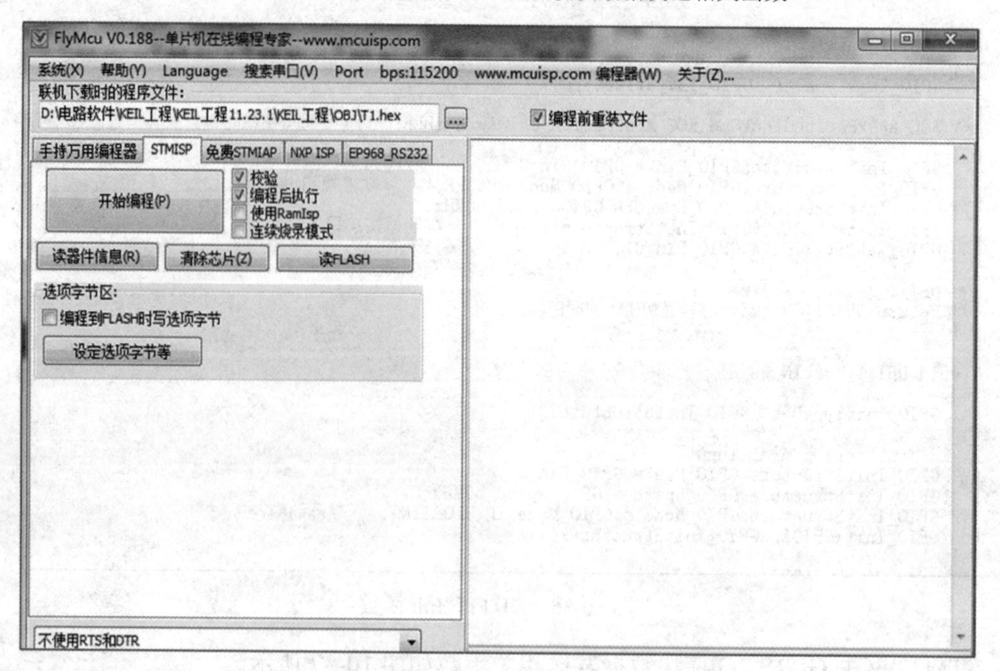

图 10-38　烧录软件 FlyMcu 界面

2．Arduino 编程技术

在为 Arduino 物联网网关编写程序之前，需要下载并安装 Arduino 软件开发平台。双击 Arduino-1.5.6.exe 文件开始安装，进入如图 10-39 所示的安装界面。

在图 10-39 所示中单击 I Agree 按钮，进入安装配置界面。如图 10-40 所示，选择所有选项。

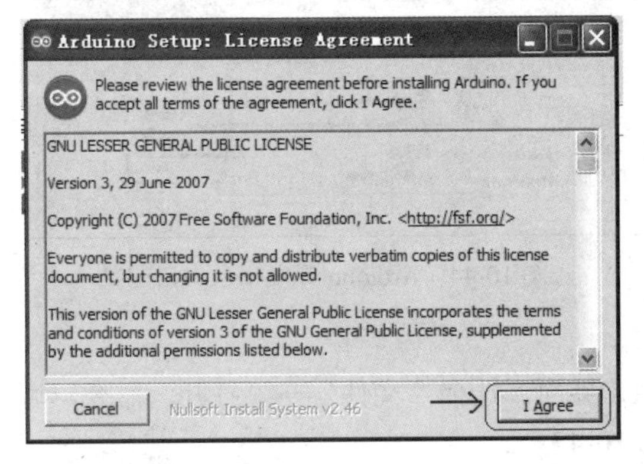

图 10-39　Arduino-1.5.6 初始安装界面

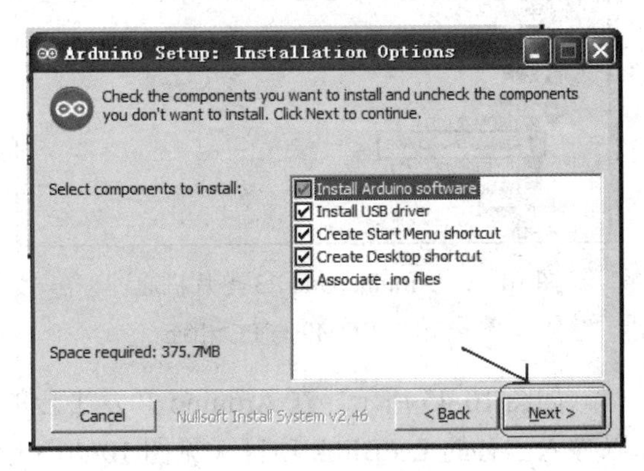

图 10-40　Arduino 安装选项

在图 10-40 中单击 Next 按钮后，进入安装路径选择界面。可以选择默认的安装路径，也可以变换安装路径。等待 Arduino 软件开发平台安装完成。在开发平台安装完成后，会出现 Arduino USB 驱动器安装界面，单击安装按钮进行驱动器安装。在完成 Arduino 1.5.6 版本安装后，可以按照如图 10-41 所示的方式打开 Arduino 开发平台。

如图 10-42 所示，启动 Arduino 软件开发平台后，进入默认的软件开发界面。

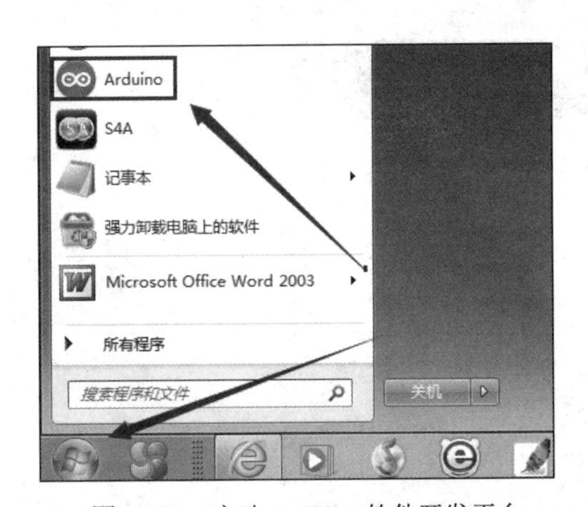

图 10-41　启动 Arduino 软件开发平台

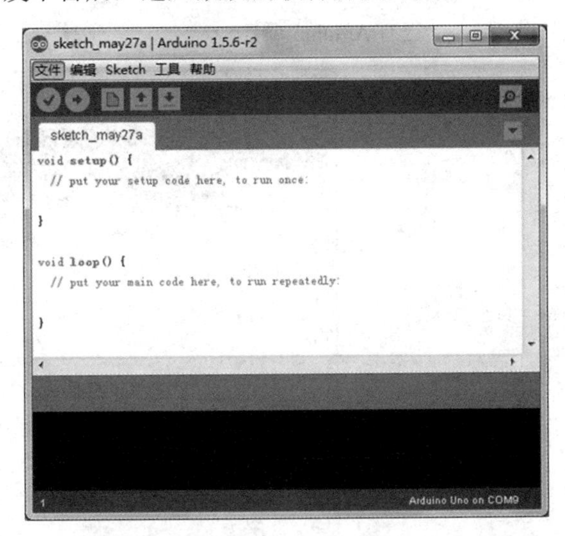

图 10-42　启动 Arduino 后的界面

此时，Arduino UNO R3 微控制器通过 USB 电缆连接到 PC，微控制器上的 LED 灯将发射绿光。计算机将自动识别单片 USB 串行端口。如图 10-43 所示，Arduino UNO R3 微控制器可以看出通过设备管理器的串行端口 COM9 连接到 PC。这时就可对 Arduino 物联网网关进行编程、调试及软件烧录了。

同时，在利用 Arduino 开发平台对单片机进行编程及在线调试时，需要配置正确的通信串口。实现串口配置的过程如图 10-44 所示。

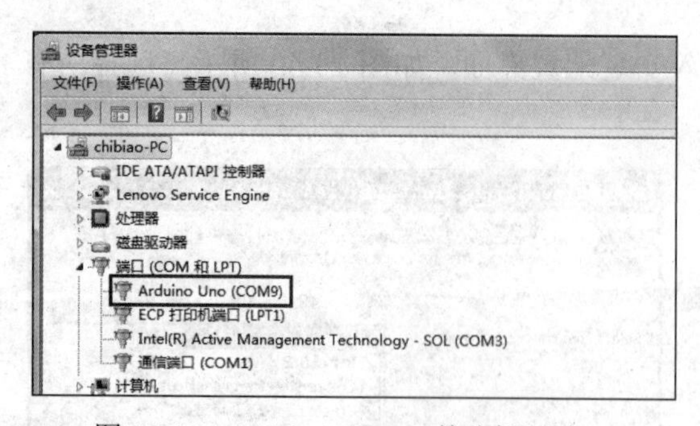

图 10-43　Arduino Uno R3 单片机通过串口 COM9 与 PC 相连

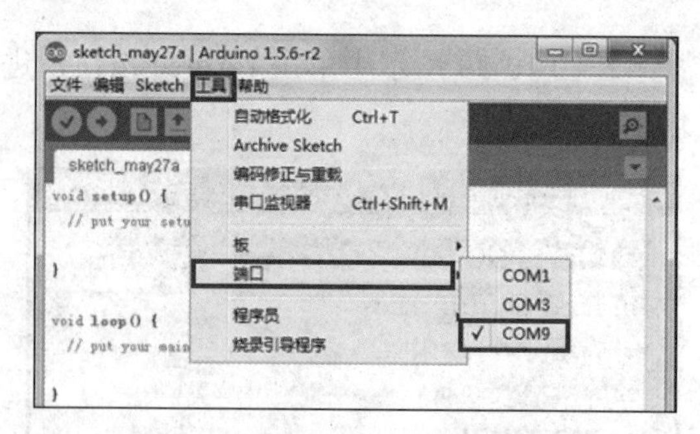

图 10-44　Arduino 开发平台串口配置

如图 10-45 所示，在 Arduino 开发平台的 UI 界面，选择“文件”→“打开”命令，可以导入已有的 LedBlink 项目（见图 10-46 和图 10-47）。

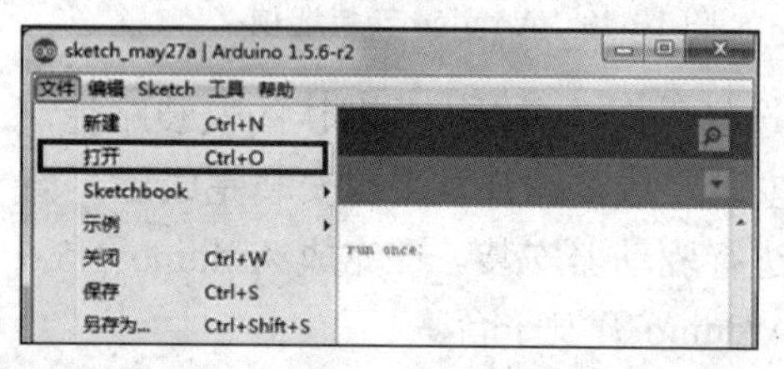

图 10-45　利用 Arduino 开发平台打开已有 Arduino 项目

图 10-46　利用 Arduino 开发平台打开已有 LedBlink Arduino 项目

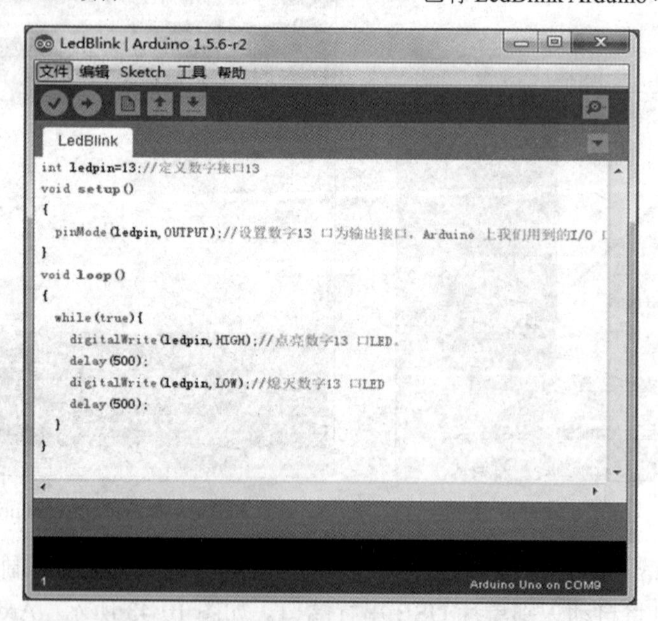

图 10-47　导入的 LedBlink Arduino 项目代码

如图 10-48 所示，单击 IDE 界面的箭头，将 LedBlink Arduino 项目代码编译，即可上传（烧录）到单片机（见图 10-49）。编译后的 LedBlink Arduino 项目上传单片机成功后单片机状态如图 10-50 所示。

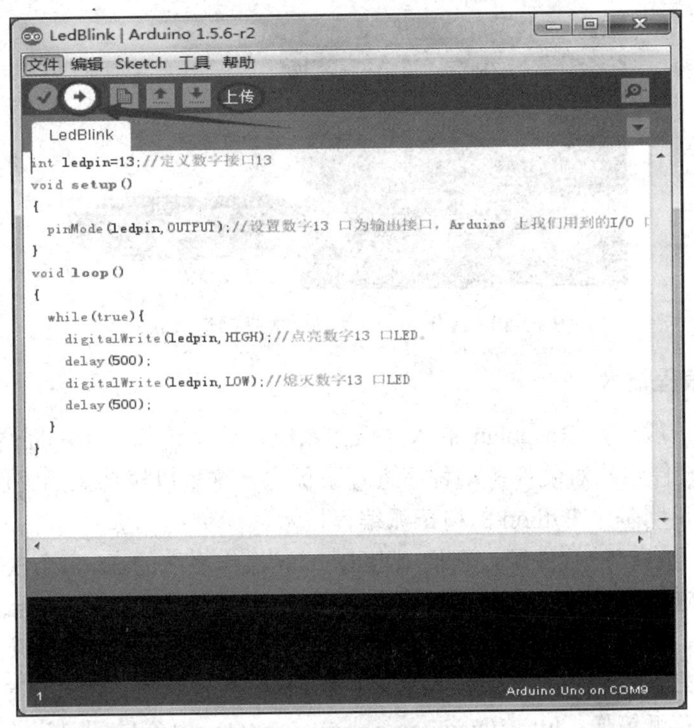

图 10-48　将 LedBlink Arduino 项目代码编译并上传（烧录）到单片机

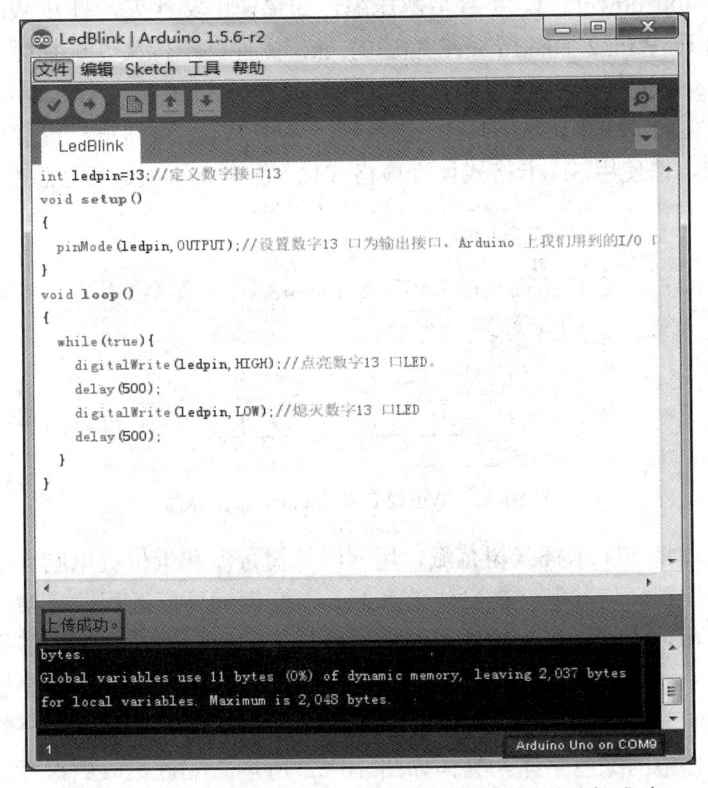

图 10-49　编译后的 LedBlink Arduino 项目上传单片机成功

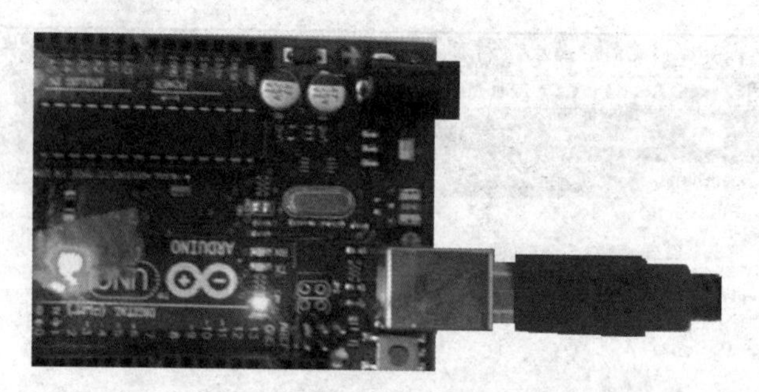

图 10-50　Arduino 网关烧录成功后运行状态

3．树莓派编程技术

树莓派网关一般运行 Raspbian 嵌入式操作系统，该系统基于 Debian 操作系统，根据 Raspberry Pi 的硬件结构对硬件驱动程序进行了优化。这里以树莓派网关运行 Raspbian 操作系统为例，来说明基于 Python 的树莓派编程技术。

Raspbian 拥有自己的软件源，它们来自 Debian 操作系统的 35 万个软件包，这些软件包也针对树莓派进行了优化，这使得树莓派成为一个稳定快速的系统平台。

一般情况下，购买收到树莓派后，将树莓派支持的摄像头插入树莓派的摄像头端口。同时，将支持树莓派的 SD 卡插入读卡器，将读卡器插入计算机，格式化 SD 卡。从树莓派官方网站下载树莓派镜像：https://www.raspberrypi.org/downloads/raspbian/，选择 Raspbian Stretch with desktop download。下载后解压缩，如果使用文件夹，打开 Win32 DiskImager 程序文件夹，打开 Win32 DiskImager 程序的 exe 文件，镜像文件选择树莓派文件解压。Win32 DiskImager 选择读卡器的路径及树莓派操作系统镜像文件 2018-06-27-raspbian-stretch.img，具体操作如图 10-51 所示。选择后，单击 Write 按钮进行镜像烧录，如果存在无法烧录的错误，请使用 SD 卡格式化程序格式化 SD 卡，再次进行镜像写入。

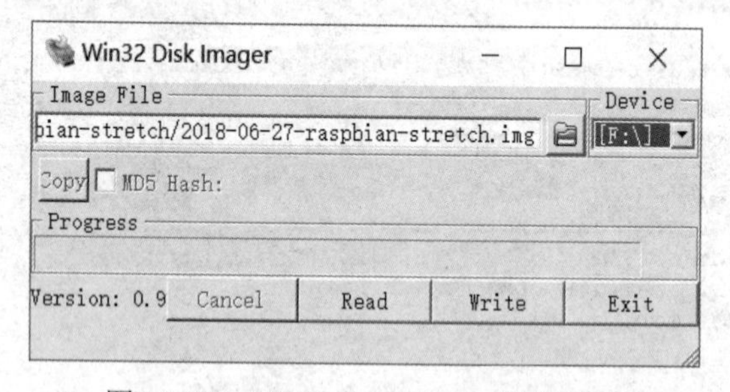

图 10-51　Win32 Disk Imager 操作界面

烧录成功后，将 SD 卡插入树莓派，用网线将树莓派和上位机电脑连接起来，进行有线或者无线网络配置，使其能够在安装 Raspberry Pi 期间访问远程服务器。Raspbian 操作系统安装完毕之后，进行树莓派软件源配置。所使用的树莓派软件源为清华大学所运行的软件源服务器——http://mirrors.tuna.tsinghua.edu.cn/raspbian/raspbian/，这个软件源比较稳定而且不容易出错。配置步骤如下：输入命令 sudo nano/etc/apt/sources.list，将上述的软件源网址替换打开文件中的绿色字体，具体如图 10-52 所示。配置完成后保存，保存完后执行 sudo apt-get update && sudo apt-get-y upgrade。

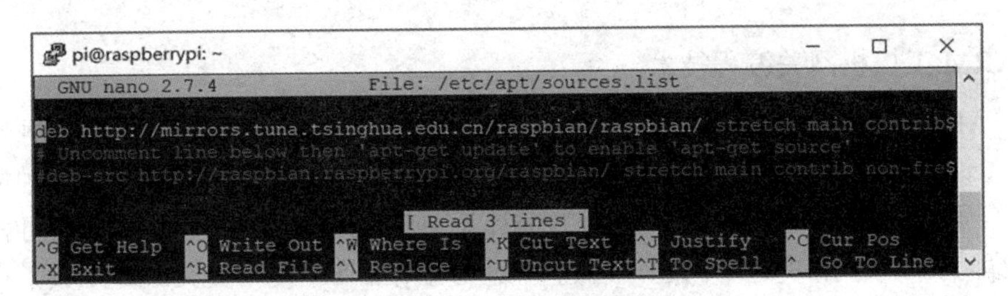

图 10-52　修改/etc/apt/sources.list 树莓派软件源文件

Python 软件开发程序对于物联网网关功能的设计与实现具有重要的意义。在开启树莓派并调试好网络后，就可以通过命令行里面的 APT 更新来安装所需要的 Python，叙述如下。

（1）安装 Python 的开发环境：sudo apt-get install python-dev。

（2）安装 Python 软件：sudo apt-get install python27（这里的 27 是版本号）。

（3）测试 Python 是否安装成功：在任意命令行状态下输入 Python 命令，如果安装成功就会出现 Python 软件的版本信息。

本节采用温湿度传感器对树莓派的数据采集方法和过程进行说明。树莓派引脚和 DHT11 引脚之间的电路连接如图 10-53 所示。DHT11 温湿度传感器有 3 个引脚：VCC、Data 和 GND，从上到下依次排列；VCC 连接树莓派的 5 V 端口，GND 连接树莓派的 GND 端口，Data 端口连接树莓派的第 18 接口。

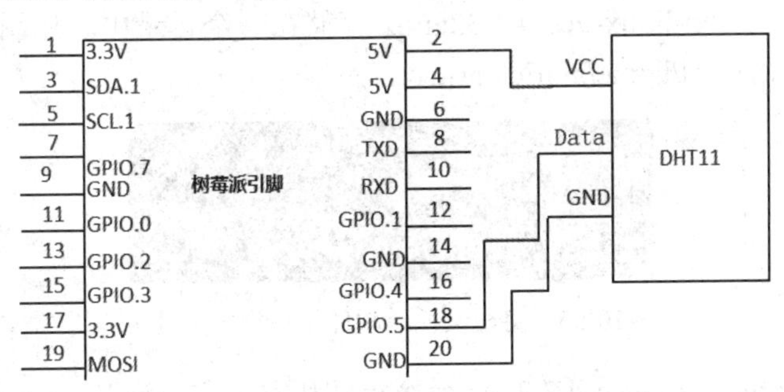

图 10-53　温湿度模块 DHT11 连接

Raspberry Pi 用来收集 DHT11 温度和湿度传感器的语言是 python。将代码放在 /root/sensor 文件夹中，并将其命名为 dht11.py。使用命令 python dht11.py 执行代码。具体的源代码如图 10-54 所示。这里的 gpio 端口在 name 字段下为 24，即 gpio24，对应的 pin 字段为 18。

```
import Adafruit_DHT
# Set sensor type : Options are DHT11,DHT22 or AM2302
sensor=Adafruit_DHT.DHT11
# Set GPIO sensor is connected to
gpio=24
# Use read_retry method. This will retry up to 15 times to
# get a sensor reading (waiting 2 seconds between each retry).
humidity, temperature=Adafruit_DHT.read_retry(sensor, gpio)
# Reading the DHT11 is very sensitive to timings and occasionally
# the Pi might fail to get a valid reading. So check if readings are valid.
if humidity is not None and temperature is not None:
print('{0:0.1f} {1:0.1f}'.format(temperature, humidity))
```

图 10-54　DHT11 温湿度传感器采集源代码

4．ARM 工控机网关编程技术

基于 ARM 工控机的物联网网关一般采用交叉编译环境来进行相关的软件开发。这是因为 ARM 设备的存储空间为 16～32 MB，CPU 主频为 100～500 MHz。在这种情况下，ARM 平台上的本机编译不太可能，因为编译工具链通常需要大量的存储空间和显著的 CPU 计算能力。为了解决这个问题，创建了交叉编译工具。使用交叉编译工具，可以在一个具有高 CPU 能力和足够的存储空间的计算机平台上为 ARM 设备编译可执行程序。要进行交叉编译，需要在计算机平台上安装相应的交叉编译工具链，然后用这个交叉编译工具链编译源代码，最终生成可以在 ARM 设备上运行的代码。

交叉编译的常见示例如下。

在 Windows PC 上，通过 ADS（ARM 开发环境）和 ARMCC 编译器，可以编译 ARM CPU 的可执行代码。

在 Linux PC 上，使用 ARM Linux GCC 编译器，可以编译 Linux ARM 平台的可执行代码。

在 Windows PC 上，使用 cygwin 环境运行 arm-elf-gcc 编译器，它可以为 arm-cpu 编译可执行代码。

下面使用一个安装 Ubuntu16.04 Linux 操作系统的电脑，来说明交叉编译工具的安装步骤。首先，将压缩包 arm-linux-gcc-4.4.3.tar.gz 存储在一个目录中。如图 10-55 所示，该目录是解压缩目录，路径为/home/aldrich/arm。

```
aldrich@tyrone:~/arm$ ls
arm-linux-gcc-4.3.2.tgz
aldrich@tyrone:~/arm$ pwd
/home/aldrich/arm
```

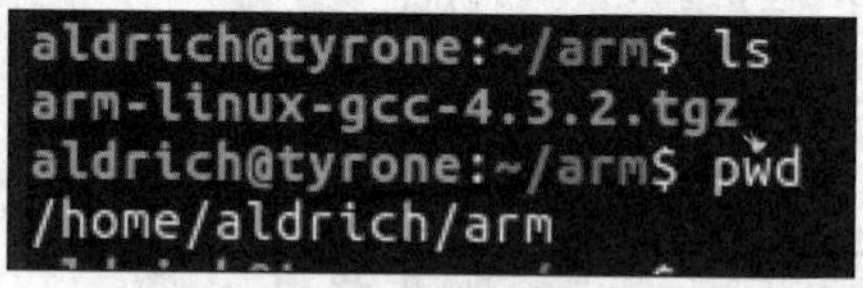

图 10-55　将交叉编译软件放在指定文件夹

使用 tar zxvf arm-linux-gcc-4.3.2.tgz 命令行解压并安装 arm-linux-gcc-4.3.2 交叉编译软件。如图 10-56 所示，存储解压后文件的文件夹为/home/aldrich/arm/arm-linux-gcc-4.3.2，表示成功解压安装交叉编译软件。

```
aldrich@tyrone:~/arm$ ls
arm-linux-gcc-4.3.2  arm-linux-gcc-4.3.2.tgz
aldrich@tyrone:~/arm$ cd arm-linux-gcc-4.3.2/
aldrich@tyrone:~/arm/arm-linux-gcc-4.3.2$ ls
arm-none-linux-gnueabi  bin  lib  libexec  share
```

图 10-56　解压后的交叉编译软件文件夹

接下来配置系统环境变量，并将交叉编译工具链的路径添加到环境变量路径中，以便可以在任何目录中使用这些工具。命令：vim/home/aldrich/.bashrc；编辑.bashrc 文件并添加环境变量。在文件的最后一行添加导出路径：=$path:/home/aldrich/arm/arm-linux-gcc-4.3.2/bin，编辑后保存。然后，使用命令 source/home/aldrich/.bashrc 来使环境变量生效。如图 10-57 所示，可以在终端上进一步输入命令 arm-linux，然后按 Tab 键查看所示的结果。

```
aldrich@tyrone:~$ arm-linux-
arm-linux-addr2line   arm-linux-gcc-4.3.2   arm-linux-objdump
arm-linux-ar          arm-linux-gcov        arm-linux-ranlib
arm-linux-as          arm-linux-gdb         arm-linux-readelf
arm-linux-c++         arm-linux-gdbtui      arm-linux-size
arm-linux-c++filt     arm-linux-gprof       arm-linux-sprite
arm-linux-cpp         arm-linux-ld          arm-linux-strings
arm-linux-g++         arm-linux-nm          arm-linux-strip
arm-linux-gcc         arm-linux-objcopy
```

图 10-57　输入命令 arm-linux 验证交叉编译环境

这里使用的 Linux 操作系统 Ubuntu16.04 是 64 bit 的，需要 32 bit 库兼容包来帮助程序编译。使用命令 sudo apt-get install lib32ncurse5 lib32z1 安装一些 32 bit 库。安装 32 bit 库之后，使用命令 arm-linux-gcc-v，出现如图 10-58 所示的结果，表明交叉编译环境安装成功。

```
aldrich@tyrone:~$ arm-linux-gcc -v
Using built-in specs.
Target: arm-none-linux-gnueabi
Configured with: /scratch/julian/lite-respin/linux/src/gcc-4.3/configure --build
=i686-pc-linux-gnu --host=i686-pc-linux-gnu --target=arm-none-linux-gnueabi --en
able-threads --disable-libmudflap --disable-libssp --disable-libstdcxx-pch --wit
h-gnu-as --with-gnu-ld --enable-languages=c,c++ --enable-shared --enable-symvers
=gnu --enable-__cxa_atexit --with-pkgversion='Sourcery G++ Lite 2008q3-72' --wit
h-bugurl=https://support.codesourcery.com/GNUToolchain/ --disable-nls --prefix=/
opt/codesourcery --with-sysroot=/opt/codesourcery/arm-none-linux-gnueabi/libc --
with-build-sysroot=/scratch/julian/lite-respin/linux/install/arm-none-linux-gnue
abi/libc --with-gmp=/scratch/julian/lite-respin/linux/obj/host-libs-2008q3-72-ar
m-none-linux-gnueabi-i686-pc-linux-gnu/usr --with-mpfr=/scratch/julian/lite-resp
in/linux/obj/host-libs-2008q3-72-arm-none-linux-gnueabi-i686-pc-linux-gnu/usr --
disable-libgomp --enable-poison-system-directories --with-build-time-tools=/scra
tch/julian/lite-respin/linux/install/arm-none-linux-gnueabi/bin --with-build-tim
e-tools=/scratch/julian/lite-respin/linux/install/arm-none-linux-gnueabi/bin
Thread model: posix
gcc version 4.3.2 (Sourcery G++ Lite 2008q3-72)
```

图 10-58　交叉编译环境安装成功

如图 10-59 所示，建立 hello.c 文件以验证交叉编译工具。使用命令 arm linux gcc hello.c-o hello，并查看编译是否成功。如图 10-60 所示，执行命令 ls 并查看二进制 hello 以指示交叉编译工具配置已完成。

```
#include<stdio.h>
int main(){
	printf("hello world!\n");
}
```

图 10-59　编译一个 hello.c 文件

```
aldrich@tyrone:~/arm$ arm-linux-gcc hello.c -o hello
aldrich@tyrone:~/arm$ ls
arm-linux-gcc-4.3.2  arm-linux-gcc-4.3.2.tgz  hello  hello.c
```

图 10-60　交叉编译后生成的可执行文件 hello

这里以 Tiny4412 ARM 网关收集 DHT11 温湿度传感器的数据来说明 ARM 物联网网关数据收集方法。常见的 DHT11 数字温湿度传感器产品如图 10-61 所示。

DHT11 数字温湿度传感器与 Tiny4412 ARM 网关的电路连接如图 10-62 所示。将

Tiny4412 ARM 网关底板的没有被注册使用的扩展引脚连接 DHT11 Data 单总线引脚，本例中将 Tiny4412 的 GPX1_7 引脚连接 DHT11 数据单总线。

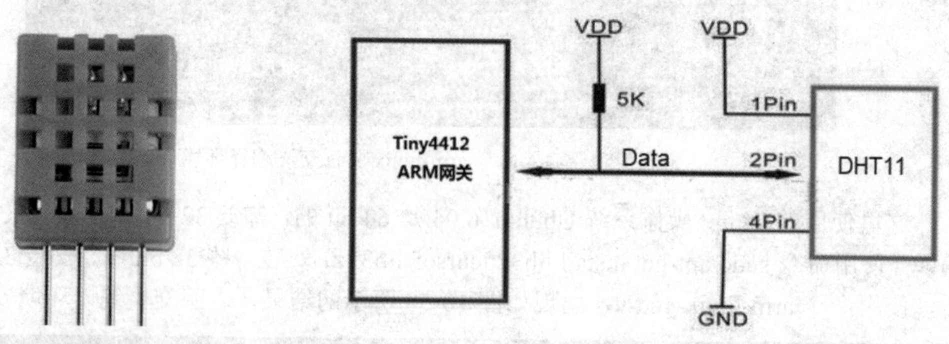

图 10-61　DHT11 数字温湿度传感器　　　图 10-62　DHT11 数字温湿度传感器电路连接图

Tiny4412 ARM 网关需要收集的 DHT11 的数据传输格式为：8 bit 湿度整数数据+8 bit 湿度小数+日期+8 bit 温度整数数据+8 bit 温度小数+日期+8 bit 校验和。同时，采集数据驱动传感器的编程环境为 Ubuntu16.04 Linux 操作系统，交叉编译工具链版本 ARM-Linux-GCC4.3.2。ARM 网关读取 DHT11 传感器完整数据函数 dht11_read_data(void)，如图 10-63 所示。

```
static void dht11_read_data(void)
{
    int i = 0;
    dht11_gpio_out(0);
    mdelay(30);
    dht11_gpio_out(1);
    udelay(20);
    if(dht11_read_one_bit() == 0)
    {
        while(!gpio_get_value(DHT11_PIN)) /*等待 IO 口变为高电平*/
        {   udelay(5); i++;
            if(i > 20) { printk("dht11_read_data %d err!\n", __LINE__); break; } }
        i = 0;
        while(gpio_get_value(DHT11_PIN)) /*等待 IO 口变为低电平*/
        {   udelay(5); i++;
            if(i > 20) { printk("dht11_read_data %d err!\n", __LINE__); break; } }
            for(i = 0; i < 5; i++) /*读取温湿度数据*/
            dht11_data_buf[i] = dht11_read_byte();
             /*对读取到的数据进行校验 */
            dht11_data_buf[5]
            = dht11_data_buf[0]+dht11_data_buf[1]+dht11_data_buf[2]+dht11_data_buf[3];
            /*  判断读到的校验值和计算的校验值是否相同 */
            if(dht11_data_buf[4] == dht11_data_buf[5])  /*相同则把标志值设为 0xff */
            {check_flag = 0xff; }
            else if(dht11_data_buf[4] != dht11_data_buf[5]) /*不相同则把标志值设为 0 */
            { check_flag = 0x00; printk("dht11 check fail\n"); }
    }
}
```

图 10-63　ARM 读取 DHT11 传感器完整数据函数

ARM 网关读取 DHT11 数据主函数 main(int argc, char *argv[])，如图 10-64 所示。

```
#include <stdio.h>
#include <sys/types.h>
#include <sys/stat.h>
#include <fcntl.h>
#include <unistd.h>
/* 程序的入口函数 */
int main(int argc, char *argv[])
{
    int fd;
    unsigned char buf[6];/*定义存放数据的数组*/
    int length;
    /*以只读方式打开设备节点 */
    fd = open("/dev/dht11", O_RDONLY);
    if(fd == -1){printf("open failed!\n"); return -1;}
    while(1)
    {
        length = read(fd, buf, 6);/*读取温湿度数据*/
        if(length == -1){printf("read error!\n"); return -1; }
        /* 将数据从终端打印出来 */
        printf("Temp : %d, Humi : %d\n", buf[2], buf[0]);
        sleep(2);
    }
    /*关闭 DHT11 设备节点 */
    close(fd);
    return 0;
}
```

图 10-64　ARM 读取 DHT11 数据测试程序

10.4　IoT 数据传输技术

10.4.1　数据传输技术简介

物联网传输网络主要包括 Wi-Fi、NB-IoT、2G/3G/4G/5G、以太网等，主要负责将物联网网关获取的信息可靠地传输到物联网数据服务中心。在传输网络的设计中，将考虑到实际环境的物联网应用，采用不同的数据传输网络。

10.4.2　数据传输技术案例

1．Wi-Fi 传输技术

这里以 STM32-Wi-Fi 物联网网关为例来说明 Wi-Fi 数据传输的实现。STM32 网关通过 Wi-Fi 无线网络将传感器数据发送到物联网数据服务中心。STM32 无线网关的内部连接如图 10-65 所示。

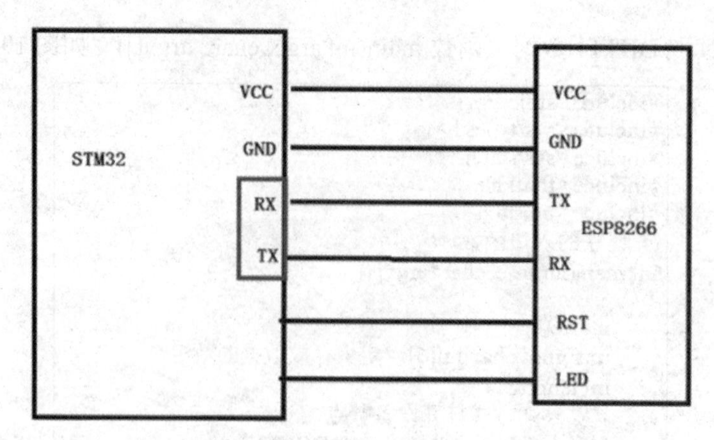

图 10-65　STM32-Wi-Fi ESP8266 电路连接

在本案例中，为实现 STM32-Wi-Fi 物联网网关的数据传输，需要利用 C 语言开发相应的软件。在软件程序中，网关数据发送 Wi-Fi 串口初始化函数 WifiUsart_Init(u32 BaudRate)，如图 10-66 所示，其对 Wi-Fi 串口相关的参数及函数进行初始化。

```
void WifiUsart_Init(u32 BaudRate)
{
    GPIO_InitTypeDef GPIO_InitStructure;
    USART_InitTypeDef USART_InitStructure;
    NVIC_InitTypeDef NVIC_InitStructure;
    WifiUsartRxCnt = 0;
    WifiUsartRxFlag = RESET;
    RCC_APB2PeriphClockCmd(RCC_APB2Periph_GPIOA, ENABLE);
    RCC_APB1PeriphClockCmd(RCC_APB1Periph_USART2, ENABLE);
    GPIO_InitStructure.GPIO_Pin = GPIO_Pin_2;
    GPIO_InitStructure.GPIO_Mode = GPIO_Mode_AF_PP;
    GPIO_InitStructure.GPIO_Speed = GPIO_Speed_50MHz;
    GPIO_Init(GPIOA, &GPIO_InitStructure);
    GPIO_InitStructure.GPIO_Pin = GPIO_Pin_3;
    GPIO_InitStructure.GPIO_Mode = GPIO_Mode_IN_FLOATING;
    GPIO_InitStructure.GPIO_Speed = GPIO_Speed_50MHz;
    GPIO_Init(GPIOA, &GPIO_InitStructure);
    USART_InitStructure.USART_BaudRate = BaudRate;
    USART_InitStructure.USART_WordLength = USART_WordLength_8b;
    USART_InitStructure.USART_StopBits = USART_StopBits_1;
    USART_InitStructure.USART_Parity = USART_Parity_No;
    USART_InitStructure.USART_HardwareFlowControl =
    USART_HardwareFlowControl_None;
    USART_InitStructure.USART_Mode = USART_Mode_Rx | USART_Mode_Tx;
    USART_Init(USART2, &USART_InitStructure);
}
```

图 10-66　STM32-Wi-Fi 驱动源代码串口初始化函数

如图 10-67 所示，STM32-Wi-Fi 物联网网关数据发送函数 WIFI_Sent(u8 *str)调用了串口写入函数 WifiUsart_Write(at_order, strlen(at_order))。

STM32-Wi-Fi 物联网网关在将数据发送到远程服务器之前，先通过 WIFI_Init()函数来对 Wi-Fi 通信模块进行通信参数、账号及密码等的配置。同时，STM32-Wi-Fi 物联网网关数据传输时，涉及向 Wi-Fi 模块写入数据，这些数据将被发送到远程服务器，写入数据函数 WifiUsart_Write(u8 *p_data, u16 len)，如图 10-68 所示。

```
void WIFI_Sent(u8 *str)
{
	char at_order[20];
	u8 len;
	len=strlen(str);
	sprintf(at_order,"AT+CIPSEND=0,%d\r\n",len);
	WifiUsart_Write(at_order, strlen(at_order));
	delay_ms(100);
	WifiUsart_Write(str, len);
	delay_ms(100);
}
```

图 10-67　STM32-Wi-Fi 驱动源代码发送函数

```
u16 WifiUsart_Write(u8 *p_data, u16 len)
{
	u16 i;
	for(i = 0; i < len; i++)
	{
		while(USART_GetFlagStatus(USART2,USART_FLAG_TXE) == 0);
		USART_SendData(USART2, p_data[i]);
		while((USART2->SR&0X40)==0);//循环发送,直到发送完毕
		USART2->DR = p_data[i];
	}
	return len;
}
```

图 10-68　STM32-Wi-Fi 驱动源代码写数据函数

2．移动通信传输技术

本案例以私家车安全监测网关的 GPRS 2G 模块来说明物联网网关的移动通信传输技术。利用 GPRS 网络+服务器的方式提高传输效率和多终端远程控制。GPRS 网络服务快捷便利，可实现车内环境数据的实时传输。如图 10-69 所示，SIM900A 芯片无线模块结构紧凑，可靠性高，造价较低，性能稳定，能适应车载环境的要求。通过 AT 指令可以设定对应的波特率等串口参数和远程服务器的地址。本模块具有低功耗、方便灵活、操作简单且稳定、运行过程稳定、成本较低等优势。

图 10-69　GPRS 模块

要实现 2G 模块数据传输，需要进行网关程序编写，首先使用 Keil uVision4 启用需要的头文件或者自定义头文件库，这样更加有利于编写程序。从网关发送到服务器的主要数据包括设备识别码、温度值、湿度值、是否有人、烟雾值、有毒气体值、经度、纬度。STM32 网关 GPRS 2G 模块数据发送相关函数定义如图 10-70 所示。

3．NB-IoT 传输技术

本案例以 BC95 模块，来说明基于 NB-IoT 的物联网网关数据传输技术。如图 10-71 所示，BC95 是 NB-IoT 模块下的型号之一，提供支持 IEEE 802.11b/g/n GPIO 和智能控制、PWM 的单一数据流，带有 UART、SPI 接口。广覆盖、低功耗、独特的通信信道是 NB-IoT 的特点。

```
void G2_Init()
{
    delay_ms(500);
    G2Usart_Write("at+cipclose\r\n", strlen("at+cipclose\r\n"));
    delay_ms(300);
    G2Usart_Write("AT+CIPSTART=\"TCP\",\"39.108.75.178\",20173\r\n",
    strlen("AT+CIPSTART=\"TCP\",\"39.108.75.178\",20173\r\n"));
    delay_ms(1000);
    G2Usart_Write("AT+CIPSTART=\"TCP\",\"39.108.75.178\",20173\r\n",
    strlen("AT+CIPSTART=\"TCP\",\"39.108.75.178\",20173\r\n"));
    delay_ms(1000);
}
void G2_Sent(u8 *str){
    char at_order[20];
    u8 len;
    len=strlen(str);
    delay_ms(100);
    G2Usart_Write(str, len);
    delay_ms(100);
}
u16 G2Usart_Write(u8 *p_data, u16 len) //向 2G 模块中写数据
{
    u16 i;
    for(i = 0; i < len; i++){
        while(USART_GetFlagStatus(USART2,USART_FLAG_TXE) == 0);
        USART_SendData(USART2, p_data[i]);
    }
    return len;
}
```

图 10-70　STM32 网关 GPRS 2G 模块数据传输相关函数

图 10-71　BC95 模块

要实现 NB-IoT 模块的数据传输，需要用数据结构来完成 AT 指令的发送、应答、超时、状态、重发。AT 指令发送程序部分代码 NB-IoT 数据发送函数 void ATSend(teATCmdNum ATCmdNum)，如图 10-72 所示。该函数首先清空接收缓存区。如果当前 AT 状态为未接收状态，判断指令是否为发送数据，通过串口发送缓存数据，打开发送超时定时器并打开发送指示灯。所发送数据 NbSendData 由 4 个部分组成。第一个“%s”为发送数据的指令：“AT+NMGS=”，第二个“%d”为发送数据的个数是两个（字节的长度），第三和第四个“%x”是两个要发送的十六进制的数据，最终得到 NbSendData 的数据为：AT+NMGS=2,0x10,0x10\r\n。同时，在数据发送函数 void ATSend(teATCmdNum ATCmdNum)中，其所调用的 SetTime()函数，获取定时器的起始时间和时间间隔，打开发送指示灯，配合 LedTask 函数的使用可以产生一个 100 ms 的亮灯，如果 100 ms 之内又有数据发送，则定时器重新计时，LED 灯继续延长点亮时间。

4．以太网网络编程技术

这里以常见的以太网客户端服务器数据传输来说明一下以太网物联网网关的数据传输编程技术。在物联网网关数据传输时，网关作为客户端向服务器发送数据。如图 10-73 所示，这里以 C 语言所开发的网关软件中的 echo_client.c 函数为例来说明网关的数据传输过程。

```
void ATSend(teATCmdNum ATCmdNum){
    memset(Usart2type.Usart2RecBuff,0,USART2_REC_SIZE); //清空接收缓存区
    ATCmds[ATCmdNum].ATStatus = NO_REC;
    ATRecCmdNum = ATCmdNum;
    if(ATCmdNum == AT_NMGS)//判断是否为发送数据的指令
    {
        memset(NbSendData,0,100);//清空数据的存储区
        sprintf(NbSendData,"%s%d,%x%x\r\n",
        ATCmds[ATCmdNum].ATSendStr,2,0x10,0x10);
        HAL_UART_Transmit(&huart2,(uint8_t*)//发送 NbSendData 到 NB 芯片
        NbSendData,strlen(NbSendData),100); //发送 NbSendData 到 NB 芯片
        HAL_UART_Transmit(&huart1,(uint8_t*)
        NbSendData,strlen(NbSendData),100); //发送 NbSendData 到串口 1，用于调试
    }else{
        HAL_UART_Transmit(&huart2,(uint8_t*)ATCmds[ATCmdNum].
        ATSendStr,strlen(ATCmds[ATCmdNum].ATSendStr),100);
        HAL_UART_Transmit(&huart1,(uint8_t*)ATCmds[ATCmdNum].
        ATSendStr,strlen(ATCmds[ATCmdNum].ATSendStr),100);
    }//打开超时定时器，这里主要用来判断接收超时使用
    SetTime(&TimeNB,ATCmds[ATCmdNum].TimeOut);
    SetLedRun(LED_TX);
}
```

图 10-72　NB-IoT 数据发送函数 void ATSend()

```
//echo_client.c
int main(int argc,char *argv[]){
    //通过 Connect 函数连接服务器
    if(connect(sock, (struct sockaddr *)&serv_adr,sizeof(serv_adr)) == -1)
        error_handling("connect()error");
    else
        puts("Connected..........");
    while(1)
    {
        fputs("Input message(Q to quit):", stdout);
        fgets(message, 1024, stdin);
        if(!strcmp(message,"q\n") || !strcmp(message,"Q\n"))
        break;
        //向服务器发送数据
        write(sock, message, strlen(message));
        str_len = read(sock, message, 1024 - 1);
        message[str_len] = 0;
        printf("Message from server:%s", message);
    }
    close(sock);
    return 0;
}
```

图 10-73　以太网网关数据发送函数 client.c

10.5 IoT 数据中心技术

10.5.1 数据中心技术简介

数据服务中心的主要功能是对采集来的数据进行分析来实现远程控制管理与监控，与物联网行业需求相结合，实现各行业服务智能化。数据服务中心主要通过 Web 服务器来提供各种物联网信息服务，所使用主要的技术包括数据库存储技术、大数据技术、云计算及云存储技术、人工智能技术、Web 服务技术等。利用动态服务器页面（Active Server Page，ASP）、Java 服务器业面（Java Server Pages，JSP）或预处理器超文本网页（Preprocessor Hypertext Page，PHP）可将实时数据在浏览器界面上显示，同时配合相应的控制界面，实现实时监测、定位跟踪、警报处理、反向控制和远程维护等物联网服务。

10.5.2 数据库技术

1．数据库管理系统概论

数据库是数据的集合，管理系统是一组存储和检索这些数据的程序。数据库管理系统=数据库+管理系统。数据库管理系统（Database Management System）是一种操纵和管理数据库的大型软件，用于建立、使用和维护数据库。

数据库系统基本上是为大量数据而开发的。在处理大量数据时，有两件事需要优化：数据的存储和数据的检索。根据数据库系统的原理，数据的存储方式是在存储之前去掉多余的数据（重复数据），从而节省大量的空间。随着以优化和系统化的方式存储数据，在需要时快速检索数据也很重要。数据库系统确保数据能够尽快被检索到。

2．数据库系统的用途

数据库系统的主要目的是管理数据。假设一所大学保存着学生、教师、课程、书籍等的数据。为了管理这些数据，需要将这些数据存储在可以添加新数据、删除未使用的数据、更新过时数据、检索数据的地方，要对数据执行这些操作，需要一个数据库管理系统，它允许存储数据操作都能有效地在数据上执行。

例如，对于中国电信、中国移动、中国联通这些公司，它们都需要有一个数据库来记录有关拨打的电话、网络使用情况、客户详细信息等信息。没有数据库系统，很难维护每毫秒都在更新的大量数据。

另外，对于各行各业，数据库管理系统也应用广泛。在制造单位、仓库或配送中心，每个部门都需要一个数据库来保存进出记录。例如，配送中心应该跟踪每天供应到中心的产品单元以及从配送中心发货的产品；这就是数据库管理系统的作用所在。

对于银行系统，数据库管理系统用于存储客户信息、跟踪日常借贷交易、生成银行对账单等。所有这些工作都是在数据库管理系统的帮助下完成的。

对于教育部门，数据库系统在学校和大学中经常使用，用于存储和检索有关学生详细信息、员工详细信息、课程详细信息、考试详细信息、工资数据、出勤详细信息、费用详细信息等数据。有大量相互关联的数据需要高效地存储和检索。

对于电子商务在线购物，如淘宝、天猫及京东，这些在线购物网站存储产品信息、用户的地址和偏好、信用详情，并根据用户的查询为其提供相关的产品列表。所有这些都涉及一个数据库管理系统。

当前，国外的数据库主要有 Oracle、MySQL、SQL Server 等。国产数据库包括华为 Gauss 数据库、阿里巴巴 OceanBase 数据库、腾讯 TGDB（Tencent Graph Database）数据库、百度智能云数据库 GaiaDB、南大通用、人大金仓、神舟通用、武汉达梦等。

10.5.3　Web 应用开发技术

物联网数据服务中心一般是通过 Web 应用来提供“实时了解、实时控制”服务。Web 应用开发设计的技术包括静态网页开发技术、动态网页开发技术、Web 服务器技术。根据特定的需求，可将所开发的静态网页及动态网页运行在不同的 Web 服务器上面。

1．静态网页开发技术

静态网页是通过超文本标记语言（Hyper Text Markup Language，HTML）来开发的。HTML 是 Web 最基本的构件，它定义了 Web 内容的含义和结构。HTML 使用“标记”来注释文本、图像和其他内容，以便在 Web 浏览器中显示。HTML 标记包括特殊的“元素”，如<head>、<title>、<body>、<header>、<footer>、<article>、<section>、<p>、<div>、<span>、<img>、<aside>、<audio>、<canvas>、<datalist>、<details>、<embed>、<nav>、<output>、<progress>、<video>、<ul>、<ol>、<li>以及许多其他元素。

HTML 元素通过“标记”与文档中的其他文本隔开，“标记”由“<”和“>”包围的元素名组成。标记中元素的名称不区分大小写。也就是说，它可以写成大写、小写或混合形式。例如，<title>标记可以写为<title>、<Title>或以任何其他方式。

2．动态网页开发技术

Java Web 应用程序用于创建动态网站。Java 通过 Servlet 和 JSP 提供对 Web 应用程序的支持。一个带有静态 HTML 页面的网站，当需要支持动态信息时，需要开发动态网页。一个基于 JSP 的简单的动态网页编程如图 10-74 所示。

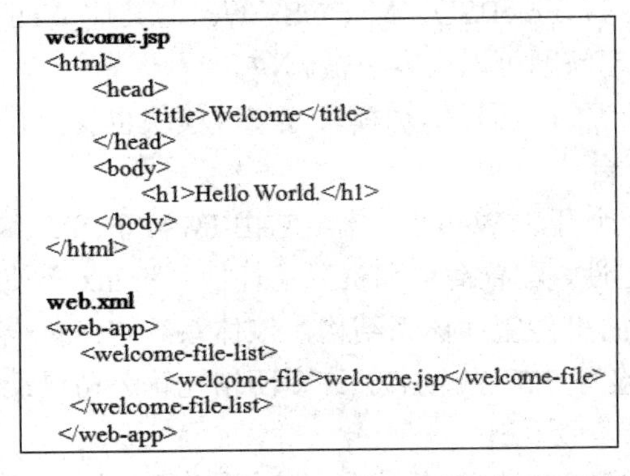

图 10-74　JSP 动态网页编程实例

ASP 是 Active Server Pages 的缩写。ASP 编码语言是 Microsoft 专有产品，代码必须在 Windows IIS Web 服务器上运行。.NET 是一个由用于构建许多不同类型应用程序的由工具、编程语言和库组成的开发人员平台。一个基于 ASP 的简单的动态网页编程如图 10-75 和图 10-76 所示。

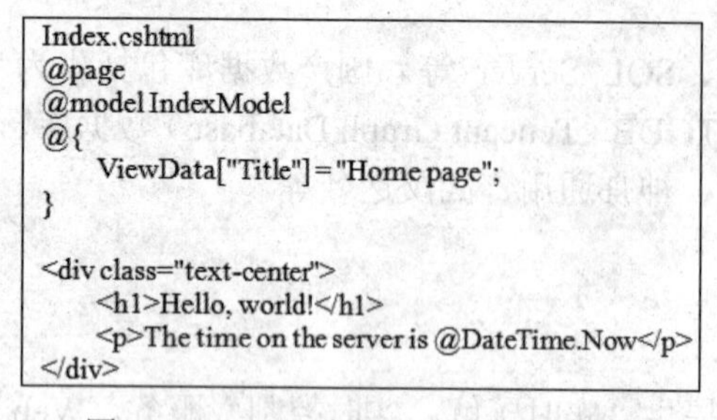

```
Index.cshtml
@page
@model IndexModel
@{
    ViewData["Title"] = "Home page";
}

<div class="text-center">
    <h1>Hello, world!</h1>
    <p>The time on the server is @DateTime.Now</p>
</div>
```

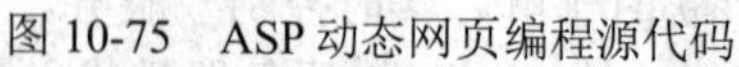

图 10-75　ASP 动态网页编程源代码

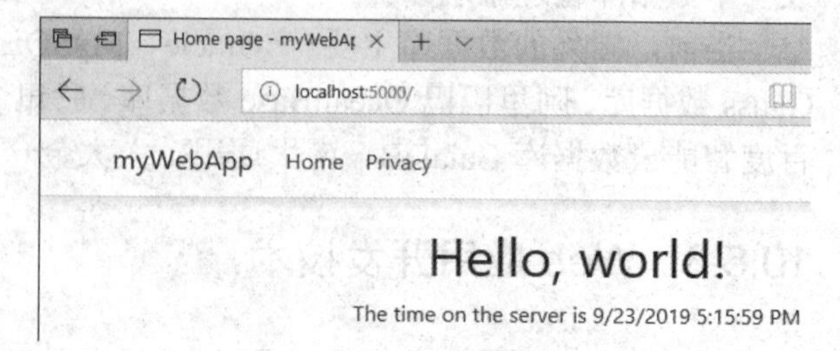

图 10-76　ASP 动态网页编程结果输出

PHP 是一种开源的服务器端 HTML 嵌入式脚本语言，用于创建动态网页。PHP 页面文件具有扩展名.php。PHP 可以执行 CGI 程序可以执行的任何任务，但它的优势在于它与许多类型的数据库的兼容性。PHP 是一个开源代码，这意味着它可以免费提供给公众。一个基于 PHP 的简单的动态网页编程如图 10-77 所示。

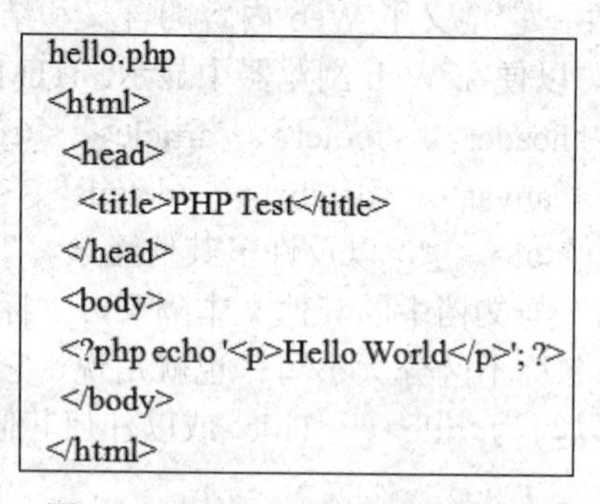

```
hello.php
<html>
 <head>
  <title>PHP Test</title>
 </head>
 <body>
 <?php echo '<p>Hello World</p>'; ?>
 </body>
</html>
```

图 10-77　PHP 动态网页编程实例

3．Web 服务器技术

Apache Web 服务器是 Apache 软件基金会开发的最流行的 Web 服务器之一，它支持几乎所有的操作系统，如 Linux、Windows、UNIX、FreeBSD、Mac OSx 等。与其他 Web 服务器相比，它具有很高的稳定性，并且它的管理问题可以很容易被解决。

IIS Web 服务器是一个微软产品，它不是开源的，所以添加模块或修改模块也变得有点困难，它支持所有运行 Windows 操作系统的平台。

Nginx Web 服务器是继 Apache 之后的下一个开源 Web 服务器。它由 IMAP/POP3 代理服务器组成。Nginx 的显著特点是高性能、稳定性、配置简单和资源消耗低。Nginx 不使用线程来处理请求，而是使用了一个高度可伸缩的事件驱动体系结构，该体系结构在负载下使用少量可预测的内存。它最近很流行，拥有全球 7.5%的域名。许多网络托管公司已经开始使用这种服务器。

LiteSpeed Web 服务器是一个高性能的 Apache 插件替代品。此服务器与最常见的

Apache 功能兼容，如.htaccess、mod_rewrite 和 mod_security。它能够直接加载 Apache 配置文件，它可以在 15 min 内替换 Apache 而不需要停机。

Apache Tomcat 服务器是一个小型的轻量级应用服务器。在中小型系统和并发访问用户不是很多的场合下被普遍使用。实际上 Tomcat 是 Apache 服务器的扩展，但它是独立运行的，所以当你运行 Tomcat 时，它实际上是作为一个与 Apache 独立的进程单独运行的。Tomcat 很受广大程序员的喜欢，因为它运行时占用的系统资源小，扩展性好，支持负载平衡与邮件服务等开发应用系统常用的功能；而且它还在不断的改进和完善中，任何一个感兴趣的程序员都可以更改它或在其中加入新的功能。

Node.js 是一个让 JavaScript 运行在服务端的开发平台，发布于 2009 年 5 月，由 Ryan Dahl 开发，实质是对 Chrome V8 引擎进行了封装。它让 JavaScript 成为与 PHP、Python、Perl、Ruby 等服务端语言平起平坐的脚本语言。Node.js 是一个基于 Chrome JavaScript 运行时建立的平台，用于方便地搭建响应速度快、易于扩展的网络应用。Node.js 使用事件驱动、非阻塞 I/O 模型而得以轻量和高效，非常适合在分布式设备上运行数据密集型的实时应用。

Lighttpd 是在 2003 年 3 月发布的。Lighttpd 由于其较小的 CPU 负载、较低的内存占用和速度优化而独树一帜。它使用事件驱动的体系结构，针对大量并行进行了优化连接，并支持 FastCGI、Auth、输出压缩、SCGI、URLrewriting 和更多功能。它是一个广泛使用的 Web 服务器，用于 Catalyst 和 Ruby On Rails 等 Web 框架。

10.5.4　大数据技术

1．大数据技术简介

大数据技术是指分析、处理和解释大量的结构化和非结构化数据的软件工具。这有助于形成对未来的结论和预测，从而避免许多风险。大数据技术的类型有可操作性技术和分析性技术。操作技术处理诸如在线交易、社交媒体互动等日常活动，而分析技术则处理股市、天气预报、科学计算等。大数据技术应用于数据存储、挖掘、可视化和分析。

2．Apache Spark

它是一个快速的大数据处理引擎。这是考虑到数据的实时处理而构建的。它丰富的机器学习库适合在人工智能和机器学习领域工作，它可以并行处理数据，也可以在集群计算机上处理数据。Spark 使用的基本数据类型是弹性分布式数据集（Resilient Distributed Dataset，RDD）。

3．NoSQL 数据库

NoSQL（No Only SQL）是一个非关系型数据库，提供数据的快速存储和检索。它处理结构化、半结构化、非结构化和多态数据等各种数据的能力是独一无二的。NoSQL 数据库的特性：① NoSQL 数据库基于动态结构，使用非结构化数据，可以很容易适应数据类型和结构的变化；② NoSQL 数据存储在平面数据集中，数据经常可能会重复，单个数据库很少被分隔开，而是存储成了一个整体，这样整块数据更加便于读写；③ NoSQL 数据库是横向扩展的，它的存储天然就是分布式的，可以通过给资源池添加更多的普通数据库服务器来分担负载。

4．Apache Kafka

Kafka 是一个分布式事件流平台，每天处理大量事件。由于它快速且可扩展，这有助于构建实时流数据管道，从而在系统或应用程序之间可靠地获取数据。

5．Apache Hadoop

它是一个用来管理 Hadoop 作业的工作流调度系统。大数据 Hadoop 的生态系统和组件如图 10-78 所示。Apache Ambari 项目旨在通过开发用于配置、管理和监视 Apache Hadoop 集群的软件来简化 Hadoop 管理。Ambari 提供了一个直观的、易于使用的 Hadoop 管理 Web UI，并以 Restful API 为后盾。

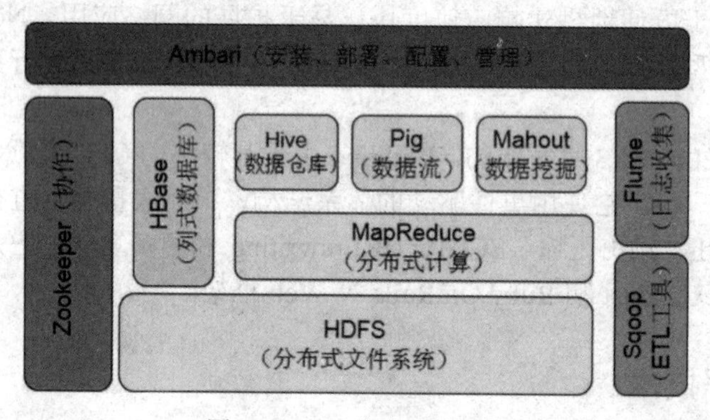

图 10-78　工作流调动系统

MapReduce 简化了大型数据的处理，是一个并行的分布式处理的编程模型。

Hadoop 的分布式文件系统（Hadoop Distributed File System，HDFS）是由许多服务器组成的，可以存储大型数据文件。

Zookeeper 是一个针对大型分布式系统的可靠协调系统，它的目的就是封装好复杂易出错的关键服务，提供给用户一个简单、可靠、高效、稳定的系统。

HBase 是 Hadoop 的数据库。HBase 底层利用 Hadoop 的 HDFS 作为文件存储系统。

Hive 是 Hadoop 的数据仓库，它可以用类似 SQL 的语言 HSQL 来操作数据，很是方便，主要用来联机分析处理（On-Line Analytical Processing，OLAP），进行数据汇总、查询、分析。

Pig 提供一个引擎在 Hadoop 并行执行数据流，它包含了一般的数据操作如 join、sort、filter 等，它也是使用 MR 来处理数据。

Mahout 是机器学习库，它提供一些可扩展的机器学习领域经典算法的实现，目的是帮助开发人员更加方便快捷地创建智能应用程序；Mahout 包含许多实现，包括聚类、分类、推荐算法等。

Apache Sqoop 是一种用于在 Apache Hadoop 和结构化数据存储（如关系数据库）之间高效传输海量数据的工具。

Apache Flume 用于从 Web 服务器收集日志文件中的日志数据，并将其聚合到 HDFS

中进行分析。

6．Tensorflow

它是一个开源的机器学习库，用于设计、构建和培训深度学习模型。所有的计算都是在 TensorFlow 中用数据流图完成的；数据流由节点和边组成，节点表示数学运算，而边表示数据。TensorFlow 可以运行在多个 CPU 或 GPU 上，甚至可以运行在移动操作系统上。这可以在 Python、C++、R 和 Java 中实现。

随着数据的快速增长和组织对分析大数据技术的巨大努力，大量成熟的技术进入了市场，了解它们会带来巨大的好处。如今，大数据技术正通过提高运营效率和预测相关行为来解决许多业务需求和问题。从事大数据及其相关技术的职业可以为个人和企业打开许多机会之门。

10.5.5　云计算技术

云计算通过互联网以订阅的方式提供数据存储、安全、网络、软件应用和商业智能等服务。在这里介绍云计算的相关信息，包括对 SaaS、PaaS、IaaS、公共云、私有云、混合云等术语的解释，以及它们之间的区别。

1．云计算的好处

云计算具有很多优点，这包括高可靠性、灵活性、节约资金、最新技术。① 高可靠性：提供安全、可用服务，以卓越的响应时间随时随地获取 24×7 的云系统访问，并且数据具有远程备份；② 灵活性：在需要的时候，随时添加或减少服务器、网络或存储获得所需的计算能力，一切都做得又快又容易；③ 节约资金：只为需要的软硬件付钱，可减少 IT 人员用于维护和升级系统的时间，可把资金和人力投入创收项目中；④ 使用最新技术：始终拥有平台、数据库和软件应用程序的最新版本。

2．云计算服务类型

云计算分为 3 个主要服务类别：SaaS、PaaS 和 IaaS。一些提供商将这些服务结合起来，而另一些提供商则独立提供这些服务。

1）SaaS

通过软件即服务（Software as a Service，SaaS），软件托管在远程服务器上，客户可以随时随地从 Web 浏览器或标准的 Web 集成访问它。SaaS 提供者负责备份、维护和更新。SaaS 解决方案包括企业资源规划（ERP）、客户关系管理（CRM）、项目管理等。

2）PaaS

平台即服务（Platform as a Service，PaaS）是一个基于云的应用程序开发环境，为开发人员提供构建和部署应用程序所需的一切。有了 PaaS，开发者可以选择他们想要的特性和云服务，订阅或按使用付费。

3）IaaS

基础设施即服务（Infrastructure as a Service，IaaS）允许公司在按使用付费的基础上“租用”计算资源，如服务器、网络、存储和操作系统。基础设施可以扩展，客户不必在硬件上投资。

3．云计算部署类型

有 3 种不同类型的云部署：公共云、私有云和混合云。许多公司选择不止一种方法，并建立一个多云环境。

1）公共云

通过公共云，服务通过一个可供提供商的客户端使用的网络交付给客户。公共云提供了效率和经济性，而且通常是多租户的，这意味着提供商在共享环境中运行您的服务。

2）私有云

有了私有云，服务被维护在一个由防火墙保护的私有网络上，用户可以在自己的数据中心内构建私有云，也可以订阅由供应商托管的私有云。私有云提供了最大的安全性和控制能力。

3）混合云

混合云是公共云、私有云和内部基础设施的组合。混合云允许用户在传统数据中心或私有云中保留敏感信息，同时利用公共云资源。

10.5.6　人工智能技术

人工智能（Artificial Intelligence，AI），智能设备、数字计算机或计算机控制的机器人执行通常与智能生物有关的任务的能力。另外，这个术语经常被用于开发具有人类特有的智力过程的系统的项目，例如推理、发现意义、概括或从过去的经验中学习的能力。自从 20 世纪 40 年代数字计算机的发展以来，已经证明计算机可以被编程来执行非常复杂的任务，例如，发现数学定理的证明或熟练地下棋。尽管计算机处理速度和内存容量不断提高，但迄今为止，还没有一种程序能够在更广泛的领域或在需要大量日常知识的任务中与人类的灵活性相匹配。另一方面，一些程序在执行某些特定任务时达到了人类专家和专业人员的水平，因此，在这一有限意义上的人工智能应用于各种各样的应用，如医疗诊断、计算机搜索引擎和语音或手写识别。

AI 技术的影响已经在全球范围内被人们所体验。知识推理、规划、机器学习、机器人、计算机视觉和图形是最常应用人工智能的领域，在这些领域中，人工智能已经显露出了巨大的潜力。例如，人工智能手机可以学习用户的持续行为，提高语音助手的准确度与便捷性，提供贴合用户实际使用的服务。并且在未来，人工智能的应用绝不会局限于改善过程优化和自动化，它将以更多全新的面孔展示给世人。与人工智能相关的技术介绍如下。

1．自然语言生成

自然语言生成被认为是与 AI 技术相关的主导领域之一，它是一个与人工智能相关的子学科，可以有效地将数据转换成文本，使计算机能够以最高的准确度巧妙地交流有意义的想法。利用自然语言生成技术，客户服务部门可以立即生成详细的报告和市场摘要。

2．语音识别

语音识别显然是最常用的人工智能技术之一，这项技术基于转录和语音响应交互系统，同时还包括移动应用程序。我国的科大讯飞、华为、百度、腾讯、小米等公司，在语音识别方面，都取得了很好的成就。

3．机器学习

机器学习技术使计算机系统或智能设备具有学习和智能行为。机器学习实际上是人工智能的一个分支。机器学习平台通过确保算法、应用程序接口、与有效培训和开发方法有关的工具、大数据等的可用性，不断获得日常吸引力。国外，谷歌（Google）、亚马逊（Amazon）、SAS、微软都提供了相关的机器学习平台。国内常见的机器学习平台包括百度飞桨 PaddlePaddle、阿里巴巴机器学习平台 PAI、华为 ModelArts 开发平台等。

4．聊天机器人

随着智能家居经理的深入参与，聊天机器人技术的影响已经在客户服务和支持等领域得到了广泛关注。作为在线客户关怀代表，聊天机器人与用户进行自我理解和智能交流，用户积极参与响应他们的查询，并执行非语言行为。国外提供聊天机器人服务的公司包括苹果、亚马逊、IBM、微软、谷歌等，国内提供聊天机器人服务的产品包括网易七鱼、阿里巴巴旺旺、百度度秘等。

5．决策管理

基于人工智能的决策管理系统为各种各样的企业应用程序提供执行和协助自动化服务。这种方法对于使目标业务按照要求高效完成是非常有益的。

6．机器人过程自动化

基于人工智能的机器人过程自动化并不是以取代人、忽视人的能力为目标的，而是对人的能力的补充和对人的任务完成能力的催化作用的有效支撑。

7．人脸识别

人脸识别是一种使用人脸验证个人身份的方法。有各种各样的算法可以进行人脸识别，但它们的准确率可能会有所不同。面部识别系统使用生物特征来映射照片或视频中的面部特征。它将这些信息与已知人脸的数据库进行比较，以找到匹配的人脸。面部识别可以帮助确认个人身份，但也会引发隐私问题。

10.6　IoT 客户端技术

物联网客户端技术主要包括 PC 桌面程序开发技术、App 开发技术和微信小程序开发技术。它们分别使用不同的语言进行开发，也需要搭建不同的软件开发环境。例如，Android 应用程序开发语言是 Java，Apple 应用程序开发语言是 Objective-C，而 Windows Phone 应用程序编程语言主要是 C++。这里主要介绍 PC 桌面程序开发技术、Android App 开发技术、Harmony OS App 开发技术、微信小程序开发技术。

10.6.1 PC 桌面程序开发技术

PC 桌面程序开发一般采用 C/S 架构。因为客户端需要实现绝大多数的业务逻辑和界面显示。在这种架构中，客户端部分由于包含了显示逻辑和事务处理，需要通过与数据库（通常是 SQL 或存储过程的实现）交互来实现持久化数据，从而满足实际项目的需求。

这里以 Java 编程为例来说明 PC 桌面程序的开发。所开发的程序包括在 PC 电脑上运行的客户端程序（WishesClient.java）及在物联网数据服务中心服务器上面运行的程序（WisheServer.java）。WishesClient.java 向服务器端程序发送最美好的祝愿，服务器程序接收信息并将信息打印出来。其主要源代码如图 10-79 和图 10-80 所示。

```
客户端程序-WisheClient.java
public class WishesClient
{
    public static void main(String args[]) throws Exception
    {
      Socket sock = new Socket("127.0.0.1", 5000);
      String message1 = "Accept Best Wishes, Serverji";

      OutputStream ostream = sock.getOutputStream();
      DataOutputStream dos = new DataOutputStream(ostream);
      dos.writeBytes(message1);
      dos.close();
      ostream.close();
      sock.close();
    }
}
```

图 10-79　客户端程序 WisheClient.java 主要源代码

```
服务器程序-WisheServer.java
public class WishesServer
{
    public static void main(String args[]) throws Exception
    {
      ServerSocket sersock = new ServerSocket(5000);
      System.out.println("server is ready"); //   message to know the server is running
      Socket sock = sersock.accept();
      InputStream istream = sock.getInputStream();
      DataInputStream dstream = new DataInputStream(istream);

      String message2 = dstream.readLine();
      System.out.println(message2);
      dstream .close(); istream.close(); sock.close(); sersock.close();
    }
}
```

图 10-80　服务器程序 WisheServer.java 主要源代码

10.6.2 Android App 开发技术

Eclipse 本身是一个开源的、基于 Java 的、可扩展的开发平台。Eclipse 本身只是一个框架和一组主要用于为生产组件构建开发环境的服务。它也是开发 Android 应用程序的主要开发环境，许多开发人员发现 Eclipse 非常有用。下面就介绍基于 Eclipse 的 Android 应用软件的开发过程。

如图 10-81 所示，创建一个基于 Eclipse ADT 包的 Android 虚拟设备。创建完成后，单击 Start 按钮开始运行 Android 虚拟设备，如图 10-82 所示。启动后虚拟设备运行界面如图 10-83 所示。

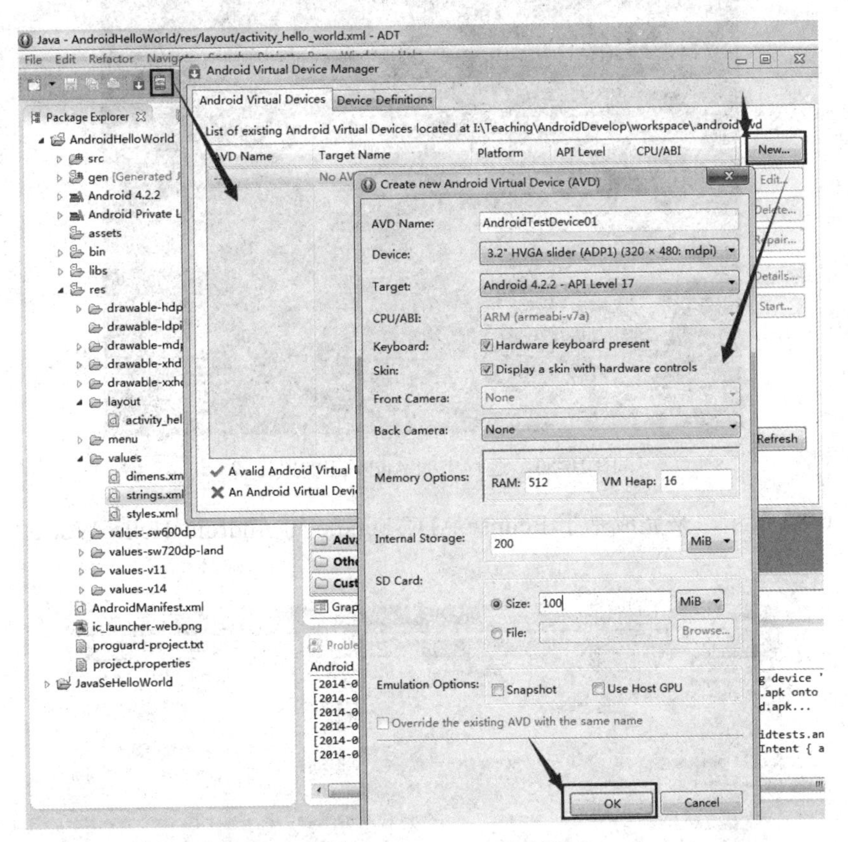

图 10-81　创建 Android 虚拟设备

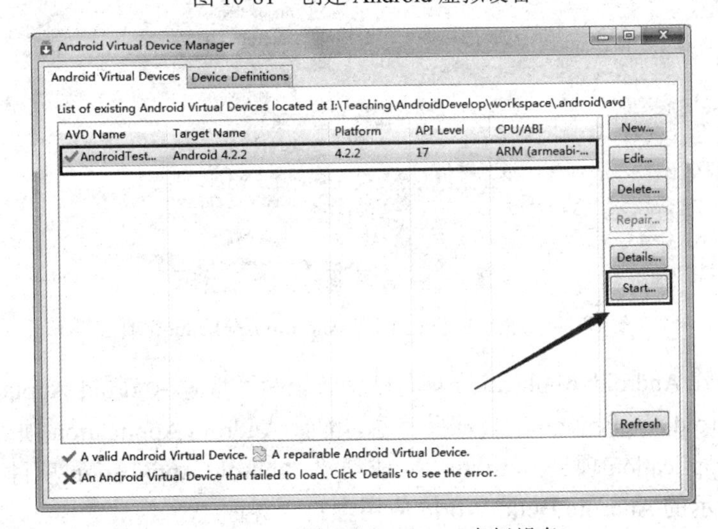

图 10-82　开始运行 Android 虚拟设备

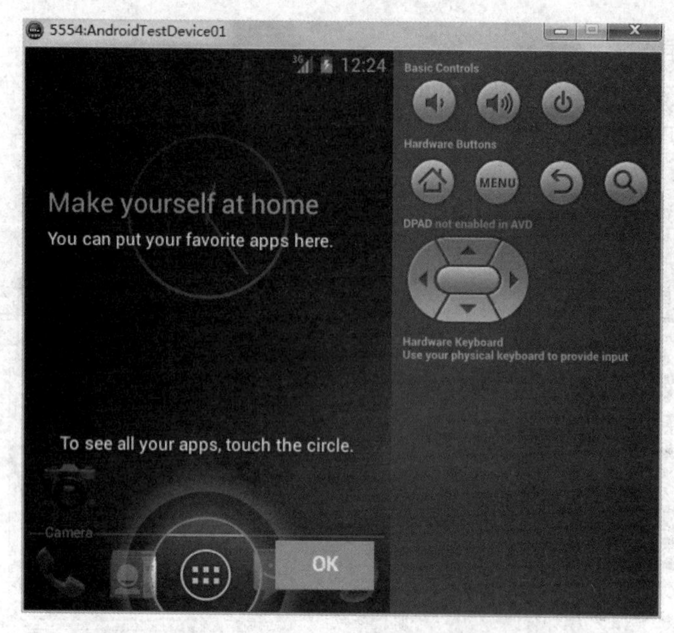

图 10-83　运行中的 Android 虚拟设备

如图 10-84 所示，来完成基于 Eclipse-ADT-bundle 的 Android Hello World 应用程序创建及测试。

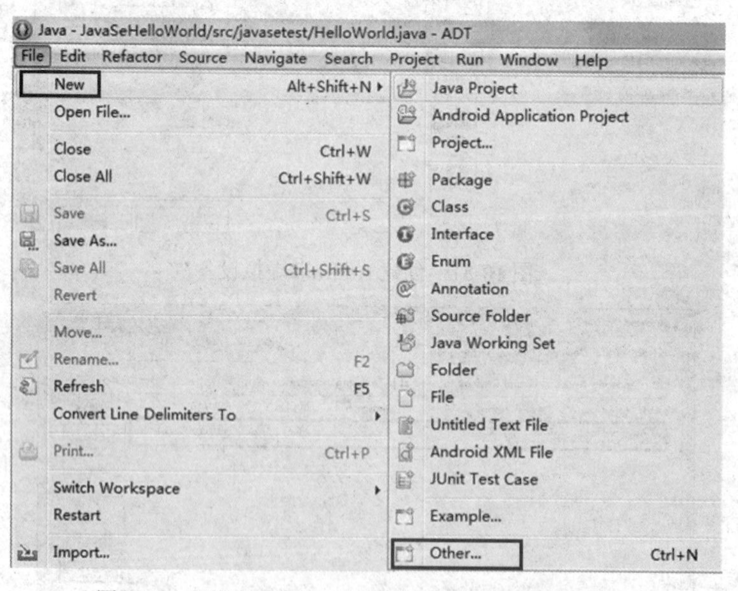

图 10-84　通过 Eclipse 创建 Android Application 项目

继续选择创建 Android Application 项目助手，填写及选择 Android Application 项目相关信息，配置 Android Application 项目相关信息，配置 Android Application 项目图标（Icon），创建 Android Application 项目 Activity，完成创建 Android Application 项目 Activity，则生成如图 10-85 所示的 Android Hello World 应用项目主界面。

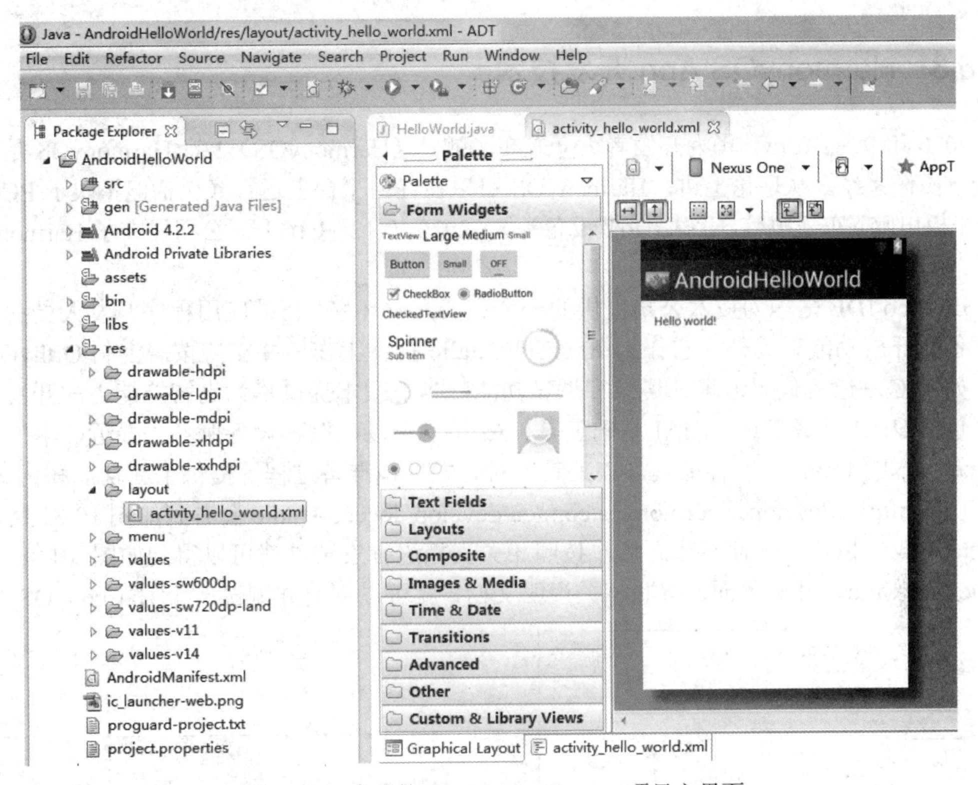

图 10-85　生成的 Android Application 项目主界面

如图 10-86 所示，为运行 Android Hello World 应用程序的操作及运行结果。

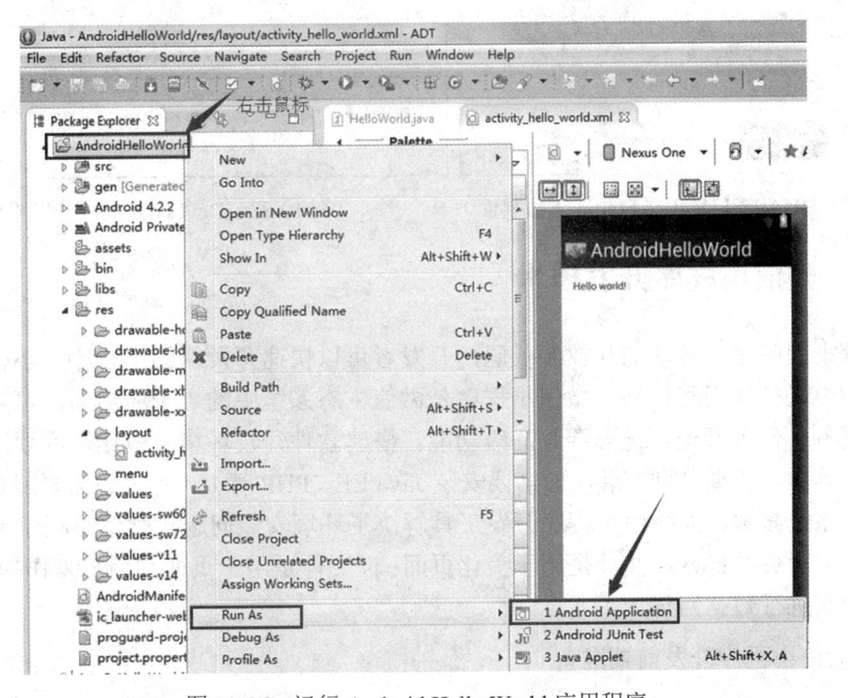

图 10-86　运行 Android Hello World 应用程序

10.6.3　HarmonyOS App 开发技术

2020 年 9 月 10 日，华为开发者大会发布了鸿蒙（HarmonyOS）2.0。HarmonyOS 是一套全场景操作系统。从理论上讲，HarmonyOS 可以在任何平台上运行（包括但不限于 PC、手机、平板电脑、车载电脑、手表、IoT 设备等）。2020 年 12 月 16 日，公司发布了 HarmonyOS 2.0 移动开发者测试版。

DevEco IDE 是华为技术公司提供的一个集成开发环境，帮助应用程序开发人员利用华为设备的开放功能。此外，它作为 Android Studio 插件工作，并支持按需定制 OrthyOS 组件，如 C/C++语言代码编辑、烧录和调试功能。当前版本提供华为高智能能力的开发工具集，包括 HiAI 引擎工具、HiAI 基础工具、AI 模型市场、远程设备服务。最近，华为发布了最新版本的 DevEco 设备工具，该工具针对开发环境准备过程等提供了新功能和优化。

访问 https://developer.harmonyos.com/cn/develop/deveco-studio 会看到如图 10-87 所示的“立即下载”按钮。软件下载之后，按照相关文档进行安装，就可以得到如图 10-88 所示的 DevEco Studio 开发界面。按照相关说明文档，就可以创建并测试一个 HarmonyOS App。

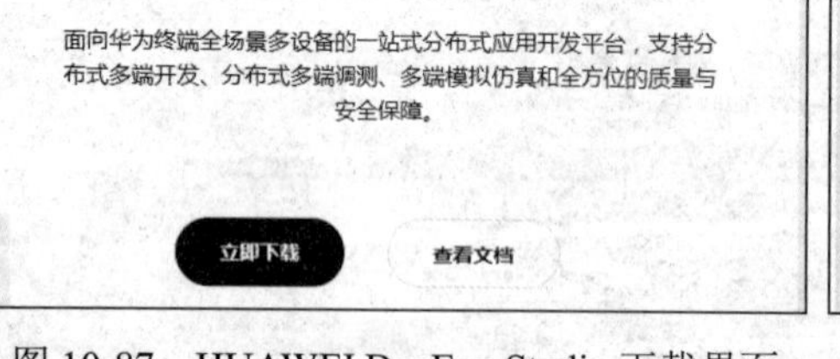

图 10-87　HUAWEI DevEco Studio 下载界面

图 10-88　DevEco Studio 开发界面

10.6.4　微信小程序开发技术

微信小程序是一种新的开放源代码，开发者可以快速开发新的小程序。小程序可以在微信环境中轻松访问和传播。微信小程序是微信生态系统中的“子应用”，可以为用户提供电子商务、任务管理、优惠券等高级功能。搭建软件开发环境一般比较麻烦，运行环境和开发工具通常需要分别安装（如需要安装 Java EE、PHP 等），有时还需要配置复杂的环境变量或系统参数，而微信小程序开发工具解决了环境安装问题。微信小程序中 wxml 文件是用于编辑页面；wxss 文件是用于美化页面；js 文件是用于页面和用户操作的交互；json 文件是用来进行数据回传。

1．微信小程序开发前期准备

如图 10-89 所示，注册账号，申请微信公众开发者。

图 10-89　注册微信开发者账号

如图 10-90 所示，选择小程序开发。

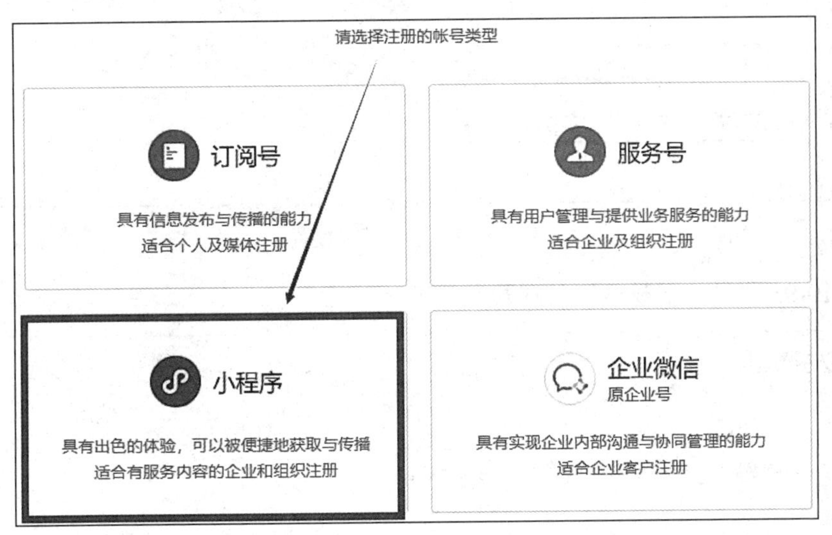

图 10-90　选择账号类型

如图 10-91 所示，登录后台界面。

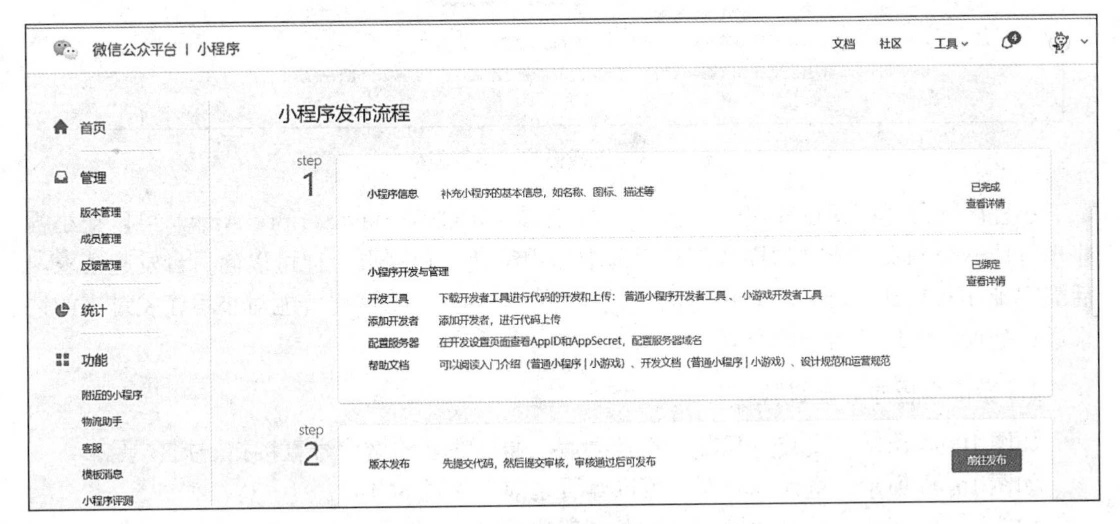

图 10-91　登录后台

如图 10-92 所示，选择“开发设置”选项，在其后台界面中需要记住有两个参数，分别是 AppID（创建小程序项目时需要用到）和 AppSecret（请求 OpenId 能用到），这两个参数都是必须且私密的，需要妥善保管。其中，OpenId 是每个用户唯一的标识符，可以理解为每个人的身份证号，不会重复。

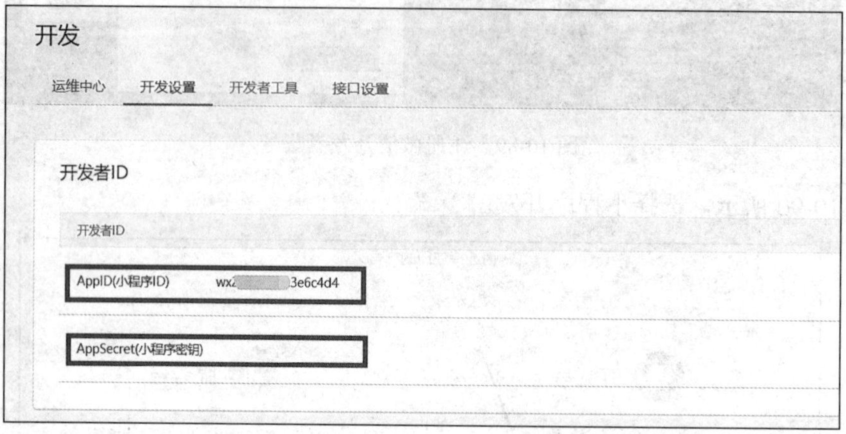

开发
运维中心　开发设置　开发者工具　接口设置
开发者ID
开发者ID
AppID(小程序ID)　wx　3e6c4d4
AppSecret(小程序密钥)

图 10-92　选择开发设置

如图 10-93 所示，下载微信公众开发者工具。

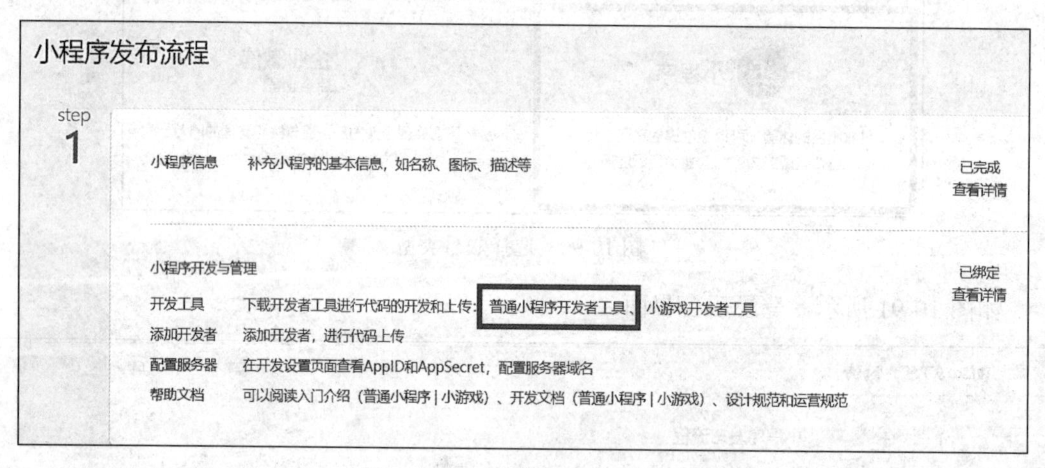

图 10-93　下载微信公众开发者

小程序开发需要学过前端开发技术，如 HTML、CSS、JavaScript、Ajax。可以把小程序理解成一个网页，所有的样式都是用前端知识构建，跟网页一样可以向后台发起请求。后端网址 JavaWeb、PHP、ASP 等的开发也要会至少一种，这样就能对小程序发过来的请求进行处理，实现前后台的交互。

2．微信小程序开发过程

如图 10-94 所示，安装完开发者工具之后，通过注册的微信号直接扫一扫登录。

如图 10-95 所示，进入主界面，可以查看之前创建过的项目。

如图 10-96 所示，单击添加符号，即可创建项目。

图 10-94　登录微信开发者工具

图 10-95　查看创建过的项目

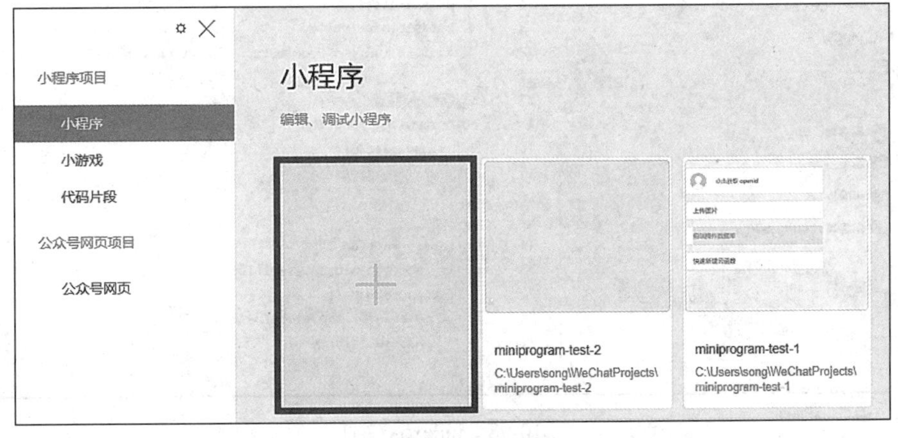

图 10-96　创建新项目

如图 10-97 所示，填写小程序的相关信息。

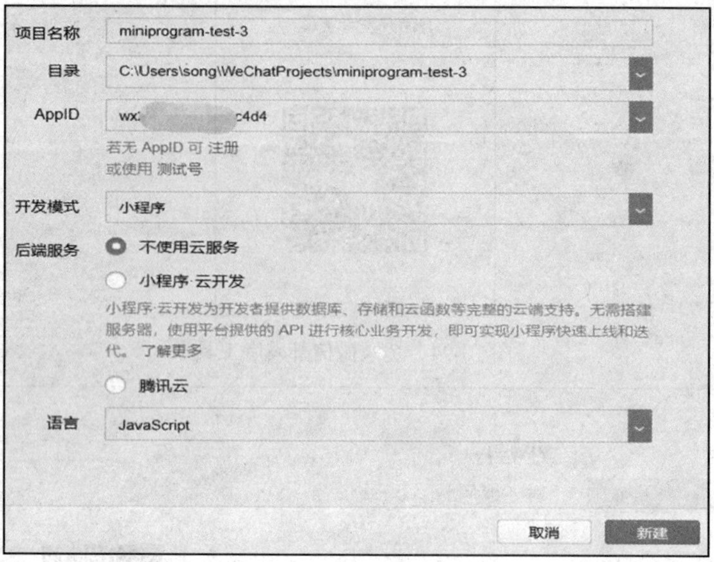

项目名称　miniprogram-test-3
目录　C:\Users\song\WeChatProjects\miniprogram-test-3
AppID　wx…c4d4
若无 AppID 可 注册
或使用 测试号
开发模式　小程序
后端服务　不使用云服务
小程序·云开发
小程序·云开发为开发者提供数据库、存储和云函数等完整的云端支持。无需搭建服务器，使用平台提供的 API 进行核心业务开发，即可实现小程序快速上线和迭代。了解更多
腾讯云
语言　JavaScript
取消　新建

图 10-97　填写相关信息

每次创建新项目时小程序默认创建一个 Hello World 工程，创建一些必备文件，方便用户在此基础上进行深入开发。pages 文件夹：存放一个个小程序界面，一个界面一个文件夹，文件夹内有 4 个文件，一般同名但是后缀不一样，每个文件的作用也不一样。

如图 10-98 所示，index.js 是类似网页<script>标签内的脚本，定义了一些参数，还有一些方法。

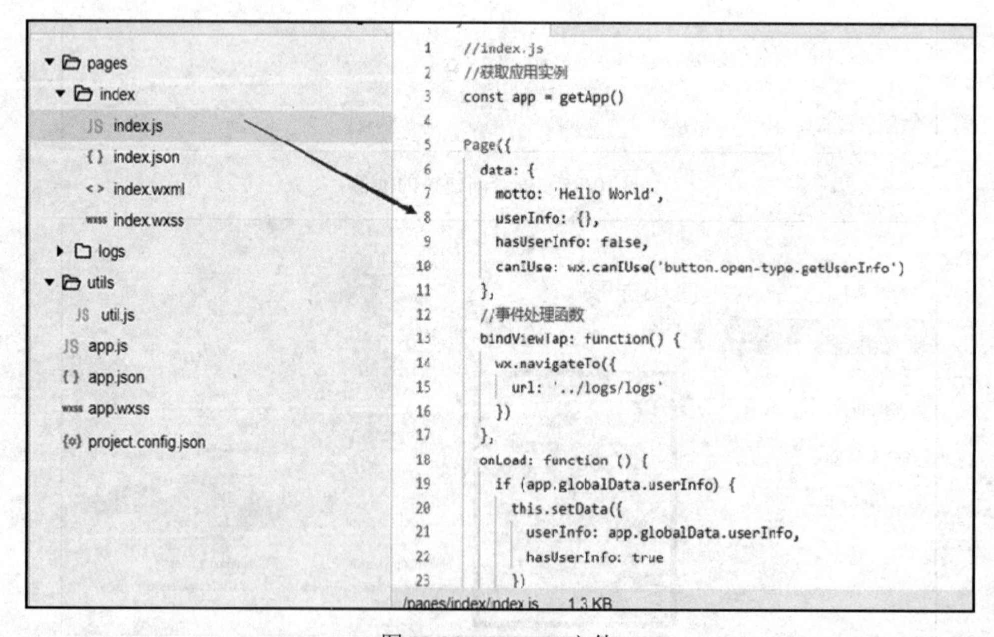

图 10-98　index.js 文件

index.json 文件：一般是引用一些外部文件时的配置文件。

如图 10-99 所示，index.wxml 文件是最重要的界面文件，所输入的内容就是页面所显示的内容，跟网页类似，只是标签不一样。

```
▼ pages
  ▼ index
      JS index.js
      {} index.json
      <> index.wxml
      wxss index.wxss
  ▶ logs
▼ utils
    JS util.js
  JS app.js
  {} app.json
  wxss app.wxss
```

```
1   <!--index.wxml-->
2   <view class="container">
3     <view class="userinfo">
4       <button wx:if="{{!hasUserInfo && canIUse}}" open-type="getUserInfo" bindgetuserinfo="getUserInfo">
获取头像昵称 </button>
5       <block wx:else>
6         <image bindtap="bindViewTap" class="userinfo-avatar" src="{{userInfo.avatarUrl}}"
mode="cover"></image>
7         <text class="userinfo-nickname">{{userInfo.nickName}}</text>
8       </block>
9     </view>
10    <view class="usermotto">
11      <text class="user-motto">{{motto}}</text>
12    </view>
13  </view>
14
```

图 10-99 index.wxml 文件

如图 10-100 所示，index.wxss 文件是样式表，index.wxml 的所有样式都是读取此文件的，想要好看的界面，要在此文件中输入一些 css 语句。

```
 @import 'public/icon-css/index.wxss';
page,.page {
  height: 100%;
  font-family: 'PingFang SC', 'Helvetica Neue', Helvetica, 'Droid Sans
Fallback', 'Microsoft Yahei', sans-serif;
}
.page-bottom{
  height:100%;
  width: 100%;
  position: fixed;
  background-color: rgb(0, 68, 97);
  z-index:990;
}
.page-top{
  height: auto;
  position: absolute;
  width: 100%;
  background-color: white;
  transition: All 0.4s ease;
```

图 10-100 index.wxss 文件

utils 文件夹存放一些常用的工具类脚本，需要用到时可直接引入。app.js 文件是全局 js 文件，任何界面都可以直接调用。app.json 文件为全局 json 文件，定义页面个数，与小程序的相关属性，如背景色、标题、几个选项卡。app.wxss 文件控制整个页面的样式。project.config.json 文件为项目配置文件，记录一些基本信息，如图 10-101 所示。

获取 OpenId，当每个用户扫描二维码时，用户会传给服务器一个唯一的 ID 标识，以便管理员知道使用小程序的用户，也可以防止微信用户改昵称，得到的信息不准确。在 js 文件中发起登录请求，用 wx.login 方法，信息官方会返回一个 code，将此 code 传给后台服务器，后台服务器通过该 code 向小程序官方 API 请求 OpenId 并返回给用户。小程序端代码截图如图 10-102 所示。服务端代码截图如图 10-103 所示，需要填写 AppID 和 AppSecret，通过该方法将返回的 OpenId 发送给前台即可。

```
▸ pages
▾ utils
    util.js
  app.js
  app.json
  app.wxss
  project.config.json
```

```
1  {
2    "description": "项目配置文件",
3    "packOptions": {
4      "ignore": []
5    },
6    "setting": {
7      "urlCheck": true,
8      "es6": true,
9      "postcss": true,
10     "minified": true,
11     "newFeature": true,
12     "autoAudits": false
13   },
14   "compileType": "miniprogram",
15   "libVersion": "2.6.4",
16   "appid": "wx2            d4",
17   "projectname": "miniprogram-test-2",
18   "debugOptions": {
19     "hidedInDevtools": []
20   },
21   "isGameTourist": false,
22   "condition": {
23     "search": {
```

图 10-101　project.config.json 文件

```
onGotUserInfo: function(res) {
  var that = this
    var userInfo = res.detail.userInfo
    //获取openid
    wx.login({
      success: function(res) {
        if (res.code) {
          //发起网络请求
          wx.request({
            url: app.globalData.host + '/user/GetOpenid',
            method: "GET",
            data: {
              js_code: res.code,
            },
            success: function(res) {
              wx.setStorageSync("openid", res.data.openid)
              wx.request({
                url: app.globalData.host + '/user/userInsert',
                method: "POST",
                header: {
```

图 10-102　小程序端代码

```
public static String getOpenid(String js_code) throws Exception{
    URL url = new URL(
            "https://api.weixin.qq.com/sns/jscode2session appid=wx          6a8 secret=95
                    + js_code);
    HttpURLConnection conn = (HttpURLConnection) url.openConnection();
    conn.setConnectTimeout(5 * 1000);
    conn.setDoOutput(true);
    conn.setRequestMethod("GET");
    conn.setRequestProperty("Accept", "*/*");
    conn.setRequestProperty("Accept-Charset", "GBK,utf-8;q=0.7,*;q=0.3");
    conn.setRequestProperty("Accept-Encoding", "gzip,deflate,sdch");
    conn.setRequestProperty("Accept-Language", "zh-CN,zh;q=0.8");
    conn.setRequestProperty("Connection", "keep-alive");
    conn.setRequestProperty("Cookie", "JSESSIONID=XXXXXXXXXXXXXXXXXXXXX");
    conn.setRequestProperty("Host", "ptlogin2.qq.com");
    conn.setRequestProperty("Referer", "http://www.qq.com");
    conn.setRequestProperty(
            "User-Agent",
            "Mozilla/5.0 (Windows NT 6.1; WOW64) AppleWebKit/537.31 (KHTML, like Gecko) Chrome/26.
    conn.setRequestProperty("X-Requested-With", "XMLHttpRequest");
```

图 10-103　服务端代码

3. 微信小程序发布过程

如图 10-104 所示，代码检查无误后，在微信 Web 开发者工具单击“上传”按钮，将版本设置为体验版或者提交审核，然后对项目进行备注，方便管理员的使用。而这里的“上传”是把小程序代码上传到微信后台，由微信后台管理人员查看是否符合要求，如果版本设置的是提交审核，而当审核通过之后就会生成小程序二维码，当用手机扫描二维码时，手机会自动把小程序的代码从腾讯后台下载下来并保存在手机中。

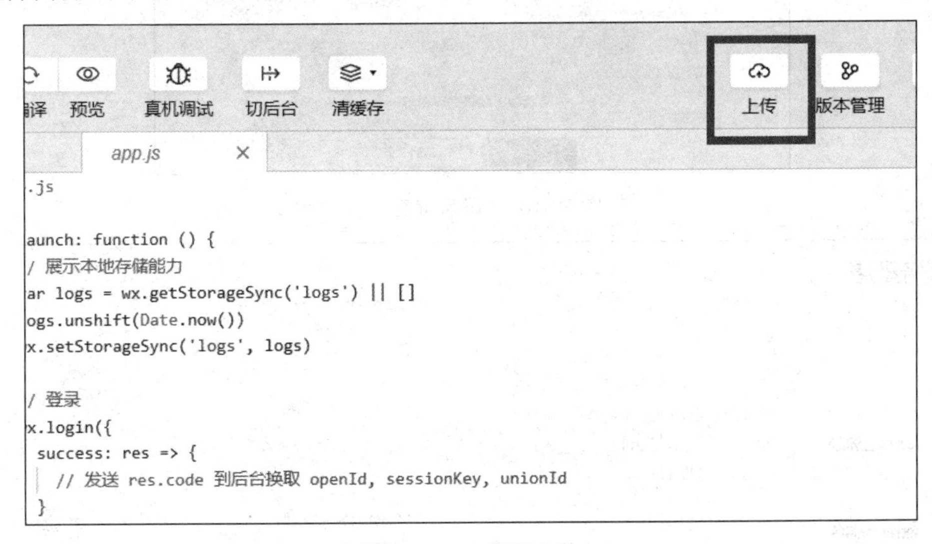

图 10-104　代码上传

如图 10-105 所示，上传后可以在微信公众平台看到上传的小程序。

如图 10-106 所示，提交审核，审核后的小程序可以通过二维码或直接根据小程序名称搜到。

如图 10-107 所示，提交审核的小程序到服务器请求备案。

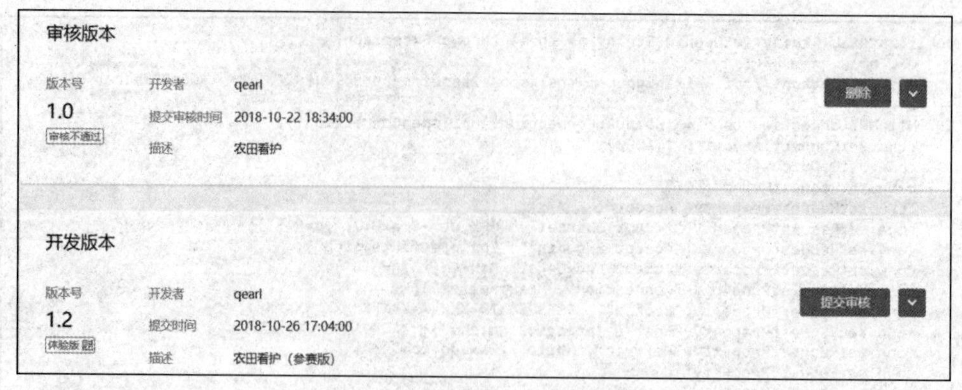

图 10-105　查看上传的小程序

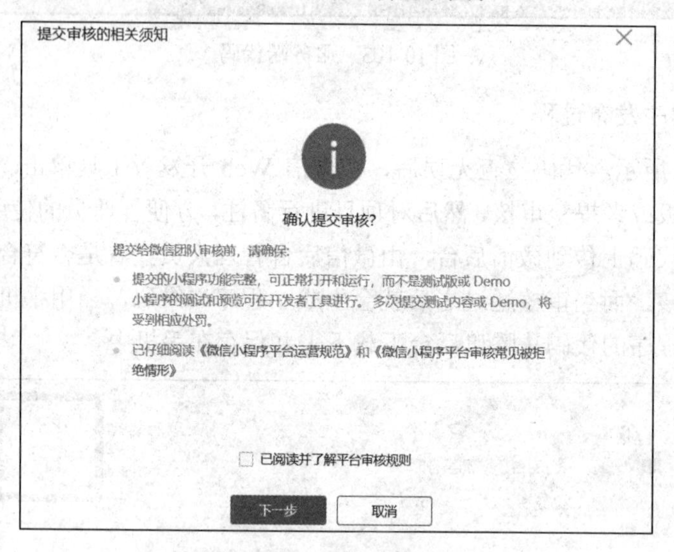

图 10-106　确认提交审核

服务器域名

服务器配置		说明	操作
request合法域名	https://res[illegible].amap.com https://ap[illegible]p.baidu.com https://x[illegible]18.com		
socket合法域名		一个月内可申请5次修改 本月还可修改5次	修改

图 10-107　服务器备案

10.7　小　　结

本章主要介绍了物联网知识体系与技术发展，针对物联网节点、物联网网关、数据传输技术、数据中心技术、客户端技术进行了详细阐述并提供技术案例与分析。读者可通过本章提到的技术案例进行深入分析，探讨现有问题如何通过物联网技术进行解决，以及未来物联网应朝哪个方向进行发展。

思 考 题

1．RFID 标签技术适用于哪些场景?
2．智能防遗忘挂件中，蜂鸣器的主要功能是什么？
3．Apache Web 服务器的特点是什么？

案　　例

“小米新 1 级空调”是小米公司发布的新一代智能空调，具有温湿双控、自动清洁、静音设计、智能防直吹、智能互联等功能，解决了用户需要使用空调自带遥控器操控、无法提前制冷/热这一关键问题。该空调实现了用户可使用 App 控制空调开关、设置制冷/热温度等功能，同时可将用户使用数据上传至数据服务中心，方便用户分析使用情况，更有提醒用户清洁功能，用户可在米家 App 上查看当前空调运行情况，提供良好的用户体验。

第 11 章　NB-IoT 农业物联网实时系统开发案例

学习要点

- ❑ 了解 NB-IoT 农业物联网实时信息系统相关知识。
- ❑ 掌握 NB-IoT 网关设计与实现的相关技术。
- ❑ 掌握农业物联网数据中心 Web 服务设计与实现相关技术。
- ❑ 了解农业物联网微信小程序客户端相关知识。

11.1　农业物联网系统开发背景

当前还没有针对干旱、水涝及人与动物破坏农作物的远程实时监测设备，本章开发了一款基于 NB-IoT 的农田看护设备。所开发的设备包括太阳能供电模块、STM32 核心处理模块、NB-IoT 模块、DHT11 温湿度传感器模块、继电器模块、土壤湿度传感器模块、烟雾浓度传感器模块、红外传感器模块及蜂鸣器等。所制作的农田看护设备具有低功耗、体积小易部署、安全性高及稳定性高的特点，通过 NB-IoT 模块，设备可以将收集到的农田实时数据发送到数据服务中心。同时，使用所开发的软硬件系统可实现远程开关浇水、开关报警功能、获取环境数据及异常自动报警功能等。所开发的硬件设备及软件管理系统将推动智慧农业的快速发展，带来较好的经济及社会效益。

11.2　NB-IoT 农业物联网实时信息系统设计

近年来随着人口的增多，农田土地面积的减少，人们越来越重视农作物的生长质量及产量。目前，影响农作物生产质量及产量的主要因素包括干旱、水涝、人为偷盗破坏、食草动物觅食破坏及鸟类采食破坏等。这些农业生产环境及安全问题严重影响农作物产量和品质，防治和监测好该类农田安全事故，对于保障农业丰收、农产品质量保障和农民增收具有重要意义。现有技术中相关检测干旱、水涝、火灾及人与动物破坏农作物的主要方法为人工巡查，这不仅费时费力，而且难以及时及早发现农作物被破坏状况，严重影响了农作物的生长质量及产量。

针对难以实时监控干旱、水涝及人与动物破坏农作物的情况，本章报道了一个基于 NB-IoT 的农业生产监控设备的研发。该设备使用 NB-IoT 通信技术完成与云服务中心之间的数据传输。一方面，NB-IoT 可以比现有无线技术提供 50～100 倍的无线设备接入数，可以降低物联网设备的数据通信费用；另一方面，NB-IoT 聚焦小数据量、小速率应用，因此

NB-IoT 设备功耗可以做到非常小，从而保障电池的使用寿命，有利于该设备在农业生产监控中的推广使用。

基于 NB-IoT 的农业生产监控设备主要包括 STM32 微处理器、环境检测传感器、NB-IoT 模块、蜂鸣器、开关电路等。环境检测传感器由温湿度传感器、土壤湿度传感器、烟雾传感器、噪声传感器、红外感应传感器、光照强度传感器组成，用来监测农业生产环境参数。NB-IoT 模块，用于将农田环境数据传输到云服务中心。通过所开发的微信小程序，用户可实时查看农田安全环境数据，且能实现远程浇水及蜂鸣器控制。

同时，所研发的 NB-IoT 农业物联网设备及智能手机客户端可以使农业生产人员不需花费太多时间与金钱，也不用雇佣专门公司，自己就可以购买安装及使用设备来进行智慧农业生产。农业生产人员可以在任何时间方便地添加 NB-IoT 硬件设备来扩大智慧农业生产规模。如图 11-1 所示，所研发的“前端、云端、客户端”软硬件系统及运作模式，可将位于任何地方的 NB-IoT 农业物联网设备相关的农业生产环境数据及控制数据发送到由企业或政府运营管理的云端农业物联网数据服务中心。

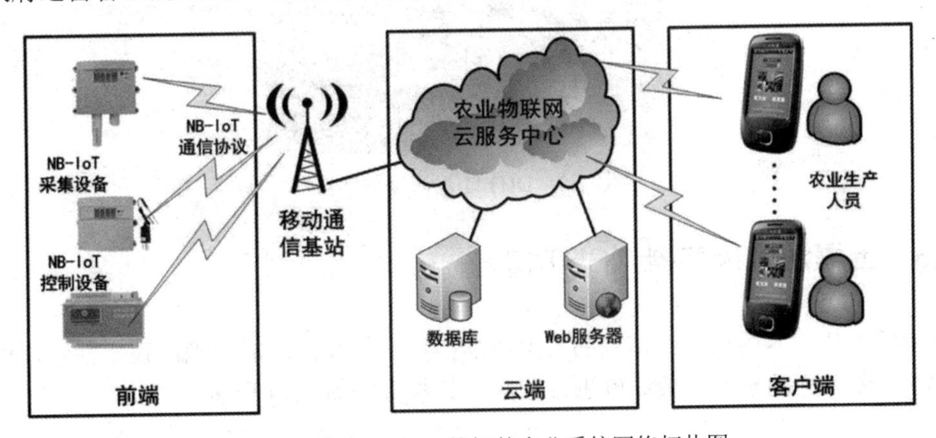

图 11-1　基于 NB-IoT 的智慧农业系统网络拓扑图

进一步地，NB-IoT 的智慧农业系统可以解决传统智慧农业所存在的“信息孤岛”问题。通过数据融合与数据挖掘等智能技术，对云端农业物联网数据服务中心的海量数据进行分析、处理，可为所有农业生产者提供各种智慧农业信息及决策服务，实现农业生产的智能监测与控制，实现农业生产社会效益与经济效益的大幅度提高。

11.3　物联网节点选取

11.3.1　继电器

继电器通过所接收到的信号，做出对应的电位变化。本章中利用 0 和 1 的电位变化对设备进行控制，其模块如图 11-2 所示。

图 11-2　继电器

11.3.2　温湿度传感器（DHT11）

DHT11 温湿度传感器包含有数字信号校验模块，利用其对数据进行采集。本章中用于对农田附近的温湿度值进行监测，其模块如图 11-3 所示。

图 11-3　DHT11 温湿度传感器

11.3.3　土壤湿度传感器（SHT10）

土壤湿度传感器的特点：精确的数据校准；接口量少，功能明确；稳定性强，体积小易于部署。本章中用于对土壤湿度进行监测，其模块如图 11-4 所示。

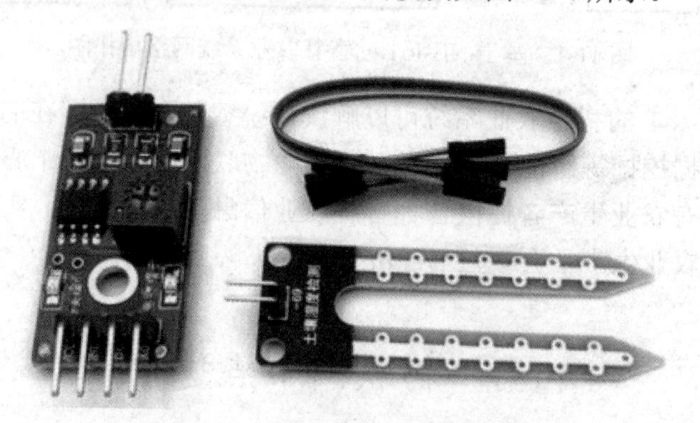

图 11-4　SHT10 土壤湿度传感器

11.3.4　人体红外传感器（HC-SR501）

人体红外传感器采用红外技术对传感器附近的红外变化进行感应，从而输出 0 或 1 的电平变化，大多用于自动感应设备。本章中对农田附近是否有人出没进行监测，其模块如

图 11-5 所示。

图 11-5　HC-SR501 人体红外传感器

11.3.5　烟雾浓度传感器（MQ2）

烟雾浓度传感器对采集到的烟雾浓度进行处理转换为数字信号，被广泛用于消防报警中，与气敏电阻类的报警器相比性能远在其上。本章中用于对农田周围的烟雾值进行监测进而判断是否有火灾发生，其模块如图 11-6 所示。

图 11-6　MQ2 烟雾浓度传感器

11.3.6　噪声传感器

噪声传感器能直接输出线性模拟量，AD 采集时更加方便，解决波形难以采集的问题，其模块如图 11-7 所示。

图 11-7　噪声传感器

11.3.7　光照强度传感器（GY-30）

光照强度传感器内置 16 bit AD 转换器，工作电源在 3～5 V，可输出数字信号，灵敏度高。本章中用于对农田周围的光照强度进行监测，其模块如图 11-8 所示。

图 11-8　GY-30 光照强度传感器

11.4　物联网网关设计与实现

11.4.1　设备制作电子原理图

图 11-9 所示为 Altium Designer 绘制的 NB-IoT 农业生产监控设备的电子原理图。该图主要由 STM32F103RET6 处理器、土壤湿度传感器、噪声传感器、光照强度传感器、红外感应传感器、烟雾浓度传感器、温湿度传感器、蜂鸣器、NB-IoT 通信模块、继电器及串口模块等组成。

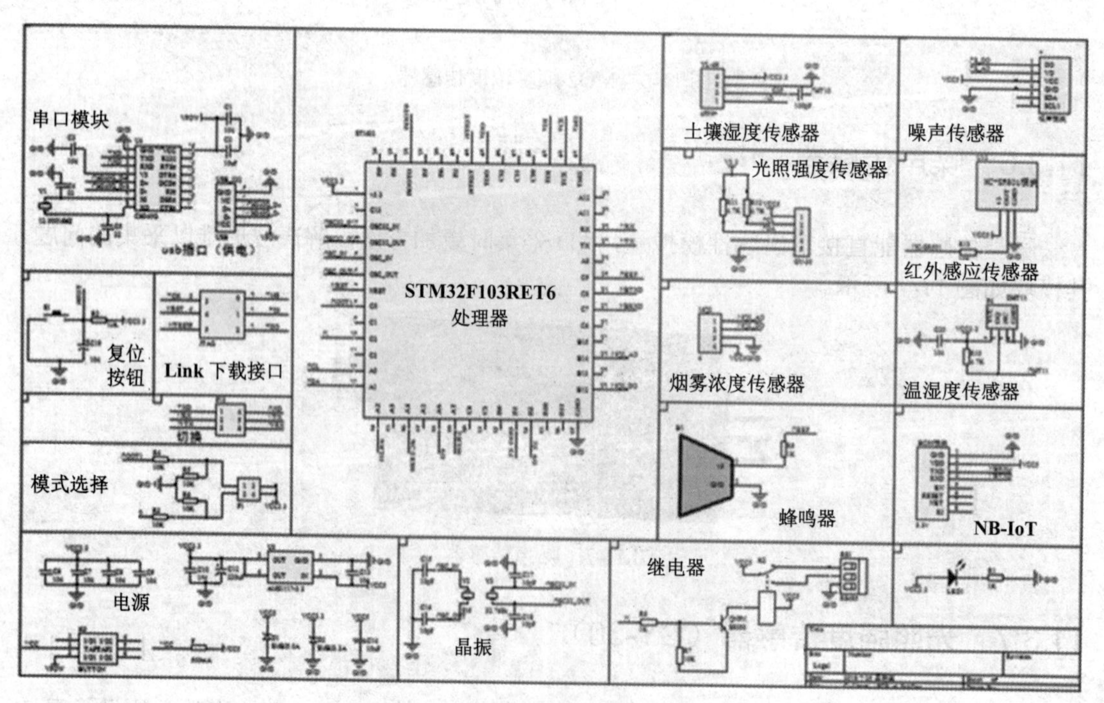

图 11-9　NB-IoT 监控设备电子原理图

11.4.2　STM32F103RET6 处理器

STM32F103RET6 处理器是 ARM 芯片众多型号中的一种，它具有较大的闪存、较好的兼容性及较高的稳定性。STM32F103RE6 实物及电子原理图如图 11-10 所示。该芯片拥有的闪存与 RAM 容量可满足农业生产监控设备环境数据收集、传输及设备控制的需要。

（a）实物　　　　（b）电子原理图

图 11-10　STM32 处理器实物与电子原理图

11.4.3　继电器

继电器是一种供电开关设备，在自动控制电路中被广泛应用。在本设备中，继电器通过 0 和 1 的高低电位变化，来实现远程浇水的“开”与“关”功能。本设备所使用的 SRD-05VDC 继电器实物及电子原理图如图 11-11 所示。

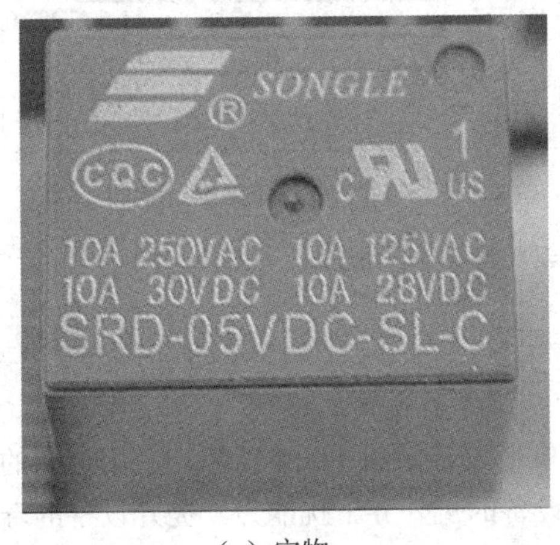

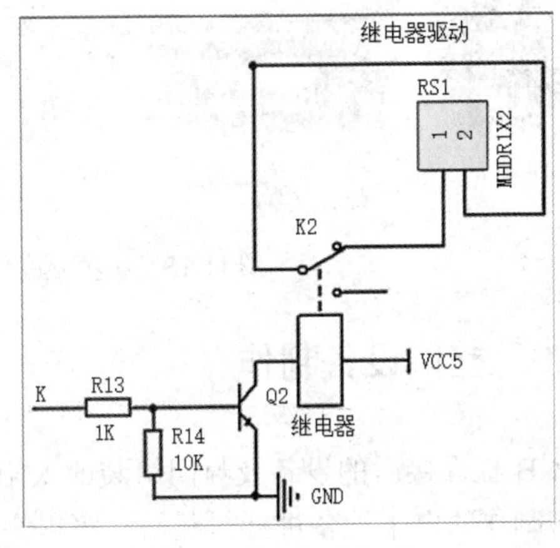

（a）实物　　　　（b）电子原理图

图 11-11　继电器实物及电子原理图

11.4.4　蜂鸣器

NB-IoT 农业生产监控设备利用蜂鸣器进行环境异常警报。蜂鸣器实物及电子原理图如图 11-12 所示。蜂鸣器的 v3 脚为数据引脚，接收控制电位的变化，GND 引脚接地。

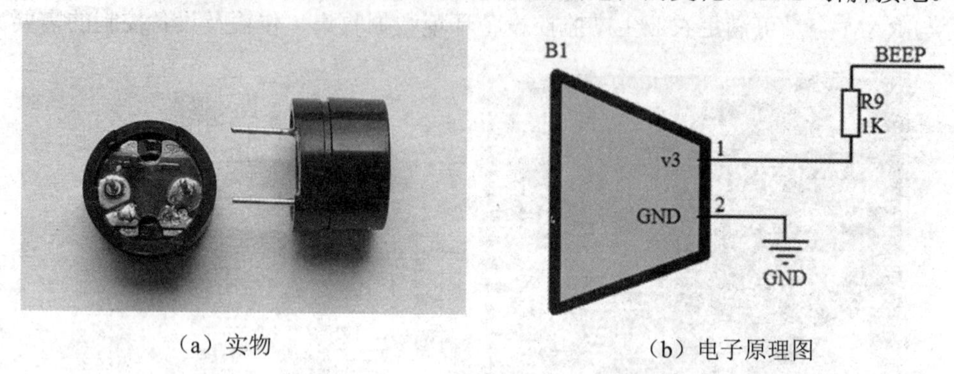

（a）实物　　（b）电子原理图

图 11-12　蜂鸣器实物及电子原理图

11.4.5　土壤湿度传感器

采用表面进行镀镍处理过的土壤湿度传感器可扩展感应面积，提高导电性，其实物及电子原理图如图 11-13 所示。利用来自土壤湿度传感器的数据变化，可以判断农田是否存在干旱或水涝情况。该传感器的 1 号引脚为数据口，2 号引脚与一个电容相连接，3 号引脚接地，4 号引脚连接电源。

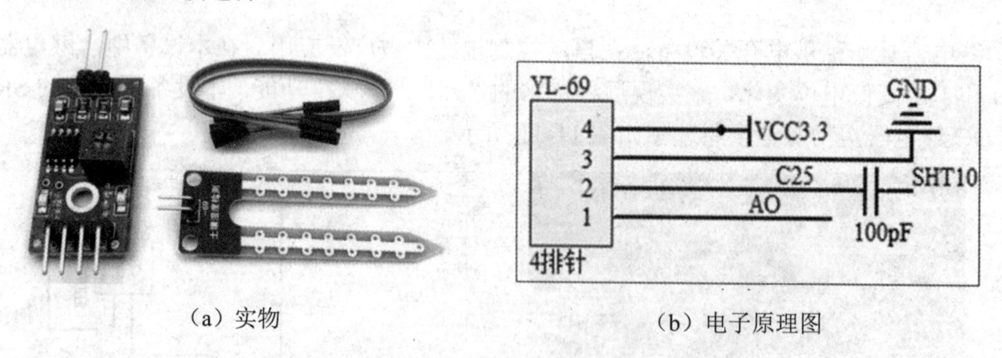

（a）实物　　（b）电子原理图

图 11-13　土壤湿度传感器实物及电子原理图

11.4.6　整体设备制作

PCB 板焊接后的设备及封闭组装的太阳能供电设备如图 11-14 所示。利用透明的亚克力板将制作的电子设备进行封装后，可提高该设备的抗外界干扰能力，提升设备的寿命；太阳能板所产生的电源在经过转化后，可持续为设备的运行提供电力。

（a）PCB 板焊接后的设备

（b）太阳能供电设备

图 11-14　PCB 板焊接后的设备及封闭组装的太阳能供电设备

11.5　物联网传输网络选取

11.5.1　NB-IoT 技术简介

NB-IoT 是 IoT 领域一个新兴的技术，能耗低，设备支持广域网的小区连接数据，又称为低能耗（LPWAN）广覆盖网络。续航能力是通信方面最大的困扰，而 NB-IoT 拥有独特的通信通道，由于构建在蜂窝网络上从而可以极大地降低其功耗。

BC95 是 NB-IoT 通信模块中众多型号的一种，且功耗低、成本小、易于续航，适合野外作业，其实物及电子原理图如图 11-15 所示。BC95 模块的 VDD 引脚与 STM32 处理器的 VCC3.3 引脚相连接，接电源正极，电压为 DC 3.3 V，GND 引脚接地，RESET 引脚为复位口。BC95 模块的 TXD 引脚用来发送数据，RI 引脚用于模块输出振铃提示。

（a）实物

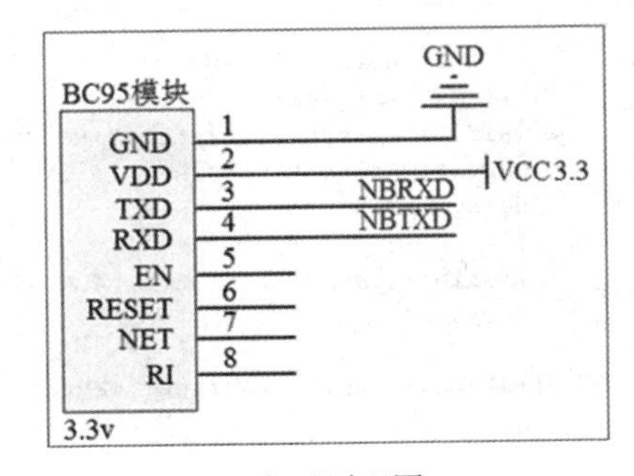

（b）电子原理图

图 11-15　NB-IoT 通信模块实物及电子原理图

11.5.2　设备数据发送

在自主设计的网关上承载 STM32 芯片，其中 B10 口与 B11 口与 NB-IoT 模块的 RXT 引脚与 TXT 引脚相连。由于模块自带的 NB 卡已提前绑定好第三方 IP 地址，故数据只能先传输至第三方 IP 再进行套接。由于第三方网站的缘故，每个账户下所绑定的 NB-IoT 模块都有自身特定的注册包及含注册包的 NB-IoT 模块 UDP 发送指令。其中，含注册包的 NB 模块 UDP 发送指令在模块初始化时调用一次即可。

初始化调用之后，对数据进行传输并传输至第三方网站，“AT+NSOST=0,115.29.240.46,6000,”；其中 0 代表设备编号，115.29.240.46 为第三方 IP，6000 为端口号。“G2Usart_Write(AT+NSORF=0,6\r\n)”代表 0～6 的 UDP 端口进行操作。对数据以“#”为分隔符进行发送，详见图 11-16。

```
void sendmsg(u8 datalen,char *data){
  char ptr[600]="AT+NSOST=0,115.29.240.46,6000,";
  char s[3];
  sprintf(s,"%d",datalen);
  strcat(ptr,s);      //添加长度
  strcat(ptr,",");
  strcat(ptr,data);   //71 77 65
  strcat(ptr,"\r\n");
  printf("要发送的数据是%s\r\n",ptr);
  G2Usart_Write(ptr,strlen(ptr));
  recive1();
  G2Usart_Write("AT+NSORF=0,6\r\n", strlen("AT+NSORF=0,6\r\n"));
  //G2Usart_Write("AT+NSORF=0,6\r\n", strlen("AT+NSORF=0,6\r\n"));
  recive1();
}
```

图 11-16 NB-IoT 模块进行数据发送

11.5.3 设备控制命令接收

设备在对数据进行接收时，接收的也是十六进制的数据。本章中所运用到的控制命令分别为 LED_ON、LEDOFF、BEEPON、BEEPOF，其中对应的十六进制分别为 4C45445F4F4E、4C45445F4F4646、424545505F4F4E、424545505F4F464-6，具体详见图 11-17。

```
void receive(){
  if (G2Usart_GetRxFlag()==SET){
    size1=G2Usart_Read((u8*)str1, 500);
    if(WifiUart_StrSearch(str1,"+NSONMI:0,6")!=-1){
      G2Usart_Write("AT+NSORF=0,6\r\n",strlen("AT+NSORF=0,6\r\n"));
      delay_ms(1000);
      }
    if(WifiUart_StrSearch(str1,"4C45445F4F4E")!=-1){  //LED_ON
      K=1;
    }
    if(WifiUart_StrSearch(str1,"4C45445F4F4646")!=-1){  //LED_OFF
      K=0;
    }
    if(WifiUart_StrSearch(str1,"424545505F4F4E")!=-1){  //BEEP_ON
      BEEP_Init();
      BEEP=1;
    }
    if(WifiUart_StrSearch(str1,"424545505F4F4646")!=-1){  //BEEP_OFF
      BEEP=0;
    }
  }
}
```

图 11-17 设备控制命令接收

11.5.4　Web 服务与 NB-IoT 平台数据交换

由于 NB-IoT 模块事先绑定好第三方 IP 的缘故，现在线程中利用套接字对传至第三方的数据进行套接。每个账户所绑定的 NB-IoT 模块都有特定的注册包，这里作为连接的凭证。连接成功后对接收到的数据进行按“#”分割，并存入数据库。如图 11-18 所示，ServerIp 为第三方 IP，port 为端口号，str 为注册包，实现 NB-IoT 数据发送。

```
public static String ServerIp="115.29.240.46"; //UDPIp
public  static int port=6000;
public static ServletContext context = null;
@Override
public void contextInitialized(ServletContextEvent servletContextEvent) {
     context=servletContextEvent.getServletContext();
     try {
          String str="ep=DFHQ8ZKBEMC2QWT7&pw=123456";
          DatagramPacket datagramPacket = new DatagramPacket(str.getBytes(),
          str.getBytes().length, InetAddress.getByName(Serv);
          DatagramSocket socket=new DatagramSocket();
          System.out.println("初始化socket.....Start!");
          }
}
```

图 11-18　NB-IoT 数据发送

11.6　物联网数据服务中心设计与实现

如图 11-19 所示，农田看护设备 Web 后台系统主要是针对管理人员与用户进行设计，针对不同身份设计对应不同的要求。例如，用户可在 Web 端对设备进行购买，可在 Web 端对信息进行反馈等；管理员可对用户信息管理、新增修改及删除用户、用户购买时下的订单进行处理等。

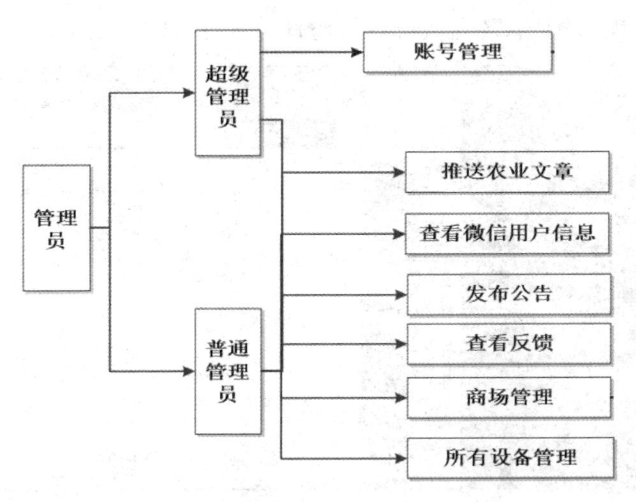

图 11-19　物联网数据服务中心管理图

11.6.1　Web 管理系统功能

在管理员登录界面，管理员输入用户名为 admin 的账户与对应的用户名即可进入管理员界面。管理员可以执行的功能有：个人资料的编辑、管理员的管理、设备管理、用户反馈、发送公告、文章推送及客户端的二维码等功能。管理员可以手动通过该功能添加用户。添加用户后，用户也可进行登录。但是与管理员不同的是，用户不享有对用户进行管理、公告的发布、客户端二维码发布等功能。管理员可以通过该功能查询用户。管理员可通过 ID、账户及姓名对用户进行查询，也可对所有用户的一些信息进行查询。如图 11-20 所示为管理员对用户的账户余额进行重置及查看。用户在微信小程序客户端可对自身账户进行重置，并于客户端进行商品的购买。

图 11-20　管理员为用户进行账户充值

如图 11-21 所示，管理员可对商品的库存，价格及信息进行修改，以避免用户在客户端对设备进行购买时出现供应不足的情况。如图 11-22 所示，管理员可对商品的购买者的信息进行查看及订单的确认状态进行确认，对订单进行打印。

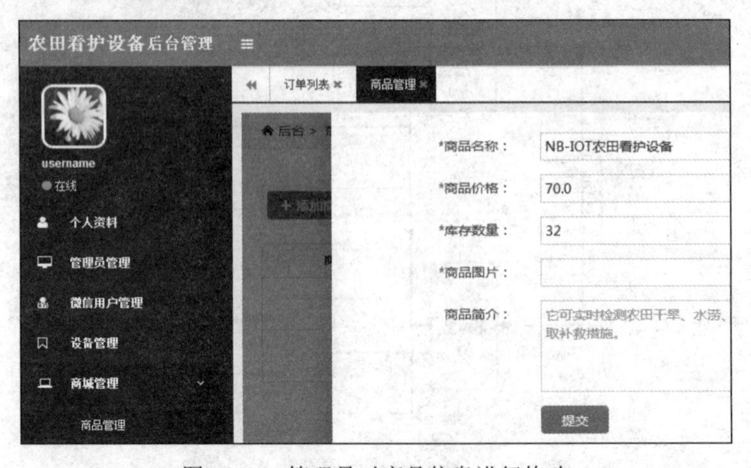

图 11-21　管理员对商品信息进行修改

图 11-22　管理员对订单的查看及打印

11.6.2　物联网客户端设计与实现

如图 11-23 所示，农业生产监控设备管理系统包含微信小程序客户端与 Web 服务器两个部分。Web 服务器是针对超级管理员与普通管理员来开发的。管理员可以查看所有小程序用户的反馈信息，显示在页面的字段有微信号、反馈内容以及反馈时间。点击反馈内容会展示详细反馈内容，管理员可以删除反馈记录。如图 11-24 所示，小程序拥有 3 个功能，分别是农田数据的查看、农业生产监控设备的远程控制操作以及小程序用户的基本服务。

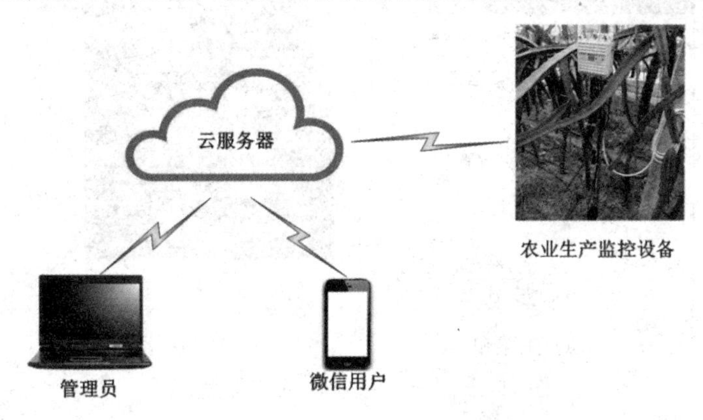

图 11-23　NB-IOT 农田监控设备网络拓扑图

微信小程序的主界面如图 11-25（a）所示。用户绑定好所管理的农业生产监控设备后，可以看到农田当前的温度、湿度、空气质量、光照强度、烟雾浓度、是否有人靠近农田等信息。同时，用户还可以查看后台管理员推送的相关信息。用户侧滑界面如图 11-25（b）所示，该页面拥有设备列表、天气预报、意见反馈、个人日志、农业论坛、联系方式 6 大功能。

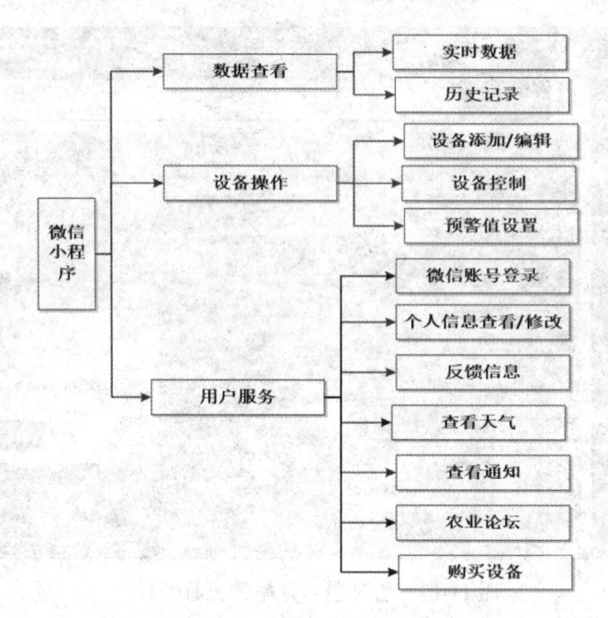

图 11-24　微信客户端功能

（a）主菜单　　（b）侧滑界面

图 11-25　用户主菜单及用户侧滑界面

通过微信小程序用户个人信息界面，用户可以修改个人资料。小程序用户侧滑界面点击微信图像即可对个人信息进行操作，也可以随时修改个人信息，点击保存之后，微信用户的信息会传到后台管理系统。当设备出现问题时，通过用户意见反馈界面，用户在问题描述区编辑出现的问题；也可以通过上传照片的方式直观地展现问题所在；点击橙色的电话号码也可以拨打给后台管理员。

反向控制界面如图 11-26（a）所示，用户通过该界面可以远程控制农田设备的蜂鸣器或者水泵。当按钮显示绿色的时候，表示开的状态，当按钮显示灰色的时候，表示关的状态。天气预报界面如图 11-26（b）所示，通过该界面可以查看天气预报，及时了解当地的天气情况，提前做好防御措施。

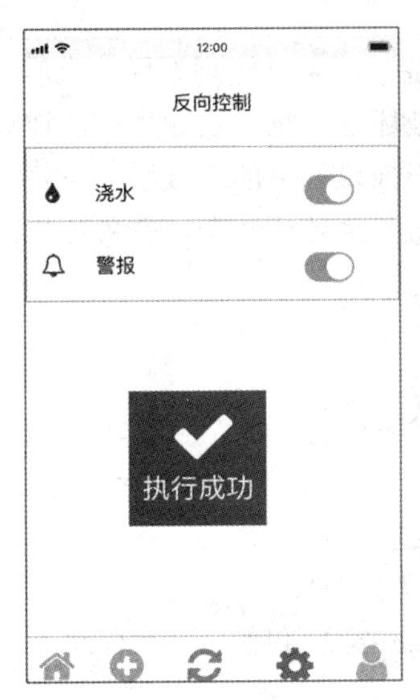

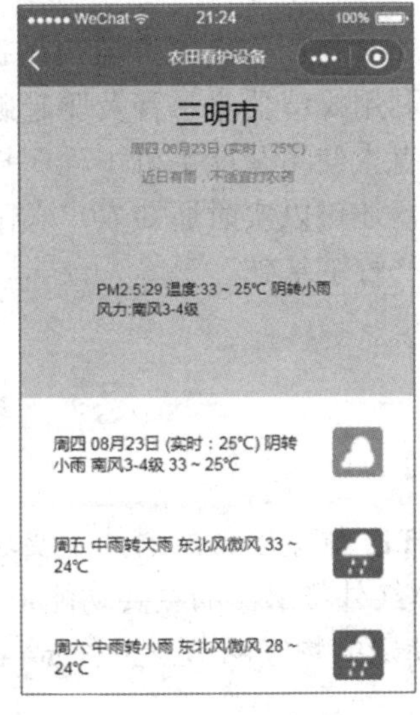

（a）反向控制界面　　　　（b）天气预报界面

图 11-26　反向控制及天气预报界面

折线图界面如图 11-27（a）所示，通过该界面可以实时查看农业生产环境情况。设置预警值界面如图 11-27（b）所示，通过该界面可以对农田环境数据的预警值进行设定；当超出预警值时，小程序会立即推送相关警报给用户。

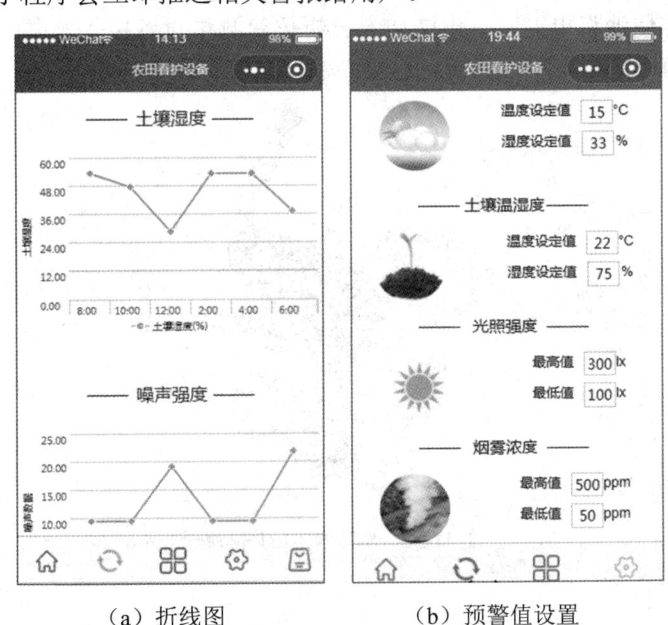

（a）折线图　　　　（b）预警值设置

图 11-27　折线图界面及设置预警值界面

11.7 小　结

本章所制作的 NB-IoT 农业生产监控设备，可实时检测干旱、水涝及人与动物对农作物的破坏情况，并利用蜂鸣器来示警及驱赶破坏性动物。农业生产监控设备上设有一个二维码，所述设备持有人使用智能手机小程序扫描设备上的二维码，可将设备与智能手机绑定。同时，云服务器还可以实时通知农户农田安全环境数据，并可远程采取补救措施，为高效的智慧农业生产打下基础。

思考题

1．本章中 DHT11 温湿度传感器的主要功能是什么？

2．本章中人体红外传感器的主要功能是什么？

3．除了上述使用的物联网节点，你觉得还能添加哪些节点有助于农业生产？请阐述观点，并说明理由。

案　例

如图 11-28 所示，SC6 模块是通过 NB-IoT 技术实现的无线数据传输模块，利用现有的移动网络，可以方便地将电能表、电能质量分析仪等测量设备接入物联网数据服务中心。它具有网络覆盖范围广、网络连接灵活快捷等优点。

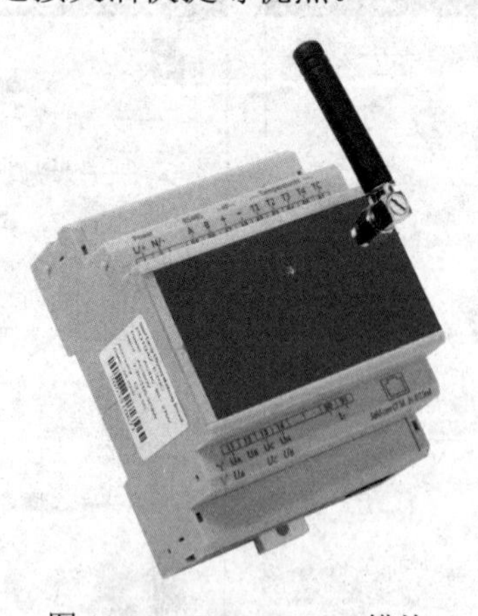

图 11-28　SC6 NB-IoT 模块

第 12 章　物联网职业规划

学习要点

- ❑ 了解物联网职业相关知识。
- ❑ 掌握不同物联网职业所应具有的技能。
- ❑ 掌握全栈开发者所应具有的相关知识。
- ❑ 了解物联网商务设计师相关知识。

12.1　物联网职业岗位简介

在物联网、人工智能、大数据、云计算、区块链等应用的联合驱动之下，物联网领域对于人才的需求越发强烈。物联网工程专业学生毕业之后，可以从事物联网首席信息官、物联网商业设计师、物联网产品经理、物联网架构研发总监、物联网通信工程师、物联网硬件工程师、物联网大数据架构师、物联网软件工程师、物联网全栈软件工程师、物联网移动端开发工程师、物联网操作系统开发工程师等工作岗位，分别叙述如下。

12.1.1　物联网首席信息官

物联网首席信息官负责推动物联网技术决策，而这些决策反过来又指导着物联网企业的发展方向。此人将制定公司的物联网战略，将物联网新技术的采用与明确的物联网业务成果联系起来。他们将监督物联网产品或计划的开发，并负责从物联网设备收集数据，分析和识别见解，并最终根据这些数据采取行动。有效的沟通对这个职位至关重要。物联网首席信息官必须是一个能够与其他首席执行官进行有效沟通的人，以便在面临反对和推卸责任时证明并推动公司物联网预算，而且他们必须与首席技术官/首席信息官以及工程和制造团队密切合作。

12.1.2　物联网商业设计师

物联网商业设计师是一位创造性的思想领袖，他将寻找可以通过物联网解决的商业机会，然后集合一个技术解决方案来解决这个机会。归根结底，如果技术不能为企业服务，那它就是毫无意义的。

12.1.3　物联网产品经理

物联网产品经理管理物联网产品的全生命周期，负责需求对接、物联网产品定义、物联网项目管理、营销推广、协调设计、研发、运营、市场的资源等，对物联网产品的商业成功负责。物联网产品经理需要懂得硬件、软件、通信及云平台。物联网产品经理可以将物联网技术栈的设备硬件、设备软件、通信、云平台、云应用程序 5 层整合到他们的产品战略和路线图中。

12.1.4　物联网架构研发总监

物联网架构研发总监负责物联网产品与物联网行业部门之间的信息共享、物联网项目需求优先级管理及物联网客户对物联网产品解决方案的反馈等。同时，该研发总监还负责为物联网行业客户开发端到端的行业解决方案，快速梳理与客户沟通过程中的需求痛点，并提供相应的产品解决方案。另外，研发总监还负责与物联网行业部门相关的技术支持工作，通过物联网方案制订、前期方案交流、物联网技术对接、客户端产品交付、后续支持等，与项目组合作确保物联网产品交付。

12.1.5　物联网通信工程师

物联网通信工程师负责物联网终端、物联网网关及相关物联网传输技术开发。该工程师需要熟悉 LoRa WAN、NB-IoT、Wi-Fi、3G/4G/5G、BDS 等物联网传输技术，并熟悉硬件开发流程，熟悉射频（Radio Frequency，RF）电路，对各种 RF 技术及参数有较好的理解。

12.1.6　物联网硬件工程师

物联网硬件工程师需要准备完整的物联网硬件规划，这包括物联网硬件原理图和布局。同时，物联网硬件工程师还需要根据监管标准编制质量和验证要求，并将其记录在设计文件中。另外，硬件工程师有能力按照客户的要求执行物联网硬件项目。物联网硬件工程师还需要负责与芯片/模组商/硬件厂商等合作伙伴共同实现 IoT 产品的开发。

12.1.7　物联网大数据架构师

物联网大数据架构师负责物联网大数据平台系统的设计与实现，包括物联网应用相关实时数据和离线数据等相关功能的开发与实现。物联网大数据架构师需要熟练掌握大数据技术，包括 Hadoop、Kafka、Spark、Storm 等。在这条道路上，高管们考虑采用新技术，物联网和大数据是目前最热门的研究领域之一。物联网大数据架构师需要将物联网或大数据技术的好处应用到物联网商业案例中。

12.1.8　物联网软件工程师

物联网软件工程师是物联网领域中的一个热门工作岗位，主要专注于创建允许物联网产品运行并连接到其他设备的软件。物联网软件工程师将设计、机械工程、电子和软件结合在一起，创造出最高效的产品开发生命周期。物联网软件工程师完成的项目涉及医疗、农业、消费品、工业和体育、健身等多个不同行业。物联网软件工程师可独立设计开发物联网应用平台功能模块及完成软件产品集成及测试。另外，物联网软件工程师协助支撑完成终端软硬件测试平台搭建和提供终端软件技术咨询服务。

12.1.9　物联网全栈软件工程师

物联网全栈软件工程师是一名高级软件工程师，负责协助构建和维护物联网实时信息系统平台；负责实施产品定制并为最终客户构建快速周转项目。随着智能连接设备市场的持续快速增长，对安全、可靠、高效物联网系统的需求也在不断增长。全栈开发作为整个生命周期开发（设计、代码、测试和发布）的单点解决方案，将产品和系统提升到一个新的层次。一个完整的栈开发人员需要熟悉基础设施、数据库、前端（HTML、CSS、JavaScript 等）和后端（Linux、Perl、Python、PHP、Java、Ruby 等）技术。物联网全栈软件工程师还必须具备嵌入式/固件系统、通信技术、网络协议、传感器技术和定制硬件的知识。

12.1.10　物联网移动端开发工程师

物联网移动端开发工程师主要开发物联网服务客户端，如 App、微信小程序等。物联网移动端开发工程师与任何其他软件开发周期都有相同的元素，类似的工具，相同的设计标准，甚至是类似的错误和对有效质量保证的考虑。尽管如此，在物联网移动端开发中还是有一些特别的东西，在准备物联网应用程序部署过程时，会出现一些需求。

12.1.11　物联网操作系统开发工程师

物联网操作系统开发工程师从事物联网操作系统研发工作，推动物联网操作系统项目实施落地。同时，该工程师负责设计、编码和优化物联网操作系统的内核、驱动、网络、存储、安全等模块的工作。物联网操作系统开发工程师熟悉 NB-IoT、Wi-Fi、BLE（蓝牙低能耗）、MQTT（消息队列遥测传输）、CoAP（受限应用协议）等协议，也熟悉 STM32、LPC、ARM9 等硬件。

12.2　小　　结

本章主要对物联网职业规划进行介绍，主要包括物联网首席信息官、物联网商业设计师、物联网产品经理、物联网架构研发总监、物联网通信工程师、物联网硬件工程师、物联网大数据架构师、物联网软件工程师、物联网全栈软件工程师、物联网移动端开发工程师、物联网操作系统开发工程师等。

思　考　题

1．物联网产品经理的职责是什么？

2．物联网移动端开发工程师应具有哪些技能？

3．根据上述的物联网职业介绍，你心仪的岗位是哪个？谈谈你对这个岗位的认识。

案　　例

物联网被认为是未来，因为它允许一个机构或者个人获取“实时了解、实时控制”物联网服务。随着物联网技术的普及，现在将是物联网职业生涯的绝佳时机，将为物联网工程专业毕业生提供很多职业机会，这里列出一些基于职位头衔的物联网职业机会。

1．传感器和执行器专业人员

一名传感器和执行器专业人士将与传感器和执行器一起工作，任务是开发物联网智能设备。同时，传感器和执行器专业人员将不断测试所开发的各种智能设备。另外，该专业人员的职责还包括跟踪物联网行业，研究各种可用的物联网新技术，以及如何将这些技术集成到负责生产的传感器和执行器中。

2．嵌入式程序工程师

嵌入式程序工程师的任务是开发各种 PCB 及驱动软件等。同时，该工程师还将被指派对性能进行量化，并对制造的设备或开发的相关软件进行故障排除。

3．物联网安全工程师

物联网安全工程师的任务是确保正在创建的物联网实时系统的各个组成部分不受黑客的攻击。这个工作需要掌握相关渗透测试的知识；同时，具有不断检查及发现物联网实时系统相关安全漏洞的能力。

参 考 文 献

[1] 陈柳钦．物联网：国内外发展动态及亟待解决的关键问题[J]．决策咨询通信，2010（5）：15-25．

[2] 郭苑，张顺颐，孙雁飞．物联网关键技术及有待解决的问题研究[J]．计算机技术与发展，2010，20（11）：180-183．

[3] 李清泉，李必军．物联网应用在 GIS 中需要解决的若干技术问题[J]．地理信息世界，2010，8（5）：7-11．

[4] 杜天旭，谢林柏，徐颖秦．物联网的关键技术及需解决的主要问题[J]．微计算机信息，2011，27（5）：152-154．

[5] 陈柳钦．物联网发展亟待解决的关键问题[J]．综合运输，2010（10）：31-36．

[6] 陈敏玲，邓国豪，梁瑞怡，等．疫情防控期间大型综合医院基于物联网技术的防护用品应急管理系统[J]．医疗装备，2021，34（1）：62-64．

[7] 潘纲，陈甲运，李海金，等．基于工业企业智慧消防“智能防火+防火保险+企业互助”的物联网+服务模式[J]．消防界（电子版），2021，7（1）：81-84．

[8] 陈莉，缪玉堂．智慧图书馆及其服务模式的构建[J]．兰台内外，2021（2）：70-72．

[9] 王嘉宏，张新瑞，徐海宾，等．园区智慧用能服务管理平台的研究与实践[J]．电气时代，2021（1）：68-70．

[10] 杨彩凤，杨震，刘涛，等．基于物联网的污水管网监控系统[J]．江苏工程职业技术学院学报，2020，20（4）：15-18．

[11] 刘科学，林朋，王艳林．油品储运监控与实时信息系统的构建[J]．设备管理与维修，2020（17）：102-103．

[12] 彭程，乔颖，王宏安．基于规则推理的实时信息物理监控系统[J]．计算机系统应用，2020，29（7）：70-81．

[13] 巩高铄，高琦，张锐杰．基于实时信息驱动的预制构件生产监控系统[J]．土木工程与管理学报，2019，36（6）：171-177．

[14] 张召涛，曾治安．一种基于实时信息的区域电网自愈系统[J]．供用电，2019，36（9）：34-39．

[15] 张文举．基于大数据处理技术的 IT 系统实时信息交互判异算法[J]．电子技术与软件工程，2019（16）：173-174．

[16] 孙宇，罗丹．基于双频 RFID 技术的载体管理系统设计[J]．物联网技术，2021，11（1）：13-15．

[17] 田鹏勇，李磊，杨芳．便携式列车制动速度传感器检测装置研究[J]．科技风，2021（4）：11-12．

[18] 陈钇安，杨枝友．基于国产单片机无磁物联网水表的软件设计[J]．电子技术与软件工程，2020（22）：51-54．

[19] 蔡晓龙，冯俊杰，段雨松．激光传感器在 GIS 设备波纹管伸缩节数据采集中的应用[J]．建材技术与应用，2021（1）：41-43．

[20] 陈涛．无线传感器网络在环境监测中的应用[J]．绿色环保建材，2021（2）：43-44．

[21] 张聃，郑之光，傅均承．通用物联网软网关的研究与实现[J]．中小企业管理与科技（下旬刊），2021（1）：164-165．

[22] 孙常青，郑富全，胡代荣，等．基于云的工业物联网网关设计与实现[J]．信息技术与信息化，2020（12）：166-168．

[23] 刘贵锋，李德美．基于物联网的多通道网关融合技术研究[J]．南方农机，2020，51（23）：173-175．

[24] 宋维，周新虹．基于 LoRa 技术的智慧校园物联网数据网关的设计与实现[J]．信息技术与信息化，2020（11）：208-212．

[25] 王文斌，张鑫，赵玉，等．基于 Modbus 通信协议的物联网网关设计[J]．单片机与嵌入式系统应用，2020，20（11）：59-62．

[26] 王岩，范苏洪．基于 5G 网络的物联网技术在智慧应急中的应用[J]．通信技术，2021，54（1）：224-230．

[27] 张亚南，付艳芳，张岩．5G 通信技术在电力物联网中的应用[J]．电子测试，2021（2）：67-69．

[28] 张琥石，林伟龙，杨发柱，等．基于 ESP8266 Wi-Fi 模块的物联网体温监测系统[J]．物联网技术，2020，10（12）：32-35．

[29] 高祥斌，孔凡兴．基于光纤复用的物联网节点安全控制域监测[J]．激光杂志，2020，41（7）：133-136．

[30] 陈富光，王卉，封小刚．基于 NB-IoT 网络的无磁智能水表设计[J]．自动化与仪器仪表，2021（1）：171-176．

[31] 曹艳，胡亮，刘永波，等．四川农畜育种攻关云服务数据中心的设计与实现[J]．四川农业科技，2020（12）：71-74．

[32] 周升，谢民，王政，等．泛在电力物联网下的中台云化构建及大数据分析研究[J]．中国信息化，2020（10）：73-74．

[33] 李荣．人工智能推动全球业务的数据中心管理业务[J]．计算机与网络，2019，45（9）：40-41．

[34] 袁远明，吴产乐，艾浩军．基于物联网的行政服务中心信息系统模型研究[J]．计算机科学，2012，39（S3）：122-124．

[35] 高志英，林何平，李鑫．基于云计算数据中心的传输基础资源运营规划方法研究[J]．电信工程技术与标准化，2021（2）：22-25．

[36] 陈楚雄．5G 系统接入网络性能优化研究[J]．中国新通信，2021，23（1）：69-70．

[37] 蒋强．GPON 技术在接入网的运用研究[J]．中国新通信，2021，23（1）：100-101．

[38] 潘华伟，张昕．MSTP 在接入网中的应用[J]．数码世界，2021（1）：33-34．

[39] 朱洪波，杨龙祥，朱琦，等．物联网边缘服务环境的智能协同无线接入网及其关键技术[J]．南京邮电大学学报（自然科学版），2020，40（5）：64-77．

[40] 秦新生．GPON 技术在接入网中的应用探究[J]．通信世界，2020，27（6）：49-50．

[41] 陈俊杰．基于大数据及人工智能的物联网客户感知保障研究及实践[J]．电信工程技术与标准化，2021，34（2）：72-78．

[42] 盛志超，苏天宝，丁力，等．电梯云门户可视化 APP 的设计与实现[J]．工业控制计算机，2020，33（11）：106-108．

[43] 王维．基于 Android 的绿色车间监测 APP 设计与实现[J]．无线互联科技，2020，17（22）：53-54．

[44] 张远平．教育管理工具类 APP 在智慧校园中的应用探究[J]．计算机时代，2020（10）：28-31．

[45] 周燕丽，陈浩佳，吴宇楠，等．手机 APP 及指纹双模控制电梯门禁系统[J]．科技与创新，2020（17）：59-60．

[46] 余文科，程媛，李芳，等．物联网技术发展分析与建议[J]．物联网学报，2020，4（4）：105-109．

[47] 韩菁，黄净晴．物联网技术在智能建筑在安防系统中的研究[J]．中国科技信息，2020（24）：46-47．

[48] 赖东展．物联网技术在智慧建筑领域的应用体现[J]．科技经济导刊，2020，28（35）：36-37．

[49] 代菲菲．物联网技术在计算机课程体系构建[J]．数码世界，2020（12）：143-144．

[50] 于莲花，高清芬．物联网技术在智慧农业中的应用研究[J]．南方农机，2020，51（22）：54-55．

[51] 吴泽枫，李成刚，宋勇，等．基于 NB-IoT 模块的机器人监控系统移动应用开发[J]．机械制造与自动化，2021，50（1）：161-163．

[52] 刘思彤，刘平山，黄志国，等．基于 NB-IoT 的智能烟感系统[J]．电子测试，2021（3）：77-78．

[53] 黄海洋．基于 NB-IoT 的多道并行程序数据召测模型研究[J]．现代电子技术，2021，44（3）：16-20．

[54] 袁兴，邓成中，何紫杨，等．基于 NB-IoT 与物联云平台的消防炮控制系统[J]．西华大学学报（自然科学版），2021，40（1）：87-92．

[55] 康馨月．基于 NB-IOT 的农业环境监控系统设计研究[J]．农村经济与科技，2021，32（1）：54-55．

[56] 梁丽平．新型职业农民农业物联网技术教学探讨[J]．南方农机，2020，51（24）：20-21．

[57] 张昊月．物联网专业技能竞赛——智能终端 APP 开发赛项设置研究[J]．福建轻纺，2020（11）：18-21．

[58] 柴楚乔．物联网安装调试员就业景气现状分析报告[J]．中国培训，2019（9）：43-45．

[59] 单洁，包志强，黄琼丹，等．基于就业技能评估的物联网实训实践平台的开发建设[J]．高教学刊，2019（1）：66-68．

[60] 张隽，蒋金康．高职院校物联网应用技术专业就业现状分析及对策探究——以无锡工艺职业技术学院为例[J]．人才资源开发，2018（14）：38-39．

附录　英文简称

英文简称	中、英文全称
2G	第二代（Second Generation）
3G	第三代（Third Generation）
3GPP	第三代合作伙伴计划（3rd Generation Partnership Project）
4G	第四代（Fourth Generation）
5G	第五代（Fifth Generation）
ACL	访问控制列表（Access Control List）
ADSL	非对称数字用户线路（Asymmetric Digital Subscriber Line）
AGV	自动导引车（Automatic Guided Vehicle）
AI	人工智能（Artificial Intelligence）
AP	无线接入点（Access Point）
API	应用程序接口（Application Programming Interface）
ARM	高级精简指令集处理器（Advanced RISC Machine）
ARPA	高级研究计划署（Advanced Research Projects Agency）
ASP	动态服务器页面（Active Server Page）
BDS	北斗卫星导航系统（BeiDou Navigation Satellite System）
BSS	基本服务区（Basic Service Set）
BT	无线蓝牙（Bluetooth）
CASNET	中国科学院网（Chinese Academy of Sciences Network）
CCD	电荷耦合器件（Charge Coupled Device）
CCK	补码键控（Complementary Code Keying）
CERNET	中国教育和科研计算机网（China Education and Research Network）
CHINAGBN	中国金桥信息网（China Golden Bridge Network）
CMOS	互补金属氧化物半导体（Complementary Metal Oxide Semiconductor）
CNNIC	中国互联网络信息中心（China Internet Network Information Center）
COD	化学需氧量（Chemical Oxygen Demand）
CPU	中央处理器（Central Processing Unit）
CSTNET	中国科技网（China Science and Technology Network）
DBB	动态低音提升（Dynamic Bass Boost）
DNS	域名系统（Domain Name System）
DSS	分布式服务区（Distributed Service Set）
DSSS	直接序列扩频（Direct Sequence Spread Spectrum）
EPP	增强型并行端口（Enhanced Parallel Port）
ESS	扩展服务区（Extended Service Set）

续表

英文简称	中、英文全称
ESSID	扩展服务区标示符（Extended Service Set Identifier）
ETC	电子不停车收费系统（Electronic Toll Collection）
FC	光纤通道（Fibre Channel）
FDD	频分双工（Frequency Division Duplexing）
FDMA	频分多址接入（Frequency Division Multiple Access）
FFD	全功能设备（Full Function Device）
FHSS	跳频扩频（Frequency Hopping Spread Spectrum）
FMC	固定移动融合（Fixed Mobile Convergence）
FSK	频移键控（Frequency Shift Keying）
GPRS	通用无线分组业务（General Packet Radio Service）
GPS	全球定位系统（Global Positioning System）
HTML	超文本标记语言（Hyper Text Markup Language）
IaaS	基础设施即服务（Infrastructure as a Service）
IEC	国际电工委员会（International Electrotechnical Commission）
IoT	物联网（Internet of Things ）
IPTV	网络电视（Internet Protocol Television）
IPv4	互联网协议第四版（Internet Protocol Version 4）
Ipv6	互联网协议第六版（Internet Protocol Version 6）
ISA	工业标准结构总线（Industrial Standard Architecture）
ISM	工业科学和医学（Industrial Scientific Medical）
ISO	国际标准化组织（International Standard Organization）
ISP	互联网服务提供商（Internet Service Provider）
ITS	智能交通系统（Intelligent Traffic System）
LAN	局域网（Local Area Network，）
LCD	液晶显示器（Liquid Crystal Display）
LTE	长期演进技术（Long Term Evolution）
MAC	媒体访问控制（Media Access Control）
MAN	城域网（Metropolitan Area Network）
MIMO	多输入多输出（Multiple Input Multiple Output）
MIT	麻省理工学院（Massachusetts Institute of Technology）
MOOCs	大规模开放在线课程（Massive Open Online Courses）
MPEG4	动态图像专家组 4（Moving Pictures Experts Group 4）
NAP	网络接入点（Network Access Point）
NASA/Ames	美国航天局艾姆斯研究中心（National Aeronautics and Space Administration Ames）
NAT	网络地址转换（Network Address Translation）
NB-IoT	窄带物联网（Narrow Band Internet of Things）
NCFC	国家计算机与网络设施（National Computing and Networking Facility of China）

续表

英文简称	中、英文全称
NSF	国家科学基金会（National Science Foundation）
NTTC	日本电信电话株式会社（Nippon Telegraphand Telephone Corporation）
OCR	光学字符识别（Optical Character Recognition）
OFDM	正交频分复用（Orthogonal Frequency Division Multiplexing）
OFDMA	正交频分多址（Orthogonal Frequency Division Multiple Access）
OLAP	联机分析处理（On-Line Analytical Processing）
PaaS	平台即服务（Platform as a Service）
PC	个人电脑（Personal Computer）
PCI	外部设备的总线标准（Peripheral Component Interconnect）
PHP	预处理器超文本网页（Preprocessor Hypertext Page）
PLC	基于电力线通信（Power Line Communication）
POS	销售点（Point of Sale）
POTS	普通老式电话业务（Plain Old Telephone Service）
PPP	点对点协议（Point to Point Protocol）
QoS	服务质量（Quality of Service）
RDD	弹性分布式数据集（Resilient Distributed Dataset）
RF	射频（Radio Frequency）
RFD	精简功能设备（Reduced Function Device）
RFID	射频识别（Radio Frequency Identification）
RJ-45	已注册的插孔（Registered Jack 45）
RS-232	推荐标准 232（Recommended Standard 232）
RS-485	推荐标准 485（Recommended Standard 485）
SaaS	软件即服务（Software as a Service）
SCSI	小型计算机系统接口（Small Computer System Interface）
SDRAM	同步动态随机存取内存（Synchronous Dynamic Random-Access Memory）
SGI	短保护间隔（Short Guard Interval)
SIM	用户识别卡（Subscriber Identity Module）
STB	机顶盒（Set Top Box）
TCP	传输控制协议（Transmission Control Protocol）
TD	时分（Time-division）
TDMA	时分多址（Time Division Multiple Access）
TD-SCDMA	时分同步码分多址（Time Division-Synchronous Code Division Multiple Access）
TOC	总有机碳（Total Organic Carbon）
TSP	总悬浮微粒（Total Suspended Particulate）
UCLA	加利福尼亚大学洛杉矶分校（University of California, Los Angeles）
UCSB	圣塔芭芭拉加州大学（University of California,Santa Barbara）
UDP	用户数据报协议（User Datagram Protocol）

续表

英 文 简 称	中、英文全称
UHF	超高频（Ultra High Frequency）
USB	通用串行总线（Universal Serial Bus）
V2S	车辆至传感器（Vehicle to Sensor）
VLAN	虚拟局域网（Virtual Local Area Network）
VPN	虚拟专用网络（Virtual Private Network）
VRRP	虚拟路由冗余协议（Virtual Router Redundancy Protocol）
WAN	广域网（Wide Area Network）
WCDMA	宽带码分多址（Wideband Code Division Multiple Access）
WLAN	无线局域网（Wireless Local Area Network）
WSN	无线传感网（Wireless Sensor Network）
WWW	万维网（World Wide Web）